"十四五"时期国家重点出版物出版专项规划项目
21世纪理论物理及其交叉学科前沿丛书

引力波物理
——理论物理前沿讲座

蔡荣根　荆继良　王安忠　王　斌　朱　涛　主编

科 学 出 版 社

北 京

内 容 简 介

本书是理论物理前沿的入门指南，整合了引力波物理领域的最新研究成果，基于引力波物理联合研究中心在 2021 年暑假举办的引力波物理暑期学校的授课内容编写而成；从六个方面介绍了引力波的研究成果，基本覆盖了这一领域的重要内容，旨在帮助读者快速掌握引力波物理的基本知识，并了解国内外前沿科研动向；在内容上紧跟引力波物理的最新科研进展，以平衡科学性和可读性的方式呈现，尽可能采用最简洁的推导，使得读者无需过多的数理和广义相对论知识储备也能够理解。

本书适用于不同层次的读者，包括研究生和本科生，特别适合作为前沿物理课程的教学参考书。对于研究生而言，本书提供了一个系统而深入的引力波物理学习平台，帮助他们建立起对这一领域的扎实理解，并为日后的研究工作做好准备。而对于本科生来说，本书则是一个引领他们步入前沿物理领域的门户，激发了他们对引力波物理及相关领域的兴趣，为未来的学术和职业发展打下了坚实的基础。通过阅读本书，学生们可以更全面地了解引力波物理学的基本原理和最新研究成果，进而为自己的学术生涯和科研探索打开新的大门。

图书在版编目(CIP)数据

引力波物理：理论物理前沿讲座 / 蔡荣根等主编. 北京：科学出版社, 2024. 6. -- (21世纪理论物理及其交叉学科前沿丛书). -- ISBN 978-7-03-078937-2

　I. P142.8

中国国家版本馆 CIP 数据核字第 2024S359K2 号

责任编辑：钱　俊　陈艳峰　崔慧娟／责任校对：彭珍珍
责任印制：张　伟／封面设计：无极书装

科 学 出 版 社 出版

北京东黄城根北街 16 号
邮政编码：100717
http://www.sciencep.com

北京九州迅驰传媒文化有限公司印刷
科学出版社发行　各地新华书店经销

*

2024 年 6 月第 一 版　开本：720×1000　1/16
2024 年 6 月第一次印刷　印张：13 1/2
字数：265 000
定价：128.00 元
(如有印装质量问题, 我社负责调换)

序　言

引力波是时空的涟漪，它能告诉我们宇宙起源、演化和时空结构。尽管 100 多年前爱因斯坦的广义相对论就已经预言了它的存在，但是它一直戴着神秘面纱，人们花费了大量人力物力都没有直接探测到它。

2016 年 2 月 11 日，美国激光干涉引力波天文台 (Laser Interferometer Gravitational Wave Observatory, LIGO) 宣布在 2015 年 9 月 14 日人类首次直接探测到了引力波。这是 21 世纪物理学最重大的发现，它宣告了引力波天文学时代的到来。2017 年这一发现就获得了诺贝尔物理学奖。

到目前为止，美国的 LIGO 和欧洲的室女座引力波天文台（Virgo）观测到了 90 个引力波事件，这些信号都是由天体中双黑洞、双中子星或者黑洞与中子星或奇异致密星体合并产生的。日本的神冈引力波探测器（Kamioka Gravitational Wave Detector, KAGRA）已经加入了地面引力波探测网。印度也正在建造新的地面引力波探测器（如 LIGO-India）。中国也计划在山西建造臂长 10km 的地面引力波探测器。

地面引力波探测器能测量的引力波频率范围在 10 ～ 1000Hz，但无法测量到低于 1Hz 的引力波。要探测到低频引力波，必须把探测器建到空间中去。空间探测器可以有足够长的臂长，能探测到频率低到 10^{-4}Hz 的信号，这些信号是由比地面观测到的更加丰富的引力波波源产生的。空间引力波探测能帮助揭示黑洞坍缩动力学过程、解读超大质量黑洞的产生机制、探寻宇宙随机引力波等丰富引力波波源信号。空间引力波探测还能对引力波波源准确定位，检验引力波极化性质，检验引力理论。目前空间引力波探测计划包括欧洲航天局（简称欧空局）的 LISA（Laser Interferometer Space Agency）计划，日本的 DECIGO 引力波探测器，以及中国的天琴、太极计划。国际上在这一重大领域的竞争已经到了白热化程度。

在中国开展引力波探测得到了党和国家领导人的高度重视，习近平总书记亲自批示，国家自然科学基金委员会、科技部、中国科学院、教育部等部门对引力波的研究已经有了近、中、远期布局并启动了一批项目。中国对引力波的研究支持力度在不断加强，力争在引力波物理研究领域做出国际水准的工作。

在这样的时代背景下，浙江工业大学、湖南师范大学、扬州大学、上海交通大学联合成立了引力波物理联合研究中心。该中心瞄准引力波物理这一国际上最基础、最前沿的科学问题，努力培育、积聚国内引力波优秀人才，希望推动引力波物理创新研究。在国家自然科学基金"理论物理专款"支持下,引力波物理联合研究中心于 2021 年暑假举办了为期两周的引力波物理暑期学校,邀请了国内外 10 余名知名学者授课,参加学习的有来自全国各地的教师、博士后、研究生 300 余人。

为了让更多对引力波物理感兴趣的物理学工作者及广大学生了解、学习引力波相关基础知识,在科学出版社支持下,我们邀请了暑期讲习班授课教授把他们的讲课笔记整理出来,编辑成书。本书内容包括:数值相对论基础,致密双星旋近的引力波,极端质量比旋近:动力学和引力波,黑洞准正规频率的解析估算,宇宙学标量微扰诱导引力波,引力波标准汽笛,早期宇宙相变和宇宙弦产生的引力波,引力波天体波源物理研究现状和展望。希望本书能为宣传普及引力波物理知识,培养学生关注这一国际重大前沿科学,帮助更多优秀青年人才投身引力波前沿研究做些贡献。

在此感谢贡献书稿章节的北京师范大学曹周键教授、北京大学邵立晶研究员、中国科学院上海天文台韩文标研究员、美国弗吉利亚大学 Kent Yagi 博士、中国科技大学赵文教授以及中国科学院国家天文台陆由俊研究员。同时也感谢参加暑期讲习班授课的其他老师,他们是美国伊利诺伊大学厄巴纳-香槟分校 Nicolas Yunes 教授、美国宾夕法尼亚州立大学 Abhay Ashtekar 教授、国家天文台金洪波副研究员、武汉大学范锡龙教授、中国科学院理论物理研究所黄庆国研究员、中国科学院高能物理研究所王赛研究员以及中山大学蒋翠博士。

我们感谢国家自然科学基金"理论物理专款"支持本次讲习班,也感谢科学出版社的支持。

蔡荣根　荆继良　王安忠　王　斌　朱　涛

2024 年 3 月

目　　录

第一章　数值相对论基础

曹周键

1.1　数值相对论发展简史和研究现状

数值计算问题通常分成两个层次。第一个层次是针对物理问题构造相应的动力学方程，这个层次涉及的是人们对物理问题机制的理解。第二个层次就是针对方程努力提高数值计算的准确性和计算效率。但是数值相对论则具有非常不同的特点。在第一个层次，如果站在广义相对论立场，我们面临的就是爱因斯坦方程，不允许也不需要对物理方程做任何更动。在第二个层次，数值相对论面临的不只是准确性和效率的问题，还有一个更为基本的问题——计算稳定性。计算不稳定表现为在计算过程中微小误差迅速 (指数) 地增加，导致程序中非数 (not a number, NAN) 的发生。在数值相对论发展的早期，数值相对论学家们在很长时间里被稳定性问题折磨，无暇顾及准确性和效率问题，更谈不上考察物理问题。

早在 1964 年，Hahn 和 Lindquist 做出了第一个双黑洞碰撞的数值模拟，但是程序运行十多步就崩溃了，没有得到任何物理结果。20 世纪 70 年代，普林斯顿大学的 Eppley 和得克萨斯大学奥斯汀分校的 Smarr 对于爱因斯坦方程数值计算的坐标做了深入研究。他们针对一些特殊物理情形，充分发掘其内在对称性，发展了特殊、精致的坐标，以供数值计算使用，取得了不错的效果。缺点是这些坐标选择不具有通用性，无法对无对称性时空做一般性推广。他们还提出了自动搜索对称性的坐标条件等，但发现还是不能保证计算的稳定性。20 世纪 80 年代 Piran 基于柱对称或者轴对称约化，对一些简单的模型化问题给出了初步的数值计算结果。到 20 世纪 90 年代初，人们认为数值相对论所遇到的不稳定性源自计算所用网格不够精细。受当时 LIGO 计划的驱使，美国多个研究院所和高校联合组成"双黑洞大挑战联盟" (the Binary Black Hole Grand Challenge Alliance)，计划构建大型数值相对论软件，实现对双黑洞问题的数值模拟。Cactus 就是在这个背景下产生的。但该联合团队的研究结果表明，数值相对论的不稳定性并非只是计算分辨率的问题。后来该团队还研究过边界条件对稳定性的影响，其他研究人员考察过计算分辨率、计算方法、爱因斯坦方程的不同计算方程形式 (如 Baumgarte-Shapiro-Shibata-Nakamura (BSSN) 形式) 等对稳定性的影响。所有这些研究结果表明这些因素分别对稳定性有影响，但都不能唯一地决定稳定性。到约 2000 年，LIGO 的硬件建设基本完成, 但数值相对论的稳定性问题还没有实质性进展。对此情况, Kip Thorne 悲观地说,"很可能引力波探测的实现比数值相对论的突破还要早实现"。

在 2005 年, 完全出乎人们预料, Frans Pretorius 宣布数值相对论的稳定性问题被成功突破, 并给出双黑洞整个并合过程的数值计算。约半年时间后, 美国航空航天局 (NASA) 数值相对论小组和得克萨斯大学布朗斯维尔分校 (UTB) 数值相对论小组 (现在的罗切斯特理工大学 (RIT) 小组) 也独立地突破了数值相对论的稳定性问题。在 Pretorius 的突破工作中, 关键的因素有两个, 一是自适应网格细化算法, 二是广义调和坐标 (GH) 计算方程形式。在另外两个小组的突破工作中, 关键因素包括三个, 一是自适应网格细化算法, 二是 BSSN 计算方程形式, 三是移动穿刺法的引入。2006 年以后, 世界上的其他十多个研究小组陆续突破了计算稳定性问题, 包括美国宾夕法尼亚州立大学小组 (现在的佐治亚理工学院小组), 德国马克斯-普朗克研究所 (简称"马普所") 小组, 德国耶拿大学小组, 日本东京大学小组 (现在的汤川秀树小组), 中国科学院数学与系统科学研究院和台湾成功大学联合小组, 以及美国加州理工大学和康奈尔大学联合小组等。在稳定性问题得到突破以后, 数值相对论重大的发现是双黑洞并合所导致的反冲速度 (recoil velocity)。

在数值相对论的稳定性问题得到突破以后, 为了建立双黑洞波源引力波理论模型, 数值相对论学家们把关注的重心转移到数值计算的准确性和计算效率问题上。对比有限差分方法和谱方法, 谱方法的计算精度更好。但谱方法在处理物质场与爱因斯坦方程耦合时遇到稳定性困难, 限制了谱方法在数值相对论中的进一步发展。有限差分方法的鲁棒性远远超过谱方法。目前差分法在高速黑洞碰撞、多黑洞问题、双中子星并合、修改引力理论、高维引力理论、负质量黑洞等问题上都得到广泛应用。差分方法近年来在计算精度问题上也得到大的发展。德国耶拿数值相对论小组和中国科学院数学与系统科学研究院小组合作发展了 Z4c 方程形式, 德国马普所独立地发展出 CCZ4 方程形式, 把计算精度提高约 100 倍。在 Z4c 方程形式基础上, 德国耶拿数值相对论小组和中国科学院数学与系统科学研究院小组发展出保约束边界条件, 进一步提高精度约 10 倍。在高自旋双黑洞问题上, 中国科学院数学与系统科学研究院与台湾成功大学联合小组改进了计算方程形式, 提高自旋角动量的计算精度约 7 倍。

在计算效率问题上, 谱方法全局数据交换的特点限制了其并行计算的能力。差分法结合区域分解算法可以达到很好的并行计算效率。为了处理天体物理中的多尺度特点, 多数据层结构的网格细化在差分法 (并行自适应网格细化) 中不可或缺。自适应网格细化算法在稳定性问题上也非常重要。但这样的处理方法使得单个数据层的网格数限制了并行计算的最多核心数, 从而限制了强并行可扩展性。与此不同, 有限元方法可以通过单元内使用谱方法, 单元与单元间使用类似于差分方法的处理方式，由此可以结合谱方法的指数收敛性和差分法的高并行可扩展性。同时，由于有限元中的网格细化没有数据层分别，所有的单元统一在同一个模式下处理，所以理论上预期有限元计算爱因斯坦方程可以达到好的强并行可扩展性。但爱因斯坦方程的弱方程形式很难构造，其大规模科学计算也很难实现。由于这些困难，有限元方法在数值相对论中的应用到目前还不多，有待进一步发展。

　　爱因斯坦方程的数值计算是典型的计算密集型问题，可以使用图形处理器 (GPU) 实现硬件加速来提高数值计算效率。已有文献实现了串行 GPU 加速程序，对比 CPU 的加速比约为 10。有的文献使用了 Arnowitt-Deser-Misner (ADM) 方程形式，有的使用了 BSSN 形式。为了把 GPU 引入到实际数值相对论计算中，我们必须让 GPU 与并行自适应网格细化协同工作。如何在不影响并行自适应网格细化数据层间以及不同 CPU 间数据交换的前提下协调爱因斯坦方程计算的庞大内存需求和 GPU 小硬件内存矛盾是该问题的本质困难。中国科学院数学与系统科学研究院与清华大学联合小组设计出初步的专门针对爱因斯坦方程的计算-通信重叠算法，实现了约 10 倍 GPU 硬件计算加速。对比 GPU 在引力波数据处理中 120 倍的硬件加速，我们预期该问题还有进一步的发展空间。

1.2　时间演化形式的爱因斯坦方程

1.2.1　时空流形的 3+1 分解

　　所有时空点放一起组成的空间叫做时空流形。广义相对论中时间的概念不是固有的，为了得到时间演化形式的爱因斯坦方程，我们首先需要引入时间的概念。为此，我们把全时空分解成无数多层类空的超曲面，使得每一个时空点都属于且只属于其中一层类空超曲面。顺着时间的方向，我们可以用一组参数来标志这些类空超曲面。这组参数就是我们引入的时间概念，每一层类空超曲面对应同一个时间参数，可以被称为相同时刻的全空间，所以这组类空超曲面让我们得到了时间和空间的概念，我们称之为时空的 3+1 分解。

　　接下来我们选取与上述 3+1 分解适配的坐标系 (t, x^1, x^2, x^3)。所谓适配指的是等 t 面对应上述的类空超曲面，所以 (x^1, x^2, x^3) 对应空间，t 对应时间。在该坐标系下，时空度规可表示为

$$ds^2 = -\alpha^2 dt^2 + \gamma_{ij}(\beta^i dt + dx^i)(\beta^j dt + dx^j). \tag{1.1}$$

我们可以发现，在给定 3+1 分解的条件下，适配坐标系还可以非常任意，体现为 α 和 β^i 这四个函数的任意性，所以人们把这四个函数称为坐标自由性函数或者规范自由性函数。更具体地，α 被称为时移函数，β^i 被称为位移矢量。与此相反，γ_{ij} 只依赖于时空的 3+1 分解，与适配坐标系无关。但注意把 γ_{ij} 写成 (t, x^1, x^2, x^3)

的函数的时候跟适配坐标系的选择有关，这是函数自变量选择的问题。实际上，γ_{ij} 正好是类空超曲面上的度规。

1.2.2　一阶时间导数和外曲率

为了避免对坐标系选择的依赖性，我们可以把度规 (1.1) 顺着不同时间层（即不同时刻的空间）的演化描述为 γ_{ij} 沿正交于类空面方向 n^{μ} 的李导数 (本来我们想要时间偏导数，但回忆张量分量的偏导数对应适配坐标系下的李导数)

$$\mathcal{L}_n \gamma_{\mu\nu}. \tag{1.2}$$

由于 γ_{ij} 不是 4 维张量，所以我们引入了 4 维张量

$$\gamma_{\mu\nu} \equiv \begin{pmatrix} \gamma_{kl}\beta^k\beta^l & \gamma_{ij}\beta^i \\ \gamma_{ij}\beta^j & \gamma_{ij} \end{pmatrix}. \tag{1.3}$$

计算可以表明

$$g_{\mu\nu} \equiv \begin{pmatrix} -\alpha^2 + \gamma_{kl}\beta^k\beta^l & \gamma_{ij}\beta^i \\ \gamma_{ij}\beta^j & \gamma_{ij} \end{pmatrix}, \tag{1.4}$$

$$g^{\mu\nu} \equiv \begin{pmatrix} -\dfrac{1}{\alpha^2} & \dfrac{\beta^j}{\alpha^2} \\ \dfrac{\beta^i}{\alpha^2} & \gamma_{ij} - \dfrac{\beta^i\beta^j}{\alpha^2} \end{pmatrix}, \tag{1.5}$$

$$n_{\mu} = (-\alpha, 0, 0, 0), \tag{1.6}$$

$$n^{\mu} = \left(\frac{1}{\alpha}, -\frac{\beta^i}{\alpha}\right), \tag{1.7}$$

$$\gamma_{\mu\nu} = g_{\mu\nu} + n_{\mu}n_{\nu}, \tag{1.8}$$

$$\gamma^{\mu\nu} \equiv g^{\mu\nu} + n^{\mu}n^{\nu} = \begin{pmatrix} 0 & 0 \\ 0 & \gamma^{ij} \end{pmatrix}, \tag{1.9}$$

$$\gamma_{\mu}^{\ \nu} \equiv g_{\mu}^{\ \nu} + n_{\mu}n^{\nu} = \begin{pmatrix} 0 & \beta^j \\ 0 & I \end{pmatrix}, \tag{1.10}$$

$$\gamma_{\ \nu}^{\mu} \equiv g_{\ \nu}^{\mu} + n^{\mu}n_{\nu} = \begin{pmatrix} 0 & 0 \\ \beta^i & I \end{pmatrix}. \tag{1.11}$$

回忆对比之前课程中讲到的空间测量对应的投影算子，我们会发现，这里的 $\gamma_{\mu\nu}$ 不是别的，正是空间测量对应的投影算子。逆矩阵 $g^{\mu\nu}$ 具有下述特征：g^{00} 等于

g_{00} 的代数余子式除以 $g_{\mu\nu}$ 的行列式

$$-\frac{1}{\alpha^2} = \gamma/g, \tag{1.12}$$

$$\sqrt{-g} = \alpha\sqrt{\gamma}. \tag{1.13}$$

类似于牛顿动力学中位置的二阶导数方程, 我们引入速度, 把方程在形式上转化为一阶, 我们同样地引入外曲率的概念, 降时间导数的阶数,

$$K_{\mu\nu} \equiv -\frac{1}{2}\mathcal{L}_n\gamma_{\mu\nu}. \tag{1.14}$$

从上述定义可以看出来, 只要时空流形的 3+1 分解给定, $\gamma_{\mu\nu}$ 和 $K_{\mu\nu}$ 就给定。但坐标选择还存在 α 和 β^i 的自由度。

1.2.3 外曲率的一些性质

计算可以得到

$$\mathcal{L}_n\gamma_{\mu\nu} = n^\sigma\nabla_\sigma\gamma_{\mu\nu} + \gamma_{\sigma\nu}\nabla_\mu n^\sigma + \gamma_{\mu\sigma}\nabla_\nu n^\sigma \tag{1.15}$$

$$= n^\sigma\nabla_\sigma\left(n_\mu n_\nu\right) + g_{\sigma\nu}\nabla_\mu n^\sigma + g_{\mu\sigma}\nabla_\nu n^\sigma \tag{1.16}$$

$$= n_\nu n^\sigma\nabla_\sigma n_\mu + n_\mu n^\sigma\nabla_\sigma n_\nu + \nabla_\mu n_\nu + \nabla_\nu n_\mu \tag{1.17}$$

$$= \left(\delta_\nu{}^\sigma + n_\nu n^\sigma\right)\nabla_\sigma n_\mu + \left(\delta_\mu{}^\sigma + n_\mu n^\sigma\right)\nabla_\sigma n_\nu \tag{1.18}$$

$$= \gamma_\nu{}^\sigma\nabla_\sigma n_\mu + \gamma_\mu{}^\sigma\nabla_\sigma n_\nu, \tag{1.19}$$

$$K_{\mu\nu} = -\frac{1}{2}\gamma_\nu{}^\sigma\nabla_\sigma n_\mu - \frac{1}{2}\gamma_\mu{}^\sigma\nabla_\sigma n_\nu. \tag{1.20}$$

显然有关系

$$K_{\mu\nu} = K_{\nu\mu}, \tag{1.21}$$

$$K_\nu^\mu = -\frac{1}{2}\gamma_\nu{}^\sigma\nabla_\sigma n^\mu - \frac{1}{2}\gamma^{\mu\sigma}\nabla_\sigma n_\nu, \tag{1.22}$$

$$K_0^0 = -\frac{1}{2}\beta^j\nabla_j n^0 = -\frac{1}{2}\beta^j\left(\partial_j n^0 + \Gamma^0{}_{j\mu}n^\mu\right). \tag{1.23}$$

由于

$$\Gamma^0_{00} = \frac{1}{\alpha}\left(\partial_t\alpha + \beta^i\partial_i\alpha - \beta^i\beta^j K_{ij}\right), \tag{1.24}$$

$$\Gamma^0_{0i} = \frac{1}{\alpha}\left(\partial_i\alpha - \beta^j K_{ij}\right), \tag{1.25}$$

$$\Gamma_{ij}^0 = -\frac{K_{ij}}{\alpha}, \tag{1.26}$$

$$\Gamma_{00}^i = g^{i\mu}\left(\alpha\partial_\mu\alpha - 2\alpha\beta^j K_{\mu j}\right) - \beta^i\left(\partial_t\alpha + \beta^k\partial_k\alpha - \beta^j\beta^k K_{jk}\right)/\alpha$$
$$+ \partial_t\beta^i + \beta^k D_k\beta^i, \tag{1.27}$$

$$\Gamma_{j0}^i = -\beta^i\left(\partial_j\alpha - \beta^k K_{jk}\right)/\alpha - \alpha K_j^i + D_j\beta^i, \tag{1.28}$$

$$\Gamma_{ij}^k = {}^{(3)}\Gamma_{ij}^k + \beta^k K_{ij}/\alpha, \tag{1.29}$$

这里我们引入了导数记号 D，它指的是先用 ∇ 求导，然后用 γ_ν^μ 投影。

基于上述克氏符表达式我们有 $\nabla_j n^0 \equiv \partial_j n^0 + \Gamma_{j\mu}^0 n^\mu = 0$，于是我们可以得到

$$K^{0\mu} = -\frac{1}{2}\gamma^{\mu\sigma}\nabla_\sigma n^0, \tag{1.30}$$

$$K^{00} = 0, \tag{1.31}$$

$$K^{0i} = -\frac{1}{2}\gamma^{ij}\nabla_j n^0 = 0, \tag{1.32}$$

即

$$K^{\mu\nu} = \begin{pmatrix} 0 & 0 \\ 0 & K^{ij} \end{pmatrix}. \tag{1.33}$$

由此可以计算得到

$$K_\nu^\mu = \begin{pmatrix} 0 & 0 \\ \beta_j K^{ij} & K_j^i \end{pmatrix}, \tag{1.34}$$

$$K_\mu^\nu = \begin{pmatrix} 0 & \beta_j K^{ji} \\ 0 & K_i^j \end{pmatrix}, \tag{1.35}$$

$$K_{\mu\nu} = \begin{pmatrix} \beta_i\beta_j K^{ij} & \beta_j K_i^j \\ \beta_j K_i^j & K_{ij} \end{pmatrix}. \tag{1.36}$$

1.2.4　高斯方程和 Codazzi 方程

首先高斯方程指的是下述关系

$$\gamma_\alpha^\mu\gamma_\beta^\nu\gamma_\rho^\gamma\gamma_\delta^\sigma R_{\sigma\mu\nu}^\rho = {}^3R_{\delta\alpha\beta}^\gamma + K_\alpha^\gamma K_{\delta\beta} - K_\beta^\gamma K_{\alpha\delta}. \tag{1.37}$$

缩并 γ 和 α，我们得到

$$\gamma_\delta^\mu\gamma_\beta^\nu R_{\mu\nu} + \gamma_{\delta\mu}n^\nu\gamma_\beta^\rho n^\sigma R_{\nu\rho\sigma}^\mu = {}^3R_{\delta\beta} + KK_{\delta\beta} - K_{\delta\mu}K_\beta^\mu. \tag{1.38}$$

进一步缩并 δ 和 β 我们得到

$$R + 2R_{\mu\nu}n^\mu n^\nu = {}^3R + K^2 - K_{ij}K^{ij}. \tag{1.39}$$

其中我们使用了关系

$$K \equiv K_\mu^\mu = K_i^i, \tag{1.40}$$

$$K_{ij}K^{ij} = K_{\mu\nu}K^{\mu\nu}. \tag{1.41}$$

Codazzi 方程指的是下面的关系

$$\gamma_\rho^\gamma n^\sigma \gamma_\alpha^\mu \gamma_\beta^\nu R_{\sigma\mu\nu}^\rho = \gamma_\alpha^\mu \gamma_\beta^\nu \gamma_\rho^\gamma \left(\nabla_\nu K_\mu^\rho - \nabla_\mu K_\nu^\rho \right). \tag{1.42}$$

缩并 γ 和 α, 我们得到

$$\gamma_\beta^\mu n^\nu R_{\mu\nu} = \gamma_\beta^\nu \nabla_\nu K - \gamma_\alpha^\mu \gamma_\beta^\nu \gamma_\rho^\alpha \nabla_\mu K_\nu^\rho. \tag{1.43}$$

1.2.5 二阶时间导数和外曲率的演化

直接计算可得到

$$\gamma_\mu^\alpha \gamma_\nu^\kappa n^\lambda n^\sigma R_{\delta\lambda\kappa\sigma} = \mathcal{L}_n K_{\mu\nu} + K_{\mu\lambda}K_\nu^\lambda + \frac{1}{\alpha}D_\mu D_\nu \alpha. \tag{1.44}$$

把方程 (1.38) 中的第一项 $R_{\mu\nu}$ 用爱因斯坦方程 $R_{\mu\nu} = 8\pi \left(T_{\mu\nu} - \frac{1}{2}g_{\mu\nu}T \right)$ 代入, 再代入式 (1.44) 我们就可以得到

$$\gamma_\mu^\delta \gamma_\nu^\beta R_{\alpha\beta} = 8\pi S_{\mu\nu} - 4\pi\gamma_{\mu\nu}(S - \rho), \tag{1.45}$$

$$S_{\mu\nu} \equiv \gamma_\mu^\delta \gamma_\nu^\beta T_{\delta\beta}, \tag{1.46}$$

$$S \equiv \gamma^{\mu\nu}S_{\mu\nu}, \tag{1.47}$$

$$\rho \equiv n^\mu n^\nu T_{\mu\nu}, \tag{1.48}$$

$$\mathcal{L}_n K_{\mu\nu} = -\frac{1}{\alpha}D_\mu D_\nu \alpha + {}^3R_{\mu\nu} + KK_{\mu\nu} - 2K_{\mu\lambda}K_\nu^\lambda + 4\pi\gamma_{\mu\nu}(S - \rho) - 8\pi S_{\mu\nu}. \tag{1.49}$$

把式 (1.14) 写成

$$\mathcal{L}_n \gamma_{\mu\nu} = -2K_{\mu\nu}. \tag{1.50}$$

至此我们得到了爱因斯坦方程完备的演化方程 (1.50) 和 (1.49)。注意到 $\gamma^{0\mu} = K^{0\mu} = 0$，实质的演化变量只有 γ^{ij} 和 K^{ij} 共 12 个。演化方程涉及的 $S_{\mu\nu}$、S 和 ρ 变量和物质相关。而剩下的 α 和 β^i 则和坐标系的选择相关，原则上可以任意选择。唯一的限制条件是保证 n^μ 类时，即 $\alpha^2 > \gamma_{ij}\beta^i\beta^j$。但这只是物理意义上的要求，方程 (1.50) 和 (1.49) 的成立性不受此限制。

课堂思考：高斯方程相当于把黎曼曲率张量的四个指标全往空间上投影；Codazzi 方程相当于把黎曼曲率张量的三个指标往空间上投影、一个指标往时间上投影；这里的演化方程相当于把黎曼曲率张量的两个指标往空间上投影、两个指标往时间上投影。如果把黎曼曲率张量的一个指标往空间上投影、三个指标往时间上投影或者四个指标全往时间上投影会如何？

1.2.6　演化方程与爱因斯坦方程的关系

我们把爱因斯坦方程按时间和空间方向投影可得到

$$0 = \mathcal{H} \equiv n^\mu n^\nu (G_{\mu\nu} - 8\pi T_{\mu\nu}) = n^\mu n^\nu G_{\mu\nu} - 8\pi\rho, \tag{1.51}$$

$$0 = \mathcal{M}_\mu \equiv -n^\sigma \gamma_\mu^\tau (G_{\sigma\tau} - 8\pi T_{\sigma\tau}) = -n^\sigma \gamma_\mu^\tau G_{\sigma\tau} - 8\pi j_\mu, \tag{1.52}$$

$$0 = \mathcal{E}_{\mu\nu} \equiv \gamma_\mu^\sigma \gamma_\nu^\tau (G_{\sigma\tau} - 8\pi T_{\sigma\tau}) = \gamma_\mu^\sigma \gamma_\nu^\tau G_{\sigma\tau} - 8\pi S_{\mu\nu}. \tag{1.53}$$

计算可以发现式 (1.49) 对应下面的方程

$$\mathcal{E}_{\mu\nu} - \gamma_{\mu\nu}\mathcal{H} = 0. \tag{1.54}$$

利用爱因斯坦方程我们有 $R = -8\pi T = 8\pi(\rho + S)$, 代入式 (1.39) 和式 (1.51) 可以得到

$$\mathcal{H} \equiv \frac{1}{2}\left({}^3R + K^2 - K_{ij}K^{ij}\right) - 8\pi\rho. \tag{1.55}$$

类似地, 利用爱因斯坦方程和式 (1.43) 我们可以得到

$$\mathcal{M}_\beta \equiv \gamma_\alpha^\mu \gamma_\beta^\nu \gamma_\rho^\alpha \nabla_\mu K_\nu^\rho - \gamma_\beta^\nu \nabla_\nu K - 8\pi j_\beta. \tag{1.56}$$

显然为了让爱因斯坦方程成立, 我们需要

$$\mathcal{H} \equiv \frac{1}{2}\left({}^3R + K^2 - K_{ij}K^{ij}\right) - 8\pi\rho = 0, \tag{1.57}$$

$$\mathcal{M}_\beta \equiv \gamma_\alpha^\mu \gamma_\beta^\nu \gamma_\rho^\alpha \nabla_\mu K_\nu^\rho - \gamma_\beta^\nu \nabla_\nu K - 8\pi j_\beta = 0. \tag{1.58}$$

注意到方程 (1.57) 和 (1.58) 跟演化变量 $\gamma_{\mu\nu}$ 和 $K_{\mu\nu}$ 的时间导数无关, 所以被称为约束方程。特别地, 方程 (1.57) 被称为哈密顿约束, 方程 (1.58) 被称为动量约束。

也就是说当求解了演化方程 (1.50) 和 (1.49) 后, 我们还需要使哈密顿约束和动量约束也得到满足, 所得解才满足爱因斯坦方程。但演化方程 (1.50) 和 (1.49) 已经完全确定了演化变量 $\gamma_{\mu\nu}$ 和 $K_{\mu\nu}$。这个看似有矛盾的情况被如下事实解决。首先初始时刻的演化变量 $\gamma_{\mu\nu}$ 和 $K_{\mu\nu}$ 不能太任意, 它们需要满足哈密顿约束和动量约束。接下来虽然演化方程完全确定演化变量 $\gamma_{\mu\nu}$ 和 $K_{\mu\nu}$, 但所确定出的 $\gamma_{\mu\nu}$ 和 $K_{\mu\nu}$ 自动满足哈密顿约束和动量约束。下面我们来论证这一点。

直接计算可以得到

$$G_{\mu\nu} - 8\pi T_{\mu\nu} = \mathcal{E}_{\mu\nu} + n_\mu \mathcal{M}_\nu + n_\nu \mathcal{M}_\mu + n_\mu n_\nu \mathcal{H}. \tag{1.59}$$

因为 Bianchi 恒等式, 我们有 $\nabla^\mu G_{\mu\nu} = 0$, 结合物质的运动方程可以验证能动张量守恒 $\nabla^\mu T_{\mu\nu} = 0$, 我们可以得到

$$\nabla^\mu \left(\mathcal{E}_{\mu\nu} + n_\mu \mathcal{M}_\nu + n_\nu \mathcal{M}_\mu + n_\mu n_\nu \mathcal{H} \right) = 0, \tag{1.60}$$

$$\nabla^\mu \mathcal{E}_{\mu\nu} + (\nabla^\mu n_\mu) \mathcal{M}_\nu + n_\mu \nabla^\mu \mathcal{M}_\nu + (\nabla^\mu n_\nu) \mathcal{M}_\mu + n_\nu \nabla^\mu \mathcal{M}_\mu + (\nabla^\mu n_\mu) n_\nu \mathcal{H}$$

$$+ n_\mu (\nabla^\mu n_\nu) \mathcal{H} + n_\mu n_\nu \nabla^\mu \mathcal{H} = 0. \tag{1.61}$$

用 n^ν 作用到上述方程 (1.61), 我们得到

$$-\mathcal{E}_{\mu\nu} \nabla^\mu n^\nu - \nabla^\mu \mathcal{M}_\mu + n_\mu \nabla^\mu \mathcal{M}_\nu - (\nabla^\mu n_\mu) \mathcal{H} - n_\mu \nabla^\mu \mathcal{H} = 0, \tag{1.62}$$

$$n^\mu \nabla_\mu \mathcal{H} = -\mathcal{E}_{\mu\nu} D^\mu n^\nu - D^\mu \mathcal{M}_\mu - (\nabla^\mu n_\mu) \mathcal{H}. \tag{1.63}$$

用 γ_σ^ν 作用到上述方程 (1.61), 我们得到

$$\gamma_\sigma^\nu \nabla^\mu \mathcal{E}_{\mu\nu} + (\nabla^\mu n_\mu) \mathcal{M}_\sigma + \gamma_\sigma^\nu n_\mu \nabla^\mu \mathcal{M}_\nu + \gamma_\sigma^\nu (\nabla^\mu n_\nu) \mathcal{M}_\mu$$

$$+ \gamma_\sigma^\nu n_\mu (\nabla^\mu n_\nu) \mathcal{H} = 0, \tag{1.64}$$

$$D^\mu \mathcal{E}_{\mu\sigma} + \mathcal{E}_{\sigma\nu} n^\lambda \nabla_\lambda n^\nu + (\nabla^\mu n_\mu) \mathcal{M}_\sigma + n_\mu \nabla^\mu \mathcal{M}_\sigma - \mathcal{M}_\nu n_\sigma n_\mu \nabla^\mu n^\nu$$

$$+ \gamma_\sigma^\nu n_\mu \nabla^\mu \mathcal{M}_\nu + \gamma_\sigma^\nu (\nabla^\mu n_\nu) \mathcal{M}_\mu + \gamma_\sigma^\nu n_\mu (\nabla^\mu n_\nu) \mathcal{H} = 0. \tag{1.65}$$

上述两个结果 (1.63) 和 (1.65) 可表述为

$$n^\nu \nabla_\nu \mathcal{H} = -D^\nu \mathcal{M}_\nu - \mathcal{E}_{\mu\nu} D^\mu n^\nu + L_{\mathcal{H}} (\mathcal{H}, \mathcal{M}_\sigma), \tag{1.66}$$

$$n^\nu \nabla_\nu \mathcal{M}_\mu = -D^\nu \mathcal{E}_{\nu\mu} - \mathcal{E}_{\mu\nu} n^\lambda \nabla_\lambda n^\nu + L_{\mathcal{M}_\mu} (\mathcal{H}, \mathcal{M}_\sigma). \tag{1.67}$$

其中, $L_{\mathcal{H}} (\mathcal{H}, \mathcal{M}_\sigma)$ 和 $L_{\mathcal{M}_\mu} (\mathcal{H}, \mathcal{M}_\sigma)$ 代表正比于 $\mathcal{H}$ 和 $\mathcal{M}_\sigma$ 的项。上述方程表明, 只要 $\mathcal{E}_{\mu\nu} = 0$ 和初始的 $\mathcal{H}$ 和 $\mathcal{M}_\sigma$ 为 0, 则以后的 $\mathcal{H}$ 和 $\mathcal{M}_\sigma$ 都为 0。于是在全时空我们得到

$$\mathcal{E}_{\mu\nu} + n_\mu \mathcal{M}_\nu + n_\nu \mathcal{M}_\mu + n_\mu n_\nu \mathcal{H} = 0, \tag{1.68}$$

从而得到爱因斯坦方程在全时空成立。

1.2.7 坐标选择问题

1. 测地线坐标

最简单的坐标选择无外乎 $\alpha = 1, \beta^i = 0$。此时有 $\Gamma^\mu{}_{00} = 0$, 可见时间坐标线刚好为测地线, 所以人们把这样的坐标选择称为测地线坐标或者高斯法坐标。

在测地线坐标系下, 由演化方程我们有

$$\partial_t K = -D^2\alpha + \alpha\left[K_{ij}K^{ij} + 4\pi(\rho + S)\right] + \beta^i D_i K = K_{ij}K^{ij} + 4\pi(\rho + S) \geqslant 0, \tag{1.69}$$

$$\partial_t \ln\sqrt{\gamma} = -\alpha K + D_i\beta^i = -K \leqslant 0. \tag{1.70}$$

也就是说坐标单元的体积随时间单调减小。物理上其实就是时间坐标线对应测地线, 在引力作用下随着时间发展彼此靠近, 最后相撞。这就形成了我们之前讲过的第二类坐标奇点。

2. 最大分层坐标

有了上述坐标选择的经验, 我们会直观要求时间坐标线基本保持固定距离, 即坐标单元的体积不随时间变化。基于此想法, 人们提出要求 $K = 0$ 的坐标选择。在黎曼几何中 $K = 0$ 的黎曼面是相同面积包的体积最大的曲面, 所以人们把这样的坐标选择称为最大分层坐标。把 $K = 0$ 代入式 (1.69), 我们得到

$$D^2\alpha = \alpha\left[K_{ij}K^{ij} + 4\pi(\rho + S)\right], \tag{1.71}$$

再结合前述哈密顿约束方程, 我们得到

$$D^2\alpha = \alpha\left[{}^{(3)}R - 4\pi(3\rho - S)\right]. \tag{1.72}$$

3. 最小变形坐标

上面我们要求坐标单元的体积不变得到了最大分层坐标, 实为对 α 提出限制条件。我们能不能进一步要求坐标单元的形状也不变呢? 坐标单元的体积由 γ 决定, 形状由 $\gamma^{-1/3}\gamma_{ij}$ 决定, 如果体积形状都不变则意味着 γ_{ij} 整个不变, 就变成稳态时空了, 所以一般说来这是不可能的。我们定义坐标单元的变形张量为

$$u_{ij} \equiv \gamma^{1/3}\partial_t\left(\gamma^{-1/3}\gamma_{ij}\right). \tag{1.73}$$

虽然 $u_{ij} = 0$ 不可能实现, 但我们可以要求 $D^i u_{ij} = 0$, 这相当于要求变形最小, 所以人们把这个条件称为最小变形坐标。等价地, 我们有

$$(\Delta_{\mathrm{L}}\beta)^i = 2A^{ij}D_j\alpha + \frac{4}{3}\alpha\gamma^{ij}D_j K + 16\pi\alpha S^i, \tag{1.74}$$

$$A_{ij} \equiv K_{ij} - \frac{1}{3}\gamma_{ij}K, \tag{1.75}$$

$$(\Delta_{\mathrm{L}}\beta)^i \equiv D^2\beta^i + \frac{1}{3}D^i(D_j\beta^j) + R^i_j\beta^j. \tag{1.76}$$

记号 Δ_{L} 被称为矢量拉普拉斯算子。最小变形坐标条件 (1.74) 实际上是一个关于 β^i 的限制条件。

4. 调和坐标

调和坐标条件 $^{(4)}\Gamma^\mu = 0$ 可以用 α 和 β^i 表达为

$$\partial_t\alpha = \beta^j\partial_j\alpha - \alpha^2 K, \tag{1.77}$$

$$\partial_t\beta^i = \beta^j\partial_j\beta^i - \alpha^2(\gamma^{ij}\partial_j\ln\alpha + \gamma^{jk}\Gamma^i{}_{jk}). \tag{1.78}$$

5. 坐标奇点的表现

坐标奇点的第一种表现是坐标值发散，第二种表现是相异维坐标线相切，第三种表现是同维坐标线相交。

假设在坐标奇点处 x^1 坐标发散，则其他的 $\left(\dfrac{\partial}{\partial x^\mu}\right)^a$，$\mu \neq 1$ 在该坐标奇点处等于 0，从而不再能成为坐标基底。假设在坐标奇点处 x^1 坐标线和 x^2 坐标线相切，则 $\left(\dfrac{\partial}{\partial x^1}\right)^a$ 和 $\left(\dfrac{\partial}{\partial x^2}\right)^a$ 平行即线形相关，从而不再能成为坐标基底。假设在坐标奇点处 x^1 的两条坐标线相交，则该点处的 $\left(\dfrac{\partial}{\partial x^1}\right)^a$ 无法确定，从而使得坐标基底不存在。

1.3 数值相对论核心困难和现行处理方法

数值相对论的核心困难包括爱因斯坦计算方程形式问题、黑洞奇点问题、多物理尺度问题、边界条件问题、坐标选择问题和并行可扩展性问题等。下面我们对这些核心困难和现行的处理方法逐一做解释和介绍。

1.3.1 计算方程形式问题

爱因斯坦方程是一个张量方程，定义它的背景流形由其解决定，而不能预先给定。爱因斯坦方程作为张量方程，本身也不是显式的偏微分方程，不能直接进行上机计算，所以我们需要理论约化爱因斯坦方程得到计算用偏微分方程。不同约化方式甚至可以得到连偏微分方程类型都不相同的方程，比如有的是椭圆型，有

的是双曲型。不同的计算方程形式在计算稳定性、收敛性、准确性和计算效率上
都会有显著差别。这个问题在数值相对论中被称为爱因斯坦方程形式 (formalism)
问题。

目前的数值相对论界存在两种思路来约化爱因斯坦方程。一种是把爱因斯坦
方程约化成柯西初值问题，另一种是把爱因斯坦方程约化为特征初值问题。

把爱因斯坦方程约化成柯西初值问题的第一步是把时空流形做 3+1 分解，3
维的类空超曲面对应柯西问题的空间，剩下的 1 维对应时间。第二步是挑选未知
函数。这一步是爱因斯坦方程很特殊的特点造成的。就数值相对论最终问题而言，
爱因斯坦方程未知函数就是时空的度规系数，共计 10 个。10 个未知数对应爱因
斯坦方程的 10 个方程，从表面上看正好求解。但由于收缩比安基恒等式 (Bianchi
identities) 这个几何性质，这 10 个方程不独立。收缩比安基恒等式有 4 个分量，
导致只有 6 个方程是独立的。这意味着 10 个度规系数中的 4 个自由度是不受方
程控制的，刚好对应微分同胚变换的 4 个自由度。历史上，希尔伯特正是通过这
个几何考虑修正爱因斯坦提出的原始爱因斯坦方程，得到正确的希尔伯特-爱因斯
坦作用量。10 个未知函数中，只有 6 个自由度是受爱因斯坦方程限制的。这里自
由度和函数的差别是自由度可以是函数及函数的各种导数或者积分的组合，所以
如何选择自由度来使用爱因斯坦方程求解就是第二步的问题。第三步是如何确定
余下 4 个自由度。从微分同胚的角度看，这 4 个自由度可以任意指定，所以这 4
个自由度又往往被称为规范自由度。但不同指定方式会极大地影响偏微分方程的
性质。比如说有的指定方式得到强双曲偏微分方程，而有的指定方式得到弱双曲
偏微分方程。

上述的三步可以顺序完成，也可以按别的顺序来实现。ADM 方程形式是按
上述顺序来实现的。ADM 方程形式首先对时空流形做 3+1 分解，然后对度规做
3+1 分解，形式可写为

$$ds^2 = -\alpha^2 dt^2 + \gamma_{ij}(\beta^i dt + dx^i)(\beta^j dt + dx^j). \tag{1.79}$$

ADM 方程形式选 γ_{ij} 共计 6 个函数作为未知函数，然后通过指定偏微分方程来
确定 α 和 β^i 这 4 个自由度。在数值相对论中人们总希望面对一阶时间导数的方
程。为此目的，人们引入辅助变量

$$K_{ij} = -\frac{1}{2\alpha}(\partial_t - \mathcal{L}_\beta)\gamma_{ij}, \tag{1.80}$$

也就是我们之前讲过的外曲率，由此得到的 ADM 方程形式数值计算不稳定。在
特定的规范选择 α 和 β^i 下，ADM 方程只有弱双曲性质，暗示了 ADM 方程形
式的数值计算不稳定性。但 ADM 方程形式为什么不稳定，有没有办法让 ADM

方程形式稳定至今还是一个公开的问题。BSSN 方程形式在未知函数选择方面采用了共形分解和无迹分解的操作来处理 ADM 变量中的 γ_{ij} 和 K_{ij}。出于偏微分方程强双曲性的考虑，引入辅助变量 $\tilde{\Gamma}^i$，对应为共形 3 度规 $\tilde{\gamma}_{ij}$ 的联络。Z4c 和 CCZ4 等方程形式是对 BSSN 方程形式的进一步改进，可更有效地抑制数值计算过程中约束的违反。

具体地，BSSN 方程形式可表达为

$$\partial_t \phi = \beta^i \phi_{,i} - \frac{1}{6}\alpha K + \frac{1}{6}\beta^i_{,i}, \tag{1.81}$$

$$\partial_t \tilde{\gamma}_{ij} = \beta^k \tilde{\gamma}_{ij,k} - 2\alpha \tilde{A}_{ij} + 2\tilde{\gamma}_{k(i}\beta^k_{,j)} - \frac{2}{3}\tilde{\gamma}_{ij}\beta^k_{,k}, \tag{1.82}$$

$$\partial_t K = \beta^i K_{,i} - D^2\alpha + \alpha[\tilde{A}_{ij}\tilde{A}^{ij} + \frac{1}{3}K^2 + 4\pi(\rho + s)], \tag{1.83}$$

$$\partial_t \tilde{A}_{ij} = \beta^k \tilde{A}_{ij,k} + \mathrm{e}^{-4\phi}[\alpha(R_{ij} - 8\pi s_{ij}) - D_i D_j\alpha]^{TF}$$
$$+ \alpha(K\tilde{A}_{ij} - 2\tilde{A}_{ik}\tilde{A}^k_j) + 2\tilde{A}_{k(i}\beta^k_{,j)} - \frac{2}{3}\tilde{A}_{ij}\beta^k_{,k}, \tag{1.84}$$

$$\partial_t \tilde{\Gamma}^i = \beta^j \tilde{\Gamma}^i_{,j} - 2\tilde{A}^{ij}\alpha_{,j}$$
$$+ 2\alpha \left(\tilde{\Gamma}^i_{jk}\tilde{A}^{kj} - \frac{2}{3}\tilde{\gamma}^{ij}K_{,j} - 8\pi\tilde{\gamma}^{ij}s_j + 6\tilde{A}^{ij}\phi_{,j} \right)$$
$$- \tilde{\Gamma}^j\beta^i_{,j} + \frac{2}{3}\tilde{\Gamma}^i\beta^j_{,j} + \frac{1}{3}\tilde{\gamma}^{ki}\beta^j_{,jk} + \tilde{\gamma}^{kj}\beta^i_{,kj}. \tag{1.85}$$

这里的拉丁字母代表空间指标，取值 1 到 3。我们默认了爱因斯坦记号，上下重复指标代表求和。其中 ϕ 是共形因子，K 是 K_{ij} 的迹，$\tilde{A}_{ij}$ 是 K_{ij} 无迹部分的共性变换。

GH 方程形式首先把时空流形做 3+1 分解，这一步操作与 ADM 方程形式和 BSSN 方程形式类似。接下来，GH 方程形式先指定规范自由度。组合度规系数得到

$$H_\mu = -g^{\alpha\beta}\Gamma_{\mu\alpha\beta}. \tag{1.86}$$

GH 方程形式把 H_μ 当成规范自由度，然后在爱因斯坦方程中把方程 (1.86) 右边的项用 H_μ 替换。这样处理后的 10 个爱因斯坦方程分别变得独立，可以用来求解 10 个未知函数 $g_{\mu\nu}$，于是 GH 方程形式选取 10 个度规系数作为未知函数。Pretorius 在 2005 年使用的 GH 方程形式可具体表达为

$$g^{\delta\gamma}g_{\alpha\beta,\delta\gamma} + g^{\delta\gamma}_{,\alpha}g_{\beta\delta,\gamma} + g^{\delta\gamma}_{,\beta}g_{\alpha\delta,\gamma} + H_{\alpha,\beta} + H_{\beta,\alpha} - 2H_\delta\Gamma^\delta_{\alpha\beta} - 2\Gamma^\gamma_{\delta\alpha}\Gamma^\delta_{\gamma\beta} = 0. \tag{1.87}$$

这里的希腊字母代表时空指标，取值 0 到 3。我们默认了爱因斯坦记号，上下重复指标代表求和，逗号表示坐标普通导数。$\Gamma^{\alpha}_{\beta\gamma}$ 是时空度规对应的克氏符。

现在的数值相对论普遍使用 BSSN(Z4c、CCZ4) 或 GH 计算方程形式。是否还有别的计算方程形式可以用来数值求解爱因斯坦方程还是一个公开的问题。在计算方程形式问题中，规范自由度和约束方程微妙地纠缠在一起，约束方程又关系着柯西问题的初值求解问题。我们这里不对这些问题做更多讨论，对此感兴趣的读者请参考相关文献。

1.3.2　黑洞奇点问题

足够强的引力场会形成黑洞，物理地讲，黑洞被一个事件视界包着，在黑洞中心处会有奇点或者奇环出现。也许在真实的物理情形下，奇点或者奇环并不存在。但理论上这个问题涉及量子引力的范畴，超出了我们这里的讨论范围。在经典广义相对论框架下，事件视界是一个因果关系的分界面，事件视界外的时空区域可以影响事件视界以内的区域，但事件视界以内的区域不能影响事件视界以外的区域。物理上我们可以假定 Penrose 提出的宇宙监督假设是成立的，于是黑洞的物理奇点都隐藏在黑洞的事件视界内。

在趋于奇点的时候，时空曲率等物理量和几何量都会变成无穷大。在数值计算中，这样的行为会导致内存中出现非数的结果而让整个程序终止运行。于是如何在数值计算中处理黑洞奇点是一个棘手的问题。

在目前的数值相对论处理中存在两种方法来处理黑洞的奇点问题。两种方法在原理上都利用了事件视界上述的因果边界性质。一种方法叫做移动穿刺法，另一种叫做直接剪切法。

移动穿刺法的思路是在事件视界内部填充某种度规场，使得奇点不可见。填什么、如何填是这个方法成功的关键。通常人们会在演化的初始时刻填一个渐近平直时空区域的度规场，把这样的度规场压缩到有限区域填充到事件视界以内。以施瓦西黑洞为例，它的最大延拓时空包括两个渐近平直区。取一个时间对称的类空超曲面，两个渐近平直区关于黑洞的视界对称。我们可以取各向同性坐标系打破这个对称性，其中一个渐近平直区的无穷远对应到该坐标系的原点。该思路可以推广到任意黑洞系统的情形。这样的操作把无穷大区域压到有限区域，会把无穷远点压成一个奇点。但这样的奇点不具有时空曲率奇性，是一个弱奇点。人们把这个弱奇点称为穿刺点。在时间演化过程中，填充区域也会跟随演化成为自动填充的度规场，所以只需要在数值计算中注意处理好穿刺点即可。

直接剪切法是把事件视界以内的区域直接排除在数值计算区域之外。这种做法有两个问题需要注意。一是剪切边界成为数值计算的边界，是物理问题没有而计算问题引入的新边界。如何给定此处的边界条件是一个微妙的问题。从原则上说，无论给什么边界条件都不会影响事件视界以外区域的时间演化。这是因为变量信息不会跑出黑洞的事件视界。但这个结论只对物理自由度成立，非物理自由的是会被这个边界条件影响的，而且这个边界条件会影响数值计算的稳定性。二是黑洞在演化过程中会移动，这样会使得之前在事件视界内的计算格点在之后变成事件视界之外的格点。而在计算区域外的格点是没有数据的，变到计算区域内后所需数据如何给定也是一个微妙的问题。通常，人们在剪切边界处放外行波边界条件，在数据填补问题上使用外插值的方式进行。

有趣的是 BSSN 方程形式与移动穿刺法结合工作得很好，但 BSSN 方程形式与直接剪切法结合还没有成功的例子。GH 方程形式与直接剪切法结合工作得很好，但 GH 方程形式与移动穿刺法结合还没有成功的例子。这里所涉及的理论原因至今还是一个公开的问题。

1.3.3 多物理尺度问题

引力波源辐射引力波的过程是一个典型的多物理尺度问题。以双黑洞系统为例，黑洞的大小、两个黑洞的间距、引力波的波长、渐近平直时空区域的大小等会给出各自的典型空间尺度。数值计算时需要顾及所有的物理尺度，其中最小的物理尺度决定计算的空间步长，最大的物理尺度决定整个计算的空间区域。但如果使用均匀网格的方式来处理所有的物理尺度，就会让内存需求和计算需求远远超过计算机硬件的支持。在具体的数值计算中，层数划分定量的考虑来自数值收敛性和强并行性可扩展性的平衡。由于爱因斯坦方程单格点计算量庞大的特点，人们往往选取单数据层包含格点约几百乘几百乘几百的规模，再由数值收敛性决定，总共的数据层数一般会使用到 18 层左右。随着双黑洞质量比变大，层数还会更多。

在现在的数值相对论计算中使用分区域算法或者网格细化算法来处理这个多物理尺度的问题。这里我们只介绍网格细化算法。网格细化算法的思路是使用不同空间步长的网格去覆盖不同物理尺度的空间区域，小尺度区域使用细网格，大尺度区域使用粗网格。在具体实施上，让最粗的网格覆盖整个计算区域，依次向上使用较细网格覆盖范围较小的区域，直到物理尺度最小的区域被最细的网格覆盖。这样的方式形成细网格嵌套在粗网格上的模式。不同粗细的网格形成不同的网格层，也形成不同的数据层。被不同网格层，或者说数据层同时覆盖的区域，只有覆盖该区域的最细网格层起真正作用。也就是说细网格数据将替代粗网格的数据。在细网格的边界处，细网格本身无法提供边界条件，但此处被粗网格很好地覆盖，所以粗网格为细网格提供边界条件。这里无论是细网格数据代替粗网格数据的过程还是粗网格为细网格提供边界条件的过程都可以通过内插值的方式进行。

在时间演化的问题上，为了保证数值计算中柯朗-弗里德里奇-列维 (CFL) 条件的满足，我们需要在细网格使用小的时间步长，在粗网格使用大的时间步长。当然粗网格也可以使用小的时间步长而不影响 CFL 条件，但这样会造成计算上的浪费。细网格用短时间步长，粗网格用长时间步长的计算方法叫做 Berger-Oliger 算法。这样会导致粗细网格时间层不一致的问题。为了处理时间层不一致的问题，我们会在时间方向上使用内插值方法，所以在网格细化算法中插值的操作很频繁。为了方便插值操作，我们往往选取粗细网格的比例为 2:1。对于粗细网格使用统一的柯朗数，粗细网格对应的时间步长也是 2:1。

如果能在有限元框架下运用网格细化，在数值计算上将更灵活和方便，但这样的算法在爱因斯坦方程中的应用还在研究当中。

1.3.4 边界条件问题

物理上，引力波源通常用孤立体系来描述，对应一个渐近平直时空，是一个空间无穷大的系统。但在数值计算上没有办法处理计算区域无穷大的问题。原则上有两个办法来处理这个问题。第一个方法是采用共形压缩的方法把无穷大变成坐标意义下的有限大。但这样的处理方式会导致引力波在有限坐标处堆积，数值上要么导致不稳定，要么会在该处强烈耗散导致计算不准确。第二个方法就是在足够远的地方截断，这样就会引入一个边界，而且这个边界完全是数值计算需要而引入的，是一个人为的边界，所以物理上没有边界条件对应。

如何设定这个人为边界的边界条件是一个计算、数学、物理三个方面交织的问题。在计算层面，边界条件不合适将导致数值计算不稳定。在 BSSN 计算方程形式中简单的外行波边界条件可以保证计算的稳定性。但 GH 计算方程形式中此种边界条件不能保证计算稳定性。在数学层面，我们想要一个具有适定性初边值问题的边界条件。现在，在完整非线性的爱因斯坦方程层次上，这样的边界条件还是未知的。在平直时空微扰的线性化爱因斯坦方程层面，这样的边界条件已经被提出来，有的文献边界条件针对 GH 计算方程形式，有的文献边界条件针对 BSSN 计算方程形式。在物理层面上，我们想要这样一个边界条件：通过该边界条件算出的结果和无穷大空间系统所对应的解是一致的。可以相信，这样的边界条件一定满足数学层面的适定性初边值问题，而且这个边界条件能很确切地描述物理场在人为边界处的行为。这个问题其实并非数值相对论特有，在电磁波、地震波等问题中人们就处理过类似的问题。但对比这些问题，爱因斯坦方程特有的特点是引力波一边传播一边造成时空弯曲而对引力波的传播形成反散射作用。而在其他的问题中，物理场在人工边界处是单纯的外行波，所以问题简化为如何实现边界处零反射，从而让人们提出了许许多多的理想吸收边界的边界条件。爱因斯坦方程的反散射让这个边界条件问题变得复杂。为了得到物理层面的边界条件，势必需要我们搞清楚反散射的行为。在物理层面，这个问题目前还没有任何结果。

1.3.5　坐标选择问题

为了数值求解爱因斯坦方程, 我们需要选择某个坐标系。在解析意义下, 由于广义相对论微分同胚不变性的特点, 坐标选择完全任意, 坐标本身也没有本质的物理意义。从微分流形的意义上说, 一个时空流形往往需要多个坐标系来进行覆盖。坐标系和坐标系之间通过重叠区域的微分同胚变换相联系。在数值计算层面, 坐标奇性对数值计算稳定性的影响和物理奇性带来的影响是类似的, 所以坐标系定义域的边界处, 数值计算是没有办法处理的。一个自然的思路是在时间演化到坐标定义域边界前通过微分同胚变换到别的坐标系去。但是有两个原因导致其在实际操作中行不通。第一个原因是数值计算上没有办法区分坐标奇性和物理奇性, 所以没有办法预警什么时候靠近坐标定义域边界。第二个原因是数值计算所得结果是离散的度规函数。基于离散的度规函数很难计算微分同胚变换所需的雅可比矩阵。实际上正是从柯西坐标到类光坐标变换这个本质困难导致了柯西-类光联合数值计算的方法至今不成功。

在坐标选择问题上, 目前数值相对论学家们采取的办法是尽可能选用一个坐标系覆盖物理关心的时空区域。以双黑洞并合问题为例, 物理上关心的时空区域包括黑洞表观视界以外的空间和从旋进到铃震基本结束的时间范围。但实际的问题是如何提坐标条件让对应的坐标能覆盖整个上述的时空区域。经过人们长期的研究, 现在可知的时间分层条件 (slice condition) 和伽马驱动的位移函数条件 (Gamma driver shift condition) 组成的坐标条件以及广义谐和坐标原函数的 0 空间分量与谐和驱动的时间分量组成的坐标条件满足上述坐标条件的要求。是否还有别的坐标条件也可以满足上述要求目前还是一个公开的问题。

在具体的数值计算过程中, 坐标条件无法用已知的函数形式显式表达出来, 所以人们通常用指定偏微分方程的方式来给定坐标条件, 如上述提及的两个坐标条件, 于是爱因斯坦方程的数值计算问题变成了爱因斯坦方程本身耦合坐标条件方程的计算问题。耦合方程组的整体性质影响数值计算的好坏, 于是爱因斯坦方程的不同计算方程形式对坐标条件也会提出要求。比如说 BSSN 方程形式和 GH 方程形式就分别能和 $1 + \log$ 的时间分层条件和伽马驱动的位移函数条件组成的坐标条件以及广义谐和坐标原函数的 0 空间分量与谐和驱动的时间分量组成的坐标条件联合使用。到目前, 交错使用的尝试是不成功的。整个耦合方程系统的偏微分方程双曲性对这些不成功的尝试给出了一定程度的解释。但有意思的是在 SpEC 版本的 GH 方程形式数值实现中, 广义谐和坐标原函数的 0 空间分量与谐和驱动的时间分量组成的坐标条件会导致计算的不稳定。是什么原因导致这个数值不稳定性, 至今还是一个公开的问题。

具体地, BSSN 方程形式使用的 $1 + \log$ 时间分层条件和伽马驱动位移函数

条件可表达为

$$\partial_t \alpha = -2\alpha K + \beta^i \partial_i \alpha, \tag{1.88}$$

$$\partial_t \beta^i = \frac{3}{4} B^i + \beta^j \partial_j \beta^i, \tag{1.89}$$

$$\partial_t \beta^i = \partial_t \tilde{\Gamma}^i - \beta^j \partial_j \tilde{\Gamma}^i - \eta B^i + \beta^j \partial_j B^i. \tag{1.90}$$

这里，i, j 为空间指标，取值 1 到 3；上下指标重复代表求和；B^i 是为了确定坐标
条件引入的变量。使用几何单位制，η 是一个带长度分之一量纲的自由常数。它
的取值会影响数值计算的稳定性，一般取为黑洞质量分之一。

Pretorius 在 2005 年使用的坐标条件为

$$H_i = 0, \tag{1.91}$$

$$g^{\mu\nu} H_{0,\mu\nu} = -\xi_1 \frac{\alpha - 1}{\alpha^\eta} + \xi_2 H_{0,\nu} n^\nu. \tag{1.92}$$

其中，i 是空间指标，取值 1 到 3；μ, ν 是时空指标，取值 0 到 3；α 是度规系
数中的时移函数；n^ν 是时间分层超曲面的指向未来单位法矢量；$\xi_{1,2}$ 和 η 是 3 个
自由常数。在几何单位制中，$\xi_{1,2}$ 带长度分之一的量纲，η 无量纲。Pretorius 给
的取值是 $\xi_1 = 19/M, \xi_2 = 2.5/M$，这里的 M 是黑洞质量，$\eta = 5$。

1.3.6 并行可扩展性问题

　　为了应对数值相对论巨大计算量的要求，并行计算在数值相对论中扮演了重
要角色。在前述的物理多尺度问题部分我们已经讲到自适应网格细化在数值相对
论中的重要性，所以并行的自适应网格细化在数值相对论中成为所有程序的基础。
从计算机软件的角度讲，并行自适应网格细化的部分是整个数值相对论大规模科
学计算的软件平台。该平台负责整个程序的数据结构管理和流程管理，它需要处
理不同网格数据层间的数据交换以及不同计算进程间的数据交换。该平台自身处
理这些复杂数据交换的能力和协调它与其他程序模块间的相互作用，以及协调其
他程序模块通过该平台发生的相互作用等的能力，决定了相应计算机软件的并行
可扩展性能力。

　　这里我们以 GPU 版本的 AMSS-NCKU 软件为例来讨论并行可扩展性问题。
GPU 版本的 AMSS-NCKU 软件针对的硬件是多核心 CPU 外挂 GPU 的硬件异
构超级计算机，比如中国的天河一号、美国的 Titan 和 Blue Waters 等。AMSS-
NCKU 在整体算法层次使用的是针对双曲型偏微分方程的自适应网格细化差分
算法和时间显格式演化算法配以 Berger-Oliger 型的时间细化算法。在并行计算
层次使用的是区域分解算法。AMSS-NCKU 软件在整体数据结构方面采用按数据
层做区域分解的方式 (该算法考虑了爱因斯坦方程数值计算中单计算格点计算量

庞大而网格数相对较少的特点),把数据分布到各计算节点的内存上。对同一个计算节点,我们根据 GPU 多少来设置计算进程个数。一个进程只使用一个 GPU,以避免资源竞争来提高程序执行的效率。同一个计算进程内相同数据层的数据交换采用直接拷贝完成;同一计算进程不同数据层的数据交换使用网格相对位置决定的内插方法进行;不同计算进程同数据层间使用 MPI 做拷贝完成数据交换;不同计算进程不同数据层间采用两步法完成数据交换:第一步是在数据源计算进程上完成相应的数据内插值;第二步是把第一步得到的结果使用 MPI 完成最终数据交换。在 CPU 硬件部分,数据存储和计算是由操作系统自动分配完成的。需要注意的是一个计算节点一般包含几十个计算线程。这些线程包含在同一个进程中,可以共享内存数据。我们使用 OpenMP 实现 CPU 计算的多线程并行执行。在 GPU 部分,我们需要进行 CPU 内存和 GPU 内存间的数据交换,主要计算在GPU 上进行。不同进程间的数据交换所需要的插值等相对少量计算由 CPU 完成。我们设计了算法,可以让 GPU 与 CPU 的数据交换和 GPU 的计算同时进行,也即计算-通信重叠算法。在美国 Titan 超级计算上所做的测试表明 GPU 版本的 AMSS-NCKU 软件具有较好的并行可扩展性。

1.4 小结和展望

引力波直接探测已经实现。随着地面引力波探测器对引力波信号的积累,引力波天文学已逐渐形成。随着数据的积累和新脉冲星的加入,在 10 的负 9 次方Hz 频段脉冲星计时 (PTA) 的精度很快会接近 10 的负 15 次方。随着 500 米口径球面射电望远镜 (FAST) 数据积累和未来 SKA (Square Kilometer Array) 运行,这个精度更是会达到 10 的负 16 次方。空间引力波探测计划 LISA、太极和天琴等也在积极推进当中。在所有引力波探测计划的数据处理中,不论是信号提取还是引力波源反演,引力波源的理论模型都扮演着重要甚至是不可或缺的角色。引力波的产生是强引力场的高度动态行为,由爱因斯坦方程描述。引力波源的理论研究涉及求解爱因斯坦方程,但作为引力波源的各种星体往往不具有任何对称性,所以严格解析求解它们对应的爱因斯坦方程几乎不可能。各种近似方法在适用对象上会有局限性,而数值相对论是对爱因斯坦方程不做任何近似的数值求解,在这个意义上,数值相对论是引力波源理论建模过程中的万能工具。

AMSS-NCKU 是一个开源的数值相对论软件。它具有较好的计算准确性和计算效率,是引力波源理论模型研究较为理想的工具。Einstein Toolkit 是另一个开源的数值相对论软件,由美国路易斯安那州立大学的研究团队专门负责维护。Einstein Toolkit 具有较为友好的用户界面。

对于空间引力波探测计划,超大质量黑洞和小质量黑洞或者其他星体组成的双星系统是其很重要的波源。这种波源为数值相对论提出大质量比双黑洞系统数值计算的挑战。这是关于计算效率和计算准确性的问题，只要能对少数几个典型系统做出满足空间探测器精度要求的计算，便可验证或者改进有效单体数值相对论模型，以满足引力波探测的需要。

度规是流形的内禀几何量，数值求解度规的问题可叫做计算几何问题。根据度规的号差，几何被分成黎曼几何、洛伦兹几何和其他的几何。数值相对论问题是计算洛伦兹几何问题。对于黎曼几何，人们可以在点、线、面为元素的几何上定义若干曲率变量来建立离散的几何描述，进而以这样的描述体系为基础，发展出计算方法来。随着点、线、面个数的增加，上述离散几何描述会收敛到通常连续流形描述的几何图像。相应地，数值计算结果也收敛到连续流形所描述的物理问题上去。上述体系的想法最早由 Regge 提出，后来被称为 Regge 微积分 (Regge calculus)。到目前，计算黎曼几何问题在计算几何中已得到较成体系的发展，甚至有成熟的计算黎曼几何商业软件被开发出来并被应用于临床医学中。

数值相对论问题是计算洛伦兹几何问题。在 Regge 原初的工作中，Regge 微积分包括对洛伦兹几何的处理。但相较之下，计算洛伦兹几何的数学基础还远远没有形成体系。做一个不甚恰当的类比，把爱因斯坦方程形式用到黎曼几何上，其方程行为很像一个椭圆方程；把爱因斯坦方程用到洛伦兹几何上，其方程行为很像一个双曲方程。由于椭圆方程的数学理论体系非常完备，所以非线性在椭圆方程问题中不具有本质的困难。双曲方程的情况就完全不同。目前的数学理论对非线性双曲方程还远远做不到系统化的处理。就连非线性波动方程，目前人们也只能做到特殊情况特殊处理的程度。由此，我们预期计算洛伦兹几何问题远不是计算黎曼几何问题往洛伦兹几何推广那么简单。在引力波天文学这个物理问题的驱动下，希望计算洛伦兹几何的研究能在未来得到实质的发展。

作 者 简 介

曹周键，北京师范大学本科、博士，2006 年获得博士学位以后，被中国科学院数学与系统科学研究院聘为助理研究员，专门从事引力波天文学特别是数值相对论的研究。他是正在实施的国家自然科学基金委引力波重大项目的"数值相对论和引力波建模"课题负责人。曹周键与合作者一起建立和改进了数值相对论计算方法 Z4c。Z4c 算法已被国际数值相对论界众多数值相对论小组使用。他们完成和发展了中国完全独立自主的数值相对论软件，该软件为国内若干同行提供了数值相对论研究的工具。他们还建立了椭圆轨道双黑洞并合系统旋进-并合-铃宕完备引力波模型 SEOBNRE，为椭圆轨道双星系统的引力波数据处理准备好了立刻可用的引力波模板。

第二章 致密双星旋近的引力波简介

邵立晶, 徐睿

2.1 引 言

　　爱因斯坦提出的广义相对论改变了自古以来把时空作为物质运动的背景来看待的观点，成功地把引力相互作用等价为弯曲的时空。由于运动中的物体之间的引力相互作用是变化着的，所以物体运动于其中的时空舞台也不再是恒定不变的背景，而是会随着物体的运动而改变。这种运动的物体和弯曲的时空之间互相反馈制约的关系由惠勒描述为[1]

　　　　　　"时空告诉物质如何运动；物质告诉时空如何弯曲。"

一旦接受时空本身就是动力学系统的一部分这一观点，那么时空的微小扰动就有可能以波动的形式传播。因为时空的扰动就是物质间引力相互作用的扰动，所以这种时空的涟漪被称为引力波。

　　自从爱因斯坦于 1916 年至 1918 年间第一次推导出广义相对论中引力波的四极辐射公式，对于引力波是否是真实的物理存在这一问题在物理学家中存在肯定和否定两种观点。否定观点的一个原因在于广义相对论中对于引力场不能定义局域的坐标协变的能动量张量，这使得人们对引力波是否携带能量有所质疑。为了解决这一问题，一些依赖于坐标的伪张量被构造出来用以描述一点上的引力场的能动量密度，其中就有本章中将采用的把爱因斯坦场方程化成朗道-栗弗席兹形式后出现的朗道-栗弗席兹伪张量。这些构造出来的伪张量能够用来计算选定坐标系下引力波携带的能量以及角动量，从而为后来 1974 年赫尔斯和泰勒发现第一颗双星系统中的脉冲星后通过观测其轨道衰减率来检验引力波带走的能量做了理论上的预测。因为通过观测轨道衰减率推断出来的能量损失和理论预测的引力波带走的能量符合得很好[2-4]，所以这个双星系统中的脉冲星的发现很大程度上消除了对引力波作为真实物理存在的质疑，赫尔斯和泰勒也因为这一发现获得了 1993 年的诺贝尔物理学奖。

　　如果说因为双星系统的轨道衰减作为引力波存在的证据毕竟是间接的，所以其并未完全消除人们对引力波是真实物理存在的质疑，那么决定性的证据就是 2015 年 LIGO/Virgo 科学合作组用激光干涉仪首次直接探测到的距我们 13 亿光年①外两颗质量分别为 36 个和 29 个太阳质量的黑洞并合时产生的引力波[5]。这次的直接探测得益于激光干涉仪的高灵敏度，因为引力波的经过，在地球上两条长 4km 的激光干涉臂上产生的能够引起激光相位差的伸缩仅原子尺度的一亿分之一。主导建设和运作 LIGO 的三位物理学家：索恩、巴里什、韦斯，也因此获得了 2017 年诺贝尔物理学奖。随着 LIGO 和 Virgo 引力波探测器灵敏度的升级，越来越多的遥远双星并合所产生的引力波被探测到[6-9]，其中不仅包括双黑洞并合，也有黑洞-中子星并合以及双中子星并合。如今引力波作为一种我们能够接收到的遥远天体所产生的信号，已经与电磁信号一起成为天文观测中获取遥远天体信息的重要途径。基于引力波和电磁波多波段协同观测的多信使天文学正在飞速发展中[10]。

这里，我们将为大家简要介绍致密双星旋近的引力波，更详细的内容可以参考专著 [11,12]。本章采用 $G = c = 1$ 的几何单位制，因此公式中的物理量都是长度的幂次的量纲。仅在涉及物理量的数值时偶尔使用常用单位，为读者提供直观上的大小对比。平直时空的度规在直角坐标系下取为 $\eta_{\mu\nu} = \text{diag}(-1, 1, 1, 1)$.

2.2   引力的线性近似

爱因斯坦场方程

$$G_{\mu\nu} = 8\pi T_{\mu\nu}, \tag{2.1}$$

涉及待解度规的非线性项，作为第一级近似，我们考虑在平直时空度规上存在小的度规微扰，记为

$$h_{\mu\nu} = g_{\mu\nu} - \eta_{\mu\nu} \ll 1. \tag{2.2}$$

上面的式子中，爱因斯坦张量 $G_{\mu\nu}$ 和度规 $g_{\mu\nu}$ 的联系由克里斯托弗符号 $\Gamma^{\alpha}_{\mu\nu}$、黎曼张量 $R^{\alpha}_{\beta\gamma\delta}$、里奇张量 $R_{\mu\nu}$、里奇标量 R 给出，具体表达式为

$$\Gamma^{\alpha}_{\mu\nu} = \frac{1}{2} g^{\alpha\lambda} \left(\partial_{\mu} g_{\lambda\nu} + \partial_{\nu} g_{\mu\lambda} - \partial_{\lambda} g_{\mu\nu} \right), \tag{2.3}$$

$$R^{\alpha}_{\beta\gamma\delta} = \partial_{\gamma} \Gamma^{\alpha}_{\delta\beta} + \Gamma^{\alpha}_{\gamma\lambda} \Gamma^{\lambda}_{\delta\beta} - (\gamma \leftrightarrow \delta), \tag{2.4}$$

$$R_{\mu\nu} = R^{\lambda}{}_{\mu\lambda\nu} = \partial_{\lambda} \Gamma^{\lambda}_{\mu\nu} + \Gamma^{\lambda}_{\lambda\sigma} \Gamma^{\sigma}_{\mu\nu} - \partial_{\nu} \Gamma^{\lambda}_{\lambda\mu} - \Gamma^{\lambda}_{\nu\sigma} \Gamma^{\sigma}_{\lambda\mu}, \tag{2.5}$$

$$R = g^{\mu\nu} R_{\mu\nu}, \tag{2.6}$$

$$G_{\mu\nu} = R_{\mu\nu} - \frac{1}{2} g_{\mu\nu} R. \tag{2.7}$$

---

① 1 光年 $=9.46053\times10^{15}$m。

在式 (2.2) 定义的度规微扰为小量的假设下，式 (2.3) ~ 式 (2.7) 的领头项，也即涉及 $h_{\mu\nu}$ 的线性项为

$$\Gamma^{\alpha}_{\mu\nu} \approx \frac{1}{2}\eta^{\alpha\lambda}\left(\partial_{\mu}h_{\lambda\nu} + \partial_{\nu}h_{\mu\lambda} - \partial_{\lambda}h_{\mu\nu}\right), \tag{2.8}$$

$$R^{\alpha}_{\beta\gamma\delta} \approx \frac{1}{2}\eta^{\alpha\lambda}\left(\partial_{\gamma}\partial_{\beta}h_{\delta\lambda} - \partial_{\gamma}\partial_{\lambda}h_{\delta\beta} - \partial_{\delta}\partial_{\beta}h_{\gamma\lambda} + \partial_{\delta}\partial_{\lambda}h_{\gamma\beta}\right), \tag{2.9}$$

$$R_{\mu\nu} \approx \frac{1}{2}\left(\partial_{\lambda}\partial_{\mu}h_{\nu}{}^{\lambda} + \partial_{\lambda}\partial_{\nu}h_{\mu}{}^{\lambda} - \Box h_{\mu\nu} - \partial_{\nu}\partial_{\mu}h\right), \tag{2.10}$$

$$R \approx \partial_{\alpha}\partial_{\beta}h^{\alpha\beta} - \Box h, \tag{2.11}$$

$$G_{\mu\nu} \approx \frac{1}{2}\left(\partial_{\lambda}\partial_{\mu}\bar{h}_{\nu}{}^{\lambda} + \partial_{\lambda}\partial_{\nu}\bar{h}_{\mu}{}^{\lambda} - \Box\bar{h}_{\mu\nu} - \eta_{\mu\nu}\partial_{\alpha}\partial_{\beta}\bar{h}^{\alpha\beta}\right), \tag{2.12}$$

其中我们引入了 $\Box = \eta^{\mu\nu}\partial_{\mu}\partial_{\nu}$，$h = \eta^{\mu\nu}h_{\mu\nu}$ 和 $\bar{h}_{\mu\nu} = h_{\mu\nu} - \frac{1}{2}\eta_{\mu\nu}h$，并且所有指标的上升和下降由 $\eta^{\mu\nu}$ 和 $\eta_{\mu\nu}$ 控制。关于指标的升降，在本章的其余部分也同样如此，并且在下文中我们将不区分空间指标的上下位置，一旦出现重复的空间指标，不论是上下位置还是同上同下均表示求和。

至此，式 (2.12) 所表示的爱因斯坦张量仍然比较复杂，接下来我们可以用特定的坐标选取来化简式 (2.12)。简单来说就是因为爱因斯坦场方程对于任何坐标系都适用，我们可以选取其中使得条件

$$\partial_{\mu}\bar{h}^{\mu\nu} = 0 \tag{2.13}$$

成立的坐标系，从而爱因斯坦场方程的线性近似简化成

$$-\Box\bar{h}_{\mu\nu} = 16\pi T_{\mu\nu}. \tag{2.14}$$

为了说明条件 (2.13) 总可以在适当的坐标系中取到，我们可以从一个任意的坐标系 x^{α} 中的 $\bar{h}_{\mu\nu}$ 开始考虑。那么在另外一个和它非常接近的坐标系 $x'^{\alpha} = x^{\alpha} + \xi^{\alpha}$ 中（其中 ξ^{α} 为小量），度规的微扰就是

$$h'_{\mu\nu} = \frac{\partial x^{\alpha}}{\partial x'^{\mu}}\frac{\partial x^{\beta}}{\partial x'^{\nu}}g_{\alpha\beta} - \eta_{\mu\nu} \approx h_{\mu\nu} - \partial_{\mu}\xi_{\nu} - \partial_{\nu}\xi_{\mu}, \tag{2.15}$$

或者用 $\bar{h}_{\mu\nu}$ 表示为

$$\bar{h}'_{\mu\nu} \approx \bar{h}_{\mu\nu} - \partial_{\mu}\xi_{\nu} - \partial_{\nu}\xi_{\mu} + \eta_{\mu\nu}\partial_{\lambda}\xi^{\lambda}. \tag{2.16}$$

因此，只要坐标系 x'^{α} 满足 $\Box\xi^{\nu} = \partial_{\mu}\bar{h}^{\mu\nu}$，那么在其中的度规微扰就满足 $\partial'_{\mu}\bar{h}'^{\mu\nu} = 0$，也即条件 (2.13) 在坐标系 x'^{α} 中的表述。我们特别指出，满足条件 (2.13) 的

坐标系并不唯一，所有这些坐标系由谐和方程 $\Box \xi^\nu = 0$ 的解对应的坐标变换相联系，所以条件 (2.13) 称为谐和坐标条件。

在谐和坐标系下，爱因斯坦场方程的线性近似式 (2.14) 是标准的波动方程形式，我们可以用格林函数得到形式解

$$\bar{h}_{\mu\nu} = 4 \int \mathrm{d}^4 x' G(x - x') T_{\mu\nu}(x') + \text{边界项}, \tag{2.17}$$

其中格林函数 $G(x - x')$ 是点源波动方程

$$-\Box G(x) = 4\pi \delta^4(x) \tag{2.18}$$

的解，其中 $\delta^4(x)$ 是四维狄拉克 δ 函数。对于我们关心的向外辐射引力波的孤立系统，物理解由延迟格林函数[13]

$$G_r(x) = \frac{\delta(t - |\boldsymbol{x}|)}{|\boldsymbol{x}|} \tag{2.19}$$

给出，其中 $\boldsymbol{x}$ 为空间坐标矢量。也就是说，度规微扰的解为

$$\bar{h}_{\mu\nu} = 4 \int \mathrm{d}^3 x' \frac{1}{|\boldsymbol{x} - \boldsymbol{x}'|} T_{\mu\nu}(t_r, \boldsymbol{x}'), \tag{2.20}$$

其中 "延迟时" $t_r := t - |\boldsymbol{x} - \boldsymbol{x}'|$。

因为延迟时也是积分坐标 $\boldsymbol{x}'$ 的函数，式 (2.20) 中的积分在物质能动量张量 $T_{\mu\nu}$ 随时间变化时很难计算。考虑到我们是在离波源很远的地方探测引力波，可以把式 (2.20) 中的 $|\boldsymbol{x} - \boldsymbol{x}'|$ 以 $\boldsymbol{x}$ 近似，即

$$\bar{h}_{\mu\nu} \approx \frac{4}{|\boldsymbol{x}|} \int \mathrm{d}^3 x' T_{\mu\nu}(t_r, \boldsymbol{x}'), \tag{2.21}$$

并且 $t_r \approx t - |\boldsymbol{x}|$. 在对分量 $\bar{h}_{tt}$、$\bar{h}_{ti}$ 和 $\bar{h}_{ij}$ 分别进行讨论之前，我们有必要明确它们之间存在量级上的差异这一事实。这建立在波源由非相对论性并且做低速运动的物质组成的假设下。在这一假设下，我们有

$$T_{tt} \sim O(1), \quad T_{ti} \sim O(o_c), \quad T_{ij} \sim O(o_c^2), \tag{2.22}$$

其中小量 o_c 为代表波源物质运动的平均速度与光速之比。因此，$\bar{h}_{\mu\nu}$ 的分量 $\bar{h}_{tt}$、$\bar{h}_{ti}$ 和 $\bar{h}_{ij}$ 也有同样的量级差异。

首先，我们定义

$$\bar{h}_{tt}(t, \boldsymbol{x}) \approx \frac{4}{|\boldsymbol{x}|} \int \mathrm{d}^3 x' T_{tt}(t_r, \boldsymbol{x}') := \frac{4}{|\boldsymbol{x}|} M(t_r). \tag{2.23}$$

因为非相对论情形下 T_{tt} 就是系统的质量密度, 所以这样定义下来的 M 就是系统的总质量。考虑到上面提到的量级差异, 仅 $\bar{h}_{tt}$ 在计算度规的领头项时有贡献, 也即

$$g_{tt} = -1 + h_{tt} \approx -1 + \frac{2}{|\boldsymbol{x}|} M(t_r),$$

$$g_{ti} = h_{ti} \approx 0, \tag{2.24}$$

$$g_{ij} = \delta_{ij} + h_{ij} \approx \delta_{ij} \left[1 + \frac{2}{|\boldsymbol{x}|} M(t_r) \right].$$

显然, 这是考虑了引力作用以光速传播造成的延迟效应后的牛顿引力。我们特别指出, 物质能动量守恒方程

$$D_\mu T^{\mu\nu} = 0 \tag{2.25}$$

的线性近似为 $\partial_\mu T^{\mu\nu} = 0$, 也即

$$\partial_t T_{tt} - \partial_i T_{ti} = 0, \tag{2.26}$$

$$\partial_t T_{tj} - \partial_i T_{ij} = 0. \tag{2.27}$$

利用式 (2.26) 可得

$$\frac{\mathrm{d}}{\mathrm{d}t} M(t) = \partial_t \int \mathrm{d}^3 x' T_{tt}(t, \boldsymbol{x}') = \int \mathrm{d}^3 x' \partial_i' T_{ti}(t, \boldsymbol{x}') = 0, \tag{2.28}$$

即系统总质量是守恒的。

接下来, 还是利用式 (2.26) 我们可得

$$\bar{h}_{ti}(t, \boldsymbol{x}) \approx \frac{4}{|\boldsymbol{x}|} \int \mathrm{d}^3 x' T_{ti}(t_r, \boldsymbol{x}') = \frac{4}{|\boldsymbol{x}|} \int \mathrm{d}^3 x' \left[\partial_j' \left(x'^i T_{tj}(t_r, \boldsymbol{x}') \right) - x'^i \partial_j' T_{tj}(t_r, \boldsymbol{x}') \right]$$

$$= -\frac{4}{|\boldsymbol{x}|} \partial_t \int \mathrm{d}^3 x' x'^i T_{tt}(t_r, \boldsymbol{x}'). \tag{2.29}$$

另一方面, 利用式 (2.27) 我们有

$$\frac{\mathrm{d}}{\mathrm{d}t} \int \mathrm{d}^3 x' T_{ti}(t, \boldsymbol{x}') = \int \mathrm{d}^3 x' \partial_j' T_{ij}(t, \boldsymbol{x}') = 0, \tag{2.30}$$

即系统的总动量守恒, 同时也说明 $\bar{h}_{ti}(t, \boldsymbol{x})$ 不依赖于时间。这样一来, 通过选取合适的坐标原点使得积分 $\int \mathrm{d}^3 x' x'^i T_{tt}(0, \boldsymbol{x}')$ 为零就能保证

$$\bar{h}_{ti}(t, \boldsymbol{x}) = \bar{h}_{ti}(0, \boldsymbol{x}) = 0. \tag{2.31}$$

　　最后，利用式 (2.26) 和式 (2.27) 化简 $\bar{h}_{ij}$。类似于式 (2.29)，先建立下面的积分等式

$$
\int \mathrm{d}^3x'\, T_{ij}(t,\boldsymbol{x}') = -\partial_t \int \mathrm{d}^3x'\, x'^j T_{ti}(t,\boldsymbol{x}')
$$

$$
= -\partial_t \int \mathrm{d}^3x'\, x'^j \partial_k' \left(x'^i T_{tk}(t,\boldsymbol{x}') \right) + \partial_t^2 \int \mathrm{d}^3x'\, x'^i x'^j T_{tt}(t,\boldsymbol{x}').
$$

$$
\tag{2.32}
$$

又有

$$
\partial_t \int \mathrm{d}^3x'\, x'^j \partial_k' \left(x'^i T_{tk}(t,\boldsymbol{x}') \right) = -\partial_t \int \mathrm{d}^3x'\, x'^i T_{tj}(t,\boldsymbol{x}')
$$

$$
= -\int \mathrm{d}^3x'\, x'^i \partial_k' T_{jk}(t,\boldsymbol{x}')
$$

$$
= \int \mathrm{d}^3x'\, T_{ij}(t,\boldsymbol{x}'),
\tag{2.33}
$$

所以

$$
\bar{h}_{ij}(t,\boldsymbol{x}) = \frac{2}{|\boldsymbol{x}|} \partial_t^2 \int \mathrm{d}^3x'\, x'^i x'^j T_{tt}(t,\boldsymbol{x}') := \frac{2}{|\boldsymbol{x}|} \partial_t^2 Q^{ij}(t_r),
\tag{2.34}
$$

其中定义的 Q^{ij} 为波源的物质分布四极矩，这一结果即是有名的引力波四极辐射公式。

　　以上的结果表明，远场处的引力波完全由度规微扰的空间分量描述。事实上，更进一步，在 $\bar{h}_{ij}(t,\boldsymbol{x})$ 的 6 个分量中，仅有两个是描述引力波物理效果的，其余 4 个可以通过坐标变换消除为零，这得益于前面说到的谐和坐标并不唯一。为了证明这点，这里我们先写出结果。引力波的两个物理分量，也即 $\bar{h}^{ij}$ 的横向无迹部分为[11]

$$
\bar{h}_{\mathrm{TT}}^{ij} := \left(P^{ik} P^{jl} - \frac{1}{2} P^{ij} P^{mk} P^{ml} \right) \bar{h}^{kl},
\tag{2.35}
$$

其中

$$
P^{ij} := \delta^{ij} - n^i n^j
\tag{2.36}
$$

为横向投影算符张量，由它作用在任意三维矢量 A^i 上可得到 A^i 垂直于单位方向 $\boldsymbol{x}/|\boldsymbol{x}| := \boldsymbol{n} = (n^1, n^2, n^3)$ 的分量

$$
A_T^i := P^{ij} A^j = A^i - n^i A^j n^j.
\tag{2.37}
$$

对于 2 阶张量 $\bar{h}^{ij}$，作用两次横向投影算符即可得到其横向部分，再除去所得横向部分的迹就得到横向无迹部分。这里需要注意的是除去迹的同时还应保证横向

性，所以式 (2.35) 中除去迹用 P^{ij} 而不是 δ^{ij}（相应的系数是 $1/2$ 而不是 $1/3$）。由于 $\bar{h}^{ij}_{\mathrm{TT}}$ 满足横向性 $n^i\bar{h}^{ij}_{\mathrm{TT}} = 0$ 和无迹性 $\delta^{ij}\bar{h}^{ij}_{\mathrm{TT}} = 0$ 共 4 个方程，所以 $\bar{h}^{ij}_{\mathrm{TT}}$ 仅继承了 $\bar{h}^{ij}$ 的两个分量。可定义 $\bar{h}^{ij}$ 的其余 4 个分量为

$$h_1 := \delta^{ij}\bar{h}^{ij},$$
$$h_2 := n^i n^j \bar{h}^{ij}, \tag{2.38}$$
$$h^i_{\mathrm{T}} := P^{ij} n^k \bar{h}^{jk},$$

则式 (2.35) 可表示为

$$\bar{h}^{ij} = \bar{h}^{ij}_{\mathrm{TT}} + n^i h^j_{\mathrm{T}} + n^j h^i_{\mathrm{T}} + \frac{1}{2}\left(3n^i n^j - \delta^{ij}\right)h_2 + \frac{1}{2}P^{ij}h_1. \tag{2.39}$$

现在，为了证明用坐标变换能够消除 h_1、h_2 和 h^i_{T}，我们考虑式 (2.16) 中的坐标变换小量 ξ^μ 取[11]

$$\xi^\mu = \frac{1}{|\boldsymbol{x}|}\zeta^\mu(t - |\boldsymbol{x}|) \tag{2.40}$$

的形式，其中待定函数 ζ^μ 为延迟时 $t_r = t - |\boldsymbol{x}|$ 的函数。因为我们考虑的是远场近似解，所以忽略 $1/|\boldsymbol{x}|^2$ 及更高次幂项，也就是说空间导数可近似为[11]

$$\partial_i \xi^\mu = -\frac{n^i}{|\boldsymbol{x}|}\partial_t \zeta^\mu(t - |\boldsymbol{x}|). \tag{2.41}$$

从而 h_1、h_2、h^i_{T} 和 $\bar{h}^{ij}_{\mathrm{TT}}$ 按照式 (2.16) 变换为

$$h'_1 - h_1 \approx -2\partial_i \xi^i + 3\partial_\lambda \xi^\lambda \approx \frac{1}{|\boldsymbol{x}|}\partial_t\left(3\zeta^t - n^i\zeta^i\right), \tag{2.42}$$

$$h'_2 - h_2 \approx -2n^i n^j \partial_i \xi^j + \partial_\lambda \xi^\lambda \approx \frac{1}{|\boldsymbol{x}|}\partial_t\left(\zeta^t + n^i\zeta^i\right), \tag{2.43}$$

$$h'^i_{\mathrm{T}} - h^i_{\mathrm{T}} \approx P^{ij}n^k\left(-\partial_j \xi^k - \partial_k \xi^j\right) \approx \frac{1}{|\boldsymbol{x}|}P^{ij}\partial_t\zeta^j, \tag{2.44}$$

$$h'^{ij}_{\mathrm{TT}} - h^{ij}_{\mathrm{TT}} \approx \left(P^{ik}P^{jl} - \frac{1}{2}P^{ij}P^{mk}P^{ml}\right)\left(-\partial_i \xi^j - \partial_j \xi^i\right) \approx 0. \tag{2.45}$$

显然，除了 h^{ij}_{TT} 是不变量外，其余 4 个分量都随 ζ^μ 的不同选取而变化。在式 (2.42) ∼ 式 (2.44) 中令 h'_1, h'_2 和 h'^i_{T} 为零，正好可解得所需的坐标变换函数 ζ^μ，

$$\zeta^t = -\frac{|\boldsymbol{x}|}{4}\int \mathrm{d}t\,(h_1 + h_2) = -\frac{1}{2}\left(\delta^{ij} + n^i n^j\right)\partial_t Q^{ij}(t_r),$$

$$n^i \zeta^i = \frac{|\boldsymbol{x}|}{4} \int \mathrm{d}t \, (h_1 - 3h_2) = \frac{1}{2} \left(\delta^{ij} - 3n^i n^j \right) \partial_t Q^{ij}(t_r), \qquad (2.46)$$

$$\zeta_{\mathrm{T}}^i = -|\boldsymbol{x}| \int \mathrm{d}t \, h_{\mathrm{T}}^i = -2P^{ij} n^k \partial_t Q^{jk}(t_r).$$

因此，在任一谐和坐标系中解得 $\bar{h}^{ij}$ 后，我们总可以用式 (2.40) 所给出的坐标变换得到一特殊的谐和坐标系，在这个坐标系中 $\bar{h}^{ij}$ 只有两个物理分量 $\bar{h}_{\mathrm{TT}}^{ij}$ 不为零，这一特殊的谐和坐标系的选取也叫取横向无迹规范（TT gauge）。最后，我们特别指出，① 由于 n^i 的空间导数

$$\partial_i n^j = \frac{1}{|\boldsymbol{x}|} P^{ij} \qquad (2.47)$$

会出现额外的 $1/|\boldsymbol{x}|$ 因子，所以在远场近似下 n^i 可近似为常量，从而式 (2.40) 表示的坐标变换的确满足谐和方程 $\Box \xi^\mu = 0$；② 因为 $\bar{h}^{tt}$、$\bar{h}^{ti}$ 和 $\bar{h}^{ij}$ 存在类似于式 (2.22) 的量级差异，因此式 (2.40) 对应的坐标变换并不改变式 (2.24) 给出的牛顿引力。

2.3　引力的后牛顿展开

2.2 节中介绍的引力的线性近似可以看成是把平直时空作为零阶解得到的由于物质的微扰导致的一阶近似解。本节我们从一般的微扰论角度出发，介绍引力理论在平直时空作为零阶解时的微扰展开解。这里的展开小量涉及至少两个原则上独立的量。其一即为 2.2 节已经引入的 o_c，其定义为

$$o_c := v_{\mathrm{ch}} = \frac{l_{\mathrm{ch}}}{t_{\mathrm{ch}}}, \qquad (2.48)$$

表示作为引力源的物质的特征速度和光速的比（注意我们用几何单位，因此光速 $c = 1$）。式 (2.48) 中的 l_{ch} 和 t_{ch} 分别表示源分布的特征尺度和源运动的特征时标。另一个将要用到的展开小量记为 o_G，其定义为

$$o_G := l_{\mathrm{ch}}^2 \epsilon_{\mathrm{ch}} = \frac{M_{\mathrm{ch}}}{l_{\mathrm{ch}}}, \qquad (2.49)$$

表示源附近的引力场大小（注意我们用几何单位，因此引力常数 $G = 1$），其中 ϵ_{ch} 和 M_{ch} 分别表示源的特征能量密度和特征质量。显然，低速系统对应 $o_c \ll 1$，而弱场系统对应 $o_G \ll 1$。由于这里的弱场指的是弱引力场，因此在存在其他相互作用来加速粒子运动的系统中，o_c 和 o_G 并无直接的关系。但是这里我们局限

于考虑物质的运动由引力相互作用决定的系统，如我们关心的双星绕转系统，其特征速度与特征引力场有关系 $v_{\mathrm{ch}}^2 \sim M_{\mathrm{ch}}/l_{\mathrm{ch}}$，也即 $o_G \sim o_c^2$，因此我们的最终展开结果将可以完全按 o_c 的阶排列，这样的展开称为后牛顿展开。

要得到后牛顿展开则必须先按 o_G 展开，此时原则上并不必假设 $o_c \ll 1$；这种单纯按 o_G 展开而并不做低速假设的近似称为后闵可夫斯基近似。后闵可夫斯基近似是后牛顿近似的基础，而在后闵可夫斯基近似下能得到形式解的前提为场方程可以化成类似式 (2.14) 的平直空间下的波动方程。显然爱因斯坦场方程并不是波动方程的形式，我们有必要引入作为后闵可夫斯基近似基础的引力场方程的朗道–栗弗席兹形式[11,14]。

2.3.1 引力场方程的朗道–栗弗席兹形式与后闵可夫斯基展开

为了把弯曲时空下的张量方程 (2.1) 化为接近平直时空中的波动方程，引入[11]

$$\mathfrak{g}^{\alpha\beta} := \sqrt{-g}\, g^{\alpha\beta}$$

$$H^{\alpha\beta\gamma\delta} := \mathfrak{g}^{\alpha\gamma}\mathfrak{g}^{\beta\delta} - \mathfrak{g}^{\alpha\delta}\mathfrak{g}^{\beta\gamma}, \tag{2.50}$$

其中 g 为度规 $g_{\alpha\beta}$ 的行列式。可以验证，爱因斯坦张量 $G^{\alpha\beta}$ 可以写为

$$G^{\alpha\beta} = \frac{1}{2(-g)}\partial_\mu\partial_\nu H^{\alpha\mu\beta\nu} - 8\pi\, t_{\mathrm{LL}}^{\alpha\beta}, \tag{2.51}$$

其中

$$\begin{aligned}
t_{LL}^{\alpha\beta} = \frac{1}{16\pi(-g)}&\Big[\partial_\sigma\mathfrak{g}^{\alpha\beta}\partial_\kappa\mathfrak{g}^{\sigma\kappa} - \partial_\sigma\mathfrak{g}^{\alpha\sigma}\partial_\kappa\mathfrak{g}^{\beta\kappa} + \frac{1}{2}g^{\alpha\beta}g_{\sigma\kappa}\partial_\lambda\mathfrak{g}^{\sigma\rho}\partial_\rho\mathfrak{g}^{\kappa\lambda} \\
&- g^{\alpha\sigma}g_{\kappa\lambda}\partial_\rho\mathfrak{g}^{\beta\lambda}\partial_\sigma\mathfrak{g}^{\kappa\rho} - g^{\beta\sigma}g_{\kappa\lambda}\partial_\rho\mathfrak{g}^{\alpha\lambda}\partial_\sigma\mathfrak{g}^{\kappa\rho} + g_{\sigma\kappa}g^{\lambda\rho}\partial_\lambda\mathfrak{g}^{\alpha\sigma}\partial_\rho\mathfrak{g}^{\beta\kappa} \\
&+ \frac{1}{8}\left(2g^{\alpha\sigma}g^{\beta\kappa} - g^{\alpha\beta}g^{\sigma\kappa}\right)\left(2g_{\lambda\epsilon}g_{\rho\eta} - g_{\epsilon\eta}g_{\lambda\rho}\right)\partial_\sigma\mathfrak{g}^{\epsilon\eta}\partial_\kappa\mathfrak{g}^{\lambda\rho} \Big]
\end{aligned} \tag{2.52}$$

称为朗道–栗弗席兹伪张量（注意 $H^{\alpha\beta\gamma\delta}$ 和 $t_{LL}^{\alpha\beta}$ 都不是张量），我们即将看到它在一定程度上描述了引力场本身的能动量。爱因斯坦场方程的朗道–栗弗席兹形式即可以由式 (2.51) 代入式 (2.1) 得到

$$\partial_\mu\partial_\nu H^{\alpha\mu\beta\nu} = 16\pi(-g)\left(T^{\alpha\beta} + t_{\mathrm{LL}}^{\alpha\beta}\right). \tag{2.53}$$

式 (2.53) 离波动方程的形式只差一步。现在只要再定义

$$\bar{h}^{\alpha\beta} := \eta^{\alpha\beta} - \mathfrak{g}^{\alpha\beta}, \tag{2.54}$$

并且注意到 $\partial_\mu\partial_\nu H^{\alpha\mu\beta\nu}$ 中有 $-\Box\bar{h}^{\alpha\beta}$，则式 (2.53) 可写成波动方程的形式

$$-\Box\bar{h}^{\alpha\beta} = 16\pi(-g)\left(T^{\alpha\beta} + t_{\mathrm{LL}}^{\alpha\beta} + t_{\mathrm{H}}^{\alpha\beta}\right) := 16\pi\tau^{\alpha\beta}, \tag{2.55}$$

其中

$$16\pi(-g)t_{\mathrm{H}}^{\alpha\beta} = -\bar{h}^{\mu\nu}\partial_\mu\partial_\nu\bar{h}^{\alpha\beta} - \partial_\mu\mathfrak{g}^{\alpha\beta}\partial_\nu\mathfrak{g}^{\mu\nu} - \partial_\mu\mathfrak{g}^{\mu\nu}\partial_\nu\mathfrak{g}^{\alpha\beta} - \mathfrak{g}^{\alpha\beta}\partial_\mu\partial_\nu\mathfrak{g}^{\mu\nu}$$

$$+ \mathfrak{g}^{\beta\mu}\partial_\mu\partial_\nu\mathfrak{g}^{\alpha\nu} + \partial_\mu\mathfrak{g}^{\alpha\nu}\partial_\nu\mathfrak{g}^{\beta\mu} + \partial_\mu\mathfrak{g}^{\beta\mu}\partial_\nu\mathfrak{g}^{\alpha\nu} + \mathfrak{g}^{\alpha\nu}\partial_\mu\partial_\nu\mathfrak{g}^{\beta\mu}. \tag{2.56}$$

至此，我们有引力场方程的形式解，只需把式 (2.20) 中角标变为上标并将 $T_{\mu\nu}$ 替换为 $\tau^{\mu\nu}$ 即可。这一形式解表明 $t_{\mathrm{LL}}^{\alpha\beta}$ 和 $t_{\mathrm{H}}^{\alpha\beta}$ 共同充当了除物质外的波源。因为 $t_{\mathrm{LL}}^{\alpha\beta}$ 和 $t_{\mathrm{H}}^{\alpha\beta}$ 只取决于引力场，所以可以把它们解释为引力场本身的能动量。但是，我们必须指出这种解释只是概念上的，由于 $t_{\mathrm{LL}}^{\alpha\beta}$、$t_{\mathrm{H}}^{\alpha\beta}$ 以及 $t_{\mathrm{LL}}^{\alpha\beta} + t_{\mathrm{H}}^{\alpha\beta}$ 均不是弯曲时空中的张量，所以它们不是引力场的能动量张量。事实上，对于引力场数学上不存在其非平凡局域能动量张量的定义；可参看文献 [15] 中第 11.2 节的讨论。

　　和爱因斯坦场方程 (2.1) 一样，波动形式的场方程 (2.55) 也适用于任意坐标系。由于式 (2.55) 并不是张量方程，其等号右边的项在不同的坐标系中取不同的形式。2.2 节中用到的谐和坐标系可以最大化地化简 $t_{\mathrm{LL}}^{\alpha\beta}$ 和 $t_{\mathrm{H}}^{\alpha\beta}$，因此这里和后面都使用谐和坐标。注意到谐和条件式 (2.13) 现在等价于 $\partial_\alpha\mathfrak{g}^{\alpha\beta} = 0$，$t_{\mathrm{LL}}^{\alpha\beta}$ 中的前两项和 $t_{\mathrm{H}}^{\alpha\beta}$ 中的大部分项都在谐和坐标下为零。

　　现在，我们取物质的能动量张量为理想流体的形式

$$T^{\alpha\beta} = (\epsilon + p)u^\alpha u^\beta + pg^{\alpha\beta}, \tag{2.57}$$

其中，ϵ 和 p 分别为流体的固有能量密度和固有压强；u^α 为流体的四速度。对方程 (2.55) 寻求后闵可夫斯基展开解

$$\bar{h}^{\alpha\beta} = o_G\,\bar{h}^{(1)\alpha\beta} + o_G^2\,\bar{h}^{(2)\alpha\beta} + o_G^3\,\bar{h}^{(3)\alpha\beta} + \cdots. \tag{2.58}$$

相应地，式 (2.55) 右边的源项也应表示成以 o_G 为参数的展开式

$$\tau^{\alpha\beta} = o_G\,\tau^{(1)\alpha\beta} + o_G^2\,\tau^{(2)\alpha\beta} + o_G^3\,\tau^{(3)\alpha\beta} + \cdots, \tag{2.59}$$

从而各阶解为

$$\bar{h}^{(i)\alpha\beta} = 4\int \mathrm{d}^3x'\frac{1}{|\boldsymbol{x}-\boldsymbol{x}'|}\tau^{(i)\alpha\beta}(t_r,\boldsymbol{x}'), \tag{2.60}$$

其中延迟时 $t_r = t - |\boldsymbol{x} - \boldsymbol{x}'|$。这里我们为了公式的普适性需要做一约定：令 $o_G = 1$，即参数 o_G 的引入并不改变各物理量的数值，它只是作为标记展开阶数

的记号。这与式 (2.49) 的定义并不矛盾，严格使用式 (2.49) 所定义的 o_G 作为展开参数意味着所有物理量要用系统的特征质量 M_{ch} 和系统的特征尺度 l_{ch} 参数化，而令 $o_G = 1$ 相当于不参数化所有物理量，这去除了所得公式对所考虑系统的特征量的依赖，使用起来更方便。

我们对 o_G 的定义确定了物质的能动量张量 $T^{\alpha\beta}$ 在平直度规下为一阶后闵可夫斯基小量，而谐和坐标下的 $t_{\mathrm{LL}}^{\alpha\beta}$ 和 $t_{\mathrm{H}}^{\alpha\beta}$ 所有项都为两个 $\bar{h}^{\alpha\beta}$ 相乘的形式，因此它们从二阶小量开始，也即

$$\tau^{(1)\alpha\beta} = (\epsilon + p)u^{(0)\alpha}u^{(0)\beta} + p\eta^{\alpha\beta}, \tag{2.61}$$

$$\tau^{(2)\alpha\beta} = (\epsilon + p)\left(u^{(1)\alpha}u^{(0)\beta} + u^{(0)\alpha}u^{(1)\beta}\right) + pg^{(1)\alpha\beta} - g^{(1)}\tau^{(1)\alpha\beta}$$
$$+ \left[(-g)\left(t_{\mathrm{LL}}^{\alpha\beta} + t_{\mathrm{H}}^{\alpha\beta}\right)\right]^{(2)}, \tag{2.62}$$

$$\tau^{(3)\alpha\beta} = (\epsilon + p)\left(u^{(2)\alpha}u^{(0)\beta} + u^{(1)\alpha}u^{(1)\beta} + u^{(0)\alpha}u^{(2)\beta}\right) + pg^{(2)\alpha\beta}$$
$$- g^{(1)}\left[(\epsilon + p)\left(u^{(1)\alpha}u^{(0)\beta} + u^{(0)\alpha}u^{(1)\beta}\right) + pg^{(1)\alpha\beta}\right] - g^{(2)}\tau^{(1)\alpha\beta}$$
$$+ \left[(-g)\left(t_{\mathrm{LL}}^{\alpha\beta} + t_{\mathrm{H}}^{\alpha\beta}\right)\right]^{(3)}, \tag{2.63}$$

$$\cdots$$

其中 $u^{(i)\alpha}$、$g^{(i)}$、$g^{(i)\alpha\beta}$ 和 $\left[(-g)\left(t_{\mathrm{LL}}^{(i)\alpha\beta} + t_{\mathrm{H}}^{(i)\alpha\beta}\right)\right]^{(i)}$ 分别为 u^α、g、$g^{\alpha\beta}$ 和 $(-g)\left(t_{\mathrm{LL}}^{\alpha\beta} + t_{\mathrm{H}}^{\alpha\beta}\right)$ 按 o_G 的展开项。我们先利用线性代数的知识，由 $\bar{h}^{\alpha\beta}$ 的展开式 (2.58) 计算 g、$g^{\alpha\beta}$ 和 $g_{\alpha\beta}$ 的展开式。首先，注意到 $\mathfrak{g}^{\alpha\beta}$ 的行列式也是 g，因此有

$$g = -1 + o_G\bar{h}^{(1)} + o_G^2\left[\bar{h}^{(2)} + \frac{1}{2}\bar{h}^{(1)\alpha\beta}\bar{h}_{\alpha\beta}^{(1)} - \frac{1}{2}\left(\bar{h}^{(1)}\right)^2\right] + \cdots, \tag{2.64}$$

其中指标由平直时空度规升降，并且定义了 $\bar{h}^{(i)} := \eta_{\alpha\beta}\bar{h}^{(i)\alpha\beta}$。接下来，可以得到

$$g^{\alpha\beta} = \frac{\mathfrak{g}^{\alpha\beta}}{\sqrt{-g}}$$
$$= \eta^{\alpha\beta} - o_G\,h^{(1)\alpha\beta}$$
$$- o_G^2\left[h^{(2)\alpha\beta} - \frac{1}{2}h^{(1)}h^{(1)\alpha\beta} - \frac{1}{4}\eta^{\alpha\beta}h^{(1)\mu\nu}h_{\mu\nu}^{(1)} + \frac{1}{8}\eta^{\alpha\beta}\left(h^{(1)}\right)^2\right] + \cdots, \tag{2.65}$$

以及

$$g_{\alpha\beta} = \eta_{\alpha\beta} + o_G\, h^{(1)}_{\alpha\beta}$$

$$+ o_G^2 \left[h^{(2)}_{\alpha\beta} - \frac{1}{2} h^{(1)} h^{(1)}_{\alpha\beta} - \frac{1}{4}\eta_{\alpha\beta} h^{(1)\mu\nu} h^{(1)}_{\mu\nu} + \frac{1}{8}\eta_{\alpha\beta}\left(h^{(1)}\right)^2 + h^{(1)}_{\alpha\mu} h^{(1)\mu}{}_{\beta} \right]$$

$$+ \cdots, \tag{2.66}$$

其中定义了 $h^{(i)\alpha\beta} := \bar{h}^{(i)\alpha\beta} - \frac{1}{2}\eta^{\alpha\beta}\bar{h}^{(i)}$，并且其指标也由平直时空度规升降。现在，我们可以考虑四速度 u^α 的后闵可夫斯基展开。用三维速度 $\boldsymbol{v}$ 把四速度写成 $u^\alpha = (u^t, u^t \boldsymbol{v})$，则归一化条件 $g_{\alpha\beta} u^\alpha u^\beta = -1$ 使得 u^t 可以由度规和三维速度表示为

$$u^t = \frac{1}{\sqrt{-g_{tt} - 2g_{ti}v^i - g_{ij}v^i v^j}}$$

$$= \frac{1}{\sqrt{1-|\boldsymbol{v}|^2}}\left(1 + \frac{o_G}{2}\frac{g^{(1)}_{tt} + 2v^i g^{(1)}_{ti} + v^i v^j g^{(1)}_{ij}}{1-|\boldsymbol{v}|^2} \right.$$

$$\left. + o_G^2 \left\{ \frac{1}{2}\frac{g^{(2)}_{tt} + 2v^i g^{(2)}_{ti} + v^i v^j g^{(2)}_{ij}}{1-|\boldsymbol{v}|^2} + \frac{3}{8}\frac{\left[g^{(1)}_{tt} + 2v^i g^{(1)}_{ti} + v^i v^j g^{(1)}_{ij} \right]^2}{\left(1-|\boldsymbol{v}|^2\right)^2} \right\} + \cdots \right), \tag{2.67}$$

据此有四速度的后闵可夫斯基展开。最后，我们再写出 $(-g)\left(t^{\alpha\beta}_{\mathrm{LL}} + t^{\alpha\beta}_{\mathrm{H}}\right)$ 在谐和坐标下的 o_G^2 项以供后面使用

$$16\pi \left[(-g)\left(t^{\alpha\beta}_{\mathrm{LL}} + t^{\alpha\beta}_{\mathrm{H}} \right) \right]^{(2)}$$

$$= \frac{1}{2}\eta^{\alpha\beta}\eta_{\sigma\kappa}\partial_\lambda \bar{h}^{(1)\sigma\rho}\partial_\rho \bar{h}^{(1)\kappa\lambda} - \eta^{\alpha\sigma}\eta_{\kappa\lambda}\partial_\rho \bar{h}^{(1)\beta\lambda}\partial_\sigma \bar{h}^{(1)\kappa\rho}$$

$$- \eta^{\beta\sigma}\eta_{\kappa\lambda}\partial_\rho \bar{h}^{(1)\alpha\lambda}\partial_\sigma \bar{h}^{(1)\kappa\rho} + \eta_{\sigma\kappa}\eta^{\lambda\rho}\partial_\lambda \bar{h}^{(1)\alpha\sigma}\partial_\rho \bar{h}^{(1)\beta\kappa}$$

$$+ \frac{1}{8}\left(2\eta^{\alpha\sigma}\eta^{\beta\kappa} - \eta^{\alpha\beta}\eta^{\sigma\kappa} \right)\left(2\eta_{\lambda\epsilon}\eta_{\rho\eta} - \eta_{\epsilon\eta}\eta_{\lambda\rho} \right)\partial_\sigma \bar{h}^{(1)\epsilon\eta}\partial_\kappa \bar{h}^{(1)\lambda\rho}$$

$$- \bar{h}^{(1)\mu\nu}\partial_\mu \partial_\nu \bar{h}^{(1)\alpha\beta} + \partial_\mu \bar{h}^{(1)\alpha\nu}\partial_\nu \bar{h}^{(1)\beta\mu}. \tag{2.68}$$

我们特别指出，$\tau^{(i)\alpha\beta}$ 只依赖于度规展开解中低于 o_G^i 阶的项，因此原则上引力的后闵可夫斯基展开和一般的微扰理论一样可以逐阶求解，但是因为式 (2.60) 中被

积函数对延迟时的依赖，这一积分难以得到解析结果。解决这一问题的方法便是在逐个 o_G 阶上引入按另一小量 o_c 的展开来近似式 (2.60) 的积分，其结果就是下面介绍的后牛顿展开。更多细节与讨论可参考文献 [11] 中的第 7 章。

2.3.2 后牛顿展开

解析求解式 (2.60) 中积分的关键在于近似延迟时 $t_r = t - |\boldsymbol{x} - \boldsymbol{x}'|$。为此目的，我们需要把所求解度规的场点分为近场区域

$$|\boldsymbol{x}| \ll \lambda_{\mathrm{ch}} := t_{\mathrm{ch}} \tag{2.69}$$

和远场区域

$$|\boldsymbol{x}| \gg \lambda_{\mathrm{ch}}, \tag{2.70}$$

其中划分的特征尺度 λ_{ch} 也代表了源所产生引力波的特征波长。

在后牛顿展开的前提 $o_c \ll 1$ 下，对于近场区域，可将 $\tau^{(i)\alpha\beta}(t_r, \boldsymbol{x}')$ 展开为

$$
\tau^{(i)\alpha\beta}(t_r, \boldsymbol{x}') = \tau^{(i)\alpha\beta}(t, \boldsymbol{x}') - o_c |\boldsymbol{x} - \boldsymbol{x}'| \partial_t \tau^{(i)\alpha\beta}(t, \boldsymbol{x}')
$$
$$
+ \frac{o_c^2}{2} |\boldsymbol{x} - \boldsymbol{x}'|^2 \partial_t^2 \tau^{(i)\alpha\beta}(t, \boldsymbol{x}') - \frac{o_c^3}{3!} |\boldsymbol{x} - \boldsymbol{x}'|^3 \partial_t^3 \tau^{(i)\alpha\beta}(t, \boldsymbol{x}') + \cdots. \tag{2.71}
$$

注意，这里每一阶对时间的偏导都引入一个相应的 o_c 因子。这是因为 $\partial_t \sim 1/t_{\mathrm{ch}}$，从而在用 l_{ch} 参数化各物理量后会出现相应的 o_c 因子。类似于取 $o_G = 1$ 的约定，从这里开始，我们取 $o_c = 1$，即仅用它标识低速展开的阶数，而不真正用 l_{ch} 参数化各物理量。这样就避免了对所考虑系统的参数 l_{ch} 的依赖性。另外，对于远场区域，可对 $|\boldsymbol{x} - \boldsymbol{x}'|$ 中的 $\boldsymbol{x}'$ 做泰勒展开，我们有

$$
\begin{aligned}
\frac{\tau^{(j)\alpha\beta}(t_r, \boldsymbol{x}')}{|\boldsymbol{x} - \boldsymbol{x}'|} &= \frac{\tau^{(j)\alpha\beta}(t - |\boldsymbol{x}|, \boldsymbol{x}')}{|\boldsymbol{x}|} - x'^i \partial_i \left[\frac{\tau^{(j)\alpha\beta}(t - |\boldsymbol{x}|, \boldsymbol{x}')}{|\boldsymbol{x}|} \right] \\
&\quad + \frac{1}{2} x'^{i_1} x'^{i_2} \partial_{i_1} \partial_{i_2} \left[\frac{\tau^{(j)\alpha\beta}(t - |\boldsymbol{x}|, \boldsymbol{x}')}{|\boldsymbol{x}|} \right] + \cdots \\
&= \frac{1}{|\boldsymbol{x}|} \left[\tau^{(j)\alpha\beta}(t - |\boldsymbol{x}|, \boldsymbol{x}') + o_c n^i x'^i \partial_t \tau^{(j)\alpha\beta}(t - |\boldsymbol{x}|, \boldsymbol{x}') \right. \\
&\quad \left. + \frac{o_c^2}{2} n^{i_1} n^{i_2} x'^{i_1} x'^{i_2} \partial_t^2 \tau^{(j)\alpha\beta}(t - |\boldsymbol{x}|, \boldsymbol{x}') + \cdots \right] \\
&\quad + \frac{o_x}{|\boldsymbol{x}|^2} \left[n^i x'^i \tau^{(j)\alpha\beta}(t - |\boldsymbol{x}|, \boldsymbol{x}') \right.
\end{aligned}
$$

$$+ o_c \left(3 n^{i_1} n^{i_2} - \delta^{i_1 i_2}\right) x'^{i_1} x'^{i_2} \partial_t \tau^{(j)\alpha\beta}(t - |\boldsymbol{x}|, \boldsymbol{x}') + \cdots \Big] + \cdots,$$

$$\tag{2.72}$$

其中 $n^i = x^i/|\boldsymbol{x}|$。这里除了上面所说的对时间的偏导引入 o_c 因子外，我们还引入了第三个展开小量 $o_x := l_{\mathrm{ch}}/x_{\mathrm{ch}} = o_c \lambda_{\mathrm{ch}}/x_{\mathrm{ch}}$，其中 x_{ch} 为所考虑区域距引力波源的特征距离。对于每个额外出现的 $1/|\boldsymbol{x}|$ 因子，都对应相应的 o_x 因子。类似于 $o_G = 1$ 和 $o_c = 1$ 的约定，我们也约定 $o_x = 1$。但是，考虑到真实的天体物理系统，对于远场区域，有 $o_x \ll o_c$，因此我们后面的结果都暂且舍去含有 o_x 的项。

利用式 (2.71) 和式 (2.72)，我们可以写出解 (2.60) 对应的展开式。对于近场场点有

$$\bar{h}^{(j)\alpha\beta} = 4 \int \mathrm{d}^3 x' \left[\frac{\tau^{(j)\alpha\beta}(t, \boldsymbol{x}')}{|\boldsymbol{x} - \boldsymbol{x}'|} - o_c\, \partial_t \tau^{(j)\alpha\beta}(t, \boldsymbol{x}') \right.$$
$$\left. + \frac{o_c^2}{2} |\boldsymbol{x} - \boldsymbol{x}'| \partial_t^2 \tau^{(j)\alpha\beta}(t, \boldsymbol{x}') + \cdots \right]. \tag{2.73}$$

对于远场场点有

$$\bar{h}^{(j)\alpha\beta} = \frac{4}{|\boldsymbol{x}|} \int \mathrm{d}^3 x' \left[\tau^{(j)\alpha\beta}(t - |\boldsymbol{x}|, \boldsymbol{x}') + o_c\, n^i x'^i \partial_t \tau^{(j)\alpha\beta}(t - |\boldsymbol{x}|, \boldsymbol{x}') \right.$$
$$\left. + \frac{o_c^2}{2} n^{i_1} n^{i_2} x'^{i_1} x'^{i_2} \partial_t^2 \tau^{(j)\alpha\beta}(t - |\boldsymbol{x}|, \boldsymbol{x}') + \cdots \right]. \tag{2.74}$$

这里必须指出，展开式 (2.71) 和 (2.72) 要求 $|\boldsymbol{x}'| \sim l_{\mathrm{ch}}$，因此我们把式 (2.73) 和式 (2.74) 的积分区域限制在 $|\boldsymbol{x}'| \lesssim l_{\mathrm{ch}}$ 的近场区域，但是这样一来就忽略了源 $\tau^{(i)\alpha\beta}$ 中的 $t_{\mathrm{LL}}^{(i)\alpha\beta}$ 和 $t_{\mathrm{H}}^{(i)\alpha\beta}$ 在 $|\boldsymbol{x}'| \gtrsim l_{\mathrm{ch}}$ 区域的贡献。这一部分的贡献从 $o_G^2 \times o_c^4$ 阶开始，是我们这里不予考虑的高阶项。

在仔细考虑解 (2.73) 和 (2.74) 的各分量之前，让我们指出，这种近场区域和远场区域的划分不仅是后牛顿展开的关键，从结果上来说，它也更方便我们计算引力系统的运动以及由此引起的引力波辐射，即用近场解 (2.73) 结合物质能动量守恒方程 (2.25) 确定物质的运动，然后用远场解 (2.74) 计算引力波辐射。

解 (2.73) 和 (2.74) 的各分量可以用谐和条件稍作化简。由波动方程 (2.55) 结合谐和条件 (2.13)，我们有

$$\partial_\alpha \tau^{\alpha\beta} = 0. \tag{2.75}$$

必须指出，虽然这一方程形式上类似于能动量守恒，但是它和谐和条件等价，即意味着它是坐标选取的结果。利用式 (2.75) 在 o_G^i 阶上对应的等式，近场解 (2.73)

的 tt 和 ti 分量中的 o_c 项可以化成边界积分，若忽略 $t_{\mathrm{LL}}^{(i)\alpha\beta}$ 和 $t_{\mathrm{H}}^{(i)\alpha\beta}$ 对边界积分的贡献，则其为零；对于远场解 (2.74)，其 tt 分量中的 o_c 项和 ti 分量中的 o_c^0 项均变成积分

$$\int \mathrm{d}^3x'\, x'^i \partial_t \tau^{(j)tt}(t - |\boldsymbol{x}|, \boldsymbol{x}'),$$

在忽略 $t_{\mathrm{LL}}^{(i)\alpha\beta}$ 和 $t_{\mathrm{H}}^{(i)\alpha\beta}$ 对边界积分贡献的前提下，其不随时间变化，因此可以通过选取合适的坐标原点使其为零。

1. o_G 阶上的后牛顿展开

现在我们把式 (2.61) 中的 $\tau^{(1)\alpha\beta}$ 代入式 (2.73) 和式 (2.74) 以得到 o_G 阶上按 o_c 展开的解。先把 $\tau^{(1)\alpha\beta}$ 的分量明显地写出来并且按 o_c 展开，即

$$
\begin{aligned}
\tau^{(1)tt} &= (\epsilon + p)\left(u^{(0)t}\right)^2 - p = \rho\left[1 + o_c^2\left(\Pi + |\boldsymbol{v}|^2\right) + \cdots\right], \\
\tau^{(1)ti} &= (\epsilon + p)\left(u^{(0)t}\right)^2 v^i = \rho v^i \left[o_c + o_c^3\left(\Pi + \frac{p}{\rho} + |\boldsymbol{v}|^2\right) + \cdots\right], \\
\tau^{(1)ij} &= (\epsilon + p)\left(u^{(0)t}\right)^2 v^i v^j + p\delta^{ij} \\
&= o_c^2\left(\rho v^i v^j + p\delta^{ij}\right) + o_c^4\, \rho v^i v^j \left(\Pi + \frac{p}{\rho} + |\boldsymbol{v}|^2\right) + \cdots,
\end{aligned}
\tag{2.76}
$$

其中用到流体的静质量密度 ρ 和固有比结合能 Π，从而流体的固有能量密度为 $\epsilon = \rho + \rho\Pi$。在每个分量的第二个等号后我们插入了相应的 o_c 因子，插入的依据是三维速度出现一次则对应一个 o_c 因子，Π 和 p 则对应一个 o_c^2 因子（牛顿流体的经验告诉我们 $\Pi \sim p/\rho \sim |\boldsymbol{v}|^2$）。把式 (2.76) 代入式 (2.73)，可得 o_G 阶的近场解为

$$
\begin{aligned}
\bar{h}^{(1)tt} &= 4U + o_c^2\left(4U_\Pi + 4\delta^{ij}V^{ij} + 2\partial_t^2 X\right) + O(o_c^3), \\
\bar{h}^{(1)ti} &= 4o_c V^i + O(o_c^3), \\
\bar{h}^{(1)ij} &= 4o_c^2\left(V^{ij} + U_P\delta^{ij}\right) + O(o_c^3),
\end{aligned}
\tag{2.77}
$$

这里我们定义了势函数

$$
U := \int \mathrm{d}^3x' \frac{\rho(t, \boldsymbol{x}')}{|\boldsymbol{x} - \boldsymbol{x}'|},
$$

$$
U_\Pi := \int \mathrm{d}^3x' \frac{\rho(t, \boldsymbol{x}')\Pi(t, \boldsymbol{x}')}{|\boldsymbol{x} - \boldsymbol{x}'|},
$$

$$
V^i := \int \mathrm{d}^3x' \frac{\rho(t, \boldsymbol{x}')v^i(t, \boldsymbol{x}')}{|\boldsymbol{x} - \boldsymbol{x}'|},
$$

$$V^{ij} := \int \mathrm{d}^3 x' \frac{\rho(t, \boldsymbol{x}') v^i(t, \boldsymbol{x}') v^j(t, \boldsymbol{x}')}{|\boldsymbol{x} - \boldsymbol{x}'|},$$

$$U_P := \int \mathrm{d}^3 x' \frac{p(t, \boldsymbol{x}')}{|\boldsymbol{x} - \boldsymbol{x}'|},$$

$$X := \int \mathrm{d}^3 x' |\boldsymbol{x} - \boldsymbol{x}'| \rho(t, \boldsymbol{x}'). \tag{2.78}$$

把式 (2.76) 代入式 (2.74)，并且结合式 (2.75) 进行必要的分部积分且舍去边界项，可得 o_G 阶的远场解为

$$\bar{h}^{(1)tt} = \frac{4M_0}{|\boldsymbol{x}|} + \frac{4o_c^2}{|\boldsymbol{x}|} \left(\delta M + \frac{1}{2} n^i n^j \partial_t^2 Q^{ij} \right) + O(o_c^3),$$

$$\bar{h}^{(1)ti} = \frac{2o_c^2}{|\boldsymbol{x}|} n^k \partial_t^2 Q^{ki} + O(o_c^3), \tag{2.79}$$

$$\bar{h}^{(1)ij} = \frac{2o_c^2}{|\boldsymbol{x}|} \partial_t^2 Q^{ij} + O(o_c^3).$$

这里我们定义了单极矩和四极矩

$$M_0 := \int \mathrm{d}^3 x' \rho(t - |\boldsymbol{x}|, \boldsymbol{x}'),$$

$$\delta M := \int \mathrm{d}^3 x' \rho(t - |\boldsymbol{x}|, \boldsymbol{x}') \left[\Pi(t - |\boldsymbol{x}|, \boldsymbol{x}') + |v(t - |\boldsymbol{x}|, \boldsymbol{x}')|^2 \right], \tag{2.80}$$

$$Q^{ij} := \int \mathrm{d}^3 x' \, x'^i x'^j \rho(t - |\boldsymbol{x}|, \boldsymbol{x}').$$

注意，偶极矩已经通过选取合适的坐标原点取为零。

2. o_G^2 阶上的后牛顿展开

接下来我们考虑式 (2.73) 和式 (2.74) 在 o_G^2 阶上的解。为简单起见，这里我们仅计算其中的 o_c^0 阶项。这样一来可以计算得到式 (2.62) 中的 $\tau^{(2)\alpha\beta}$ 为

$$\tau^{(2)tt} = 6\rho U - \frac{7}{8\pi} \delta^{ij} \partial_i U \partial_j U + O(o_c^2),$$

$$\tau^{(2)ti} = O(o_c), \tag{2.81}$$

$$\tau^{(2)ij} = \frac{1}{16\pi} \left(4\partial_i U \partial_j U - 2\delta^{ij} \delta^{kl} \partial_k U \partial_l U \right) + O(o_c^2).$$

把式 (2.82) 代入式 (2.73)，可得 o_G^2 阶的近场解为

$$\bar{h}^{(2)tt} = 10\delta^{ij}\chi^{ij} + 12U^2 + O(o_c^2),$$

$$\bar{h}^{(2)ti} = O(o_c) \, , \tag{2.82}$$

$$\bar{h}^{(2)ij} = 4\chi^{ij} - 2\delta^{ij}\delta^{kl}\chi^{kl} + O(o_c^2) \, ,$$

这里我们定义了一个新的势函数

$$\chi^{ij} := \frac{1}{4\pi} \int \mathrm{d}^3 x' \frac{\partial_i' U(t, \boldsymbol{x}') \partial_j' U(t, \boldsymbol{x}')}{|\boldsymbol{x} - \boldsymbol{x}'|} \, , \tag{2.83}$$

并且用到积分等式

$$\int \mathrm{d}^3 x' \frac{\rho(t, \boldsymbol{x}') U(t, \boldsymbol{x}')}{|\boldsymbol{x} - \boldsymbol{x}'|} = \delta^{ij}\chi^{ij} + \frac{1}{2}U^2 \, . \tag{2.84}$$

把式 (2.82) 代入式 (2.74)，并且利用谐和条件 $\partial_t \tau^{(2)ti} + \partial_j \tau^{(2)ij} = 0$ 进行分部积分，可得 o_G^2 阶的远场解为

$$\bar{h}^{(2)tt} = \frac{10}{|\boldsymbol{x}|} \int \mathrm{d}^3 x' \rho(t - |\boldsymbol{x}|, \boldsymbol{x}') U(t - |\boldsymbol{x}|, \boldsymbol{x}') + O(o_c^2) \, ,$$

$$\bar{h}^{(2)ti} = O(o_c^2), \tag{2.85}$$

$$\bar{h}^{(2)ij} = O(o_c^2) \, .$$

3. 利用 $o_G \sim o_c^2$ 得到仅按 o_c 展开的表达式

现在，由 $o_G \sim o_c^2$，我们把式 (2.77) 和式 (2.83) 整合，可以得到近场解的后牛顿展开式

$$\bar{h}^{tt} = o_G \bar{h}^{(1)tt} + o_G^2 \bar{h}^{(2)tt} + \cdots$$

$$= 4o_c^2 U + o_c^4 \left(4U_\Pi + 4\delta^{ij} V^{ij} + 2\partial_t^2 X + 10\delta^{ij}\chi^{ij} + 12U^2 \right) + O(o_c^5) \, ,$$

$$\bar{h}^{ti} = o_G \bar{h}^{(1)ti} + o_G^2 \bar{h}^{(2)ti} + \cdots$$

$$= 4o_c^3 V^i + O(o_c^5) \, , \tag{2.86}$$

$$\bar{h}^{ij} = o_G \bar{h}^{(1)ij} + o_G^2 \bar{h}^{(2)ij} + \cdots$$

$$= 4o_c^4 \left(V^{ij} + \delta^{ij} U_P + \chi^{ij} - \frac{1}{2}\delta^{ij}\delta^{kl}\chi^{kl} \right) + O(o_c^5) \, .$$

把式 (2.80) 和式 (2.85) 整合，可以得到远场解的后牛顿展开式

$$\bar{h}^{tt} = o_G \bar{h}^{(1)tt} + o_G^2 \bar{h}^{(2)tt} + \cdots = \frac{4o_c^2}{|\boldsymbol{x}|} M + \frac{2o_c^4}{|\boldsymbol{x}|} n^i n^j \partial_t^2 Q^{ij} + O(o_c^5) \, ,$$

$$\bar{h}^{ti} = o_G\,\bar{h}^{(1)ti} + o_G^2\,\bar{h}^{(2)ti} + \cdots = \frac{2o_c^4}{|\boldsymbol{x}|}n^k\partial_t^2 Q^{ki} + O(o_c^5), \tag{2.87}$$

$$\bar{h}^{ij} = o_G\,\bar{h}^{(1)ij} + o_G^2\,\bar{h}^{(2)ij} + \cdots = \frac{2o_c^4}{|\boldsymbol{x}|}\partial_t^2 Q^{ij} + O(o_c^5)\,,$$

其中

$$M := \int \mathrm{d}^3x'\,\rho(t-|\boldsymbol{x}|,\boldsymbol{x}') + o_c^2 \int \mathrm{d}^3x'\,\rho(t-|\boldsymbol{x}|,\boldsymbol{x}')$$

$$\cdot\left[\varPi(t-|\boldsymbol{x}|,\boldsymbol{x}') + |\boldsymbol{v}(t-|\boldsymbol{x}|,\boldsymbol{x}')|^2 + \frac{5}{2}U(t-|\boldsymbol{x}|,\boldsymbol{x}')\right]. \tag{2.88}$$

稍后我们将看到，M 就是系统的总能量。远场解 (2.87) 可以和前面 2.2 节中的线性近似解比较，直观上看式 (2.87) 中 $\bar{h}^{tt}$、$\bar{h}^{ti}$、$\bar{h}^{ij}$ 和线性近似解分别在 o_c^2、o_c^3、o_c^4 阶上符合。事实上，我们必须指出，利用前面 2.2 节中式 (2.40) 和式 (2.46) 给出的坐标变换恰好可以消去远场解 (2.87) 中 $\bar{h}^{tt}$ 和 $\bar{h}^{ti}$ 依赖于 $\partial_t^2 Q^{ij}$ 的项。因此，前面的线性近似解实际上对于 $\bar{h}^{\alpha\beta}$ 的所有分量都是在 o_c^4 阶上成立的，从而那里所证明的引力波只由 $\bar{h}_{\mathrm{TT}}^{ij}$ 描述的两个独立分量的结论对这里的后牛顿解仍然成立。

为了用式 (2.87) 计算远场区域的引力波，我们需要用式 (2.86) 给出的近场度规计算引力波源的运动。为此，我们先将式 (2.86) 对应的度规及其行列式的后牛顿展开写为

$$g_{tt} = -1 + 2o_c^2 U + o_c^4\left(2U_\varPi + 4\delta^{ij}V^{ij} + \partial_t^2 X + 4\delta^{ij}\chi^{ij} + 6U_P\right) + O(o_c^5)\,,$$

$$g_{ti} = -4o_c^3 V^i + O(o_c^5)\,,$$

$$g_{ij} = \delta^{ij} + 2o_c^2\delta^{ij}U + o_c^4\Big(4V^{ij} + 4\chi^{ij} + 4\delta^{ij}\delta^{kl}\chi^{kl} + 2\delta^{ij}U_\varPi + \delta^{ij}\partial_t^2 X$$
$$+\, 4\delta^{ij}U^2 - 2\delta^{ij}U_P\Big) + O(o_c^5)\,, \tag{2.89}$$

$$g^{tt} = -1 - 2o_c^2 U - o_c^4\left(2U_\varPi + 4\delta^{ij}V^{ij} + \partial_t^2 X + 4\delta^{ij}\chi^{ij} + 4U^2 + 6U_P\right) + O(o_c^5)\,,$$

$$g^{ti} = -4o_c^3 V^i + O(o_c^5)\,,$$

$$g^{ij} = \delta^{ij} - 2o_c^2\delta^{ij}U - o_c^4\Big(4V^{ij} + 4\chi^{ij} + 4\delta^{ij}\delta^{kl}\chi^{kl} + 2\delta^{ij}U_\varPi + \delta^{ij}\partial_t^2 X$$
$$-\, 2\delta^{ij}U_P\Big) + O(o_c^5)\,, \tag{2.90}$$

以及

$$g = -1 - 4o_c^2 U - 4o_c^4\left(U_\varPi + \frac{1}{2}\partial_t^2 X + 3\delta^{ij}\chi^{ij} + 3U^2 - 3U_P\right) + O(o_c^5)\,. \tag{2.91}$$

然后考虑物质的运动方程，也就是式 (2.25) 所表示的物质能动量守恒方程。为了更方便地在后牛顿展开的框架下利用它，将其写为[11]

$$0 = D_\alpha T^{\alpha\beta} = \frac{1}{\sqrt{-g}} \partial_\alpha \left(\sqrt{-g} T^{\alpha\beta} \right) + \Gamma^\beta_{\alpha\lambda} T^{\alpha\lambda}, \tag{2.92}$$

其中物质能动量张量 $T^{\alpha\beta}$ 的后牛顿展开式为

$$T^{tt} = o_c^2 \rho + o_c^4 \rho \left(\Pi + |\boldsymbol{v}|^2 + 2U \right) + O(o_c^6),$$

$$T^{ti} = o_c^3 \rho v^i + o_c^5 \rho v^i \left(\Pi + \frac{p}{\rho} + |\boldsymbol{v}|^2 + 2U \right) + O(o_c^7), \tag{2.93}$$

$$T^{ij} = o_c^4 \left(\rho v^i v^j + p\delta^{ij} \right) + o_c^6 \left[\rho v^i v^j \left(\Pi + \frac{p}{\rho} + |\boldsymbol{v}|^2 + 2U \right) - 2\delta^{ij} pU \right] + O(o_c^8).$$

则式 (2.92) 的 t 分量最终有后牛顿展开式

$$0 = o_c^3 \left[\partial_t \rho + \partial_k \left(\rho v^k \right) \right] + o_c^5 \left[\partial_t (A\rho) + \partial_k \left(B\rho v^k \right) - \rho \partial_t U - 2\rho v^k \partial_k U \right]$$
$$+ O(o_c^7), \tag{2.94}$$

式 (2.92) 的 i 分量最终有后牛顿展开式

$$0 = o_c^4 \left[\partial_t \left(\rho v^i \right) + \partial_k \left(\rho v^i v^k + p\delta^{ik} \right) - \rho \partial_i U \right] + o_c^6 \Big[\partial_t \left(B\rho v^i \right) + \partial_k \left(B\rho v^i v^k \right)$$
$$- (B + |\boldsymbol{v}|^2 - 2U)\rho \partial_i U - 4\rho \partial_t V^i + 4\rho v^k \left(\partial_i V^k - \partial_k V^i \right) + 2\rho v^i v^k \partial_k U$$
$$- \rho \partial_i \left(U_\Pi + 2\delta^{ij} V^{ij} + \frac{1}{2} \partial_t^2 X + 2\delta^{ij} \chi^{ij} + 3U_P \right) + 2\rho v^i \partial_t U \Big] + O(o_c^8). \tag{2.95}$$

其中我们定义了

$$A := \Pi + |\boldsymbol{v}|^2 + 4U,$$

$$B := \Pi + p/\rho + |\boldsymbol{v}|^2 + 4U.$$

注意，根据后牛顿近似的低速运动假设，这里我们对每个时间偏导加上了一个 o_c 因子。利用 $\mathrm{d}/\mathrm{d}t = \partial_t + v^k \partial_k$，式 (2.94) 可以写为

$$\frac{\mathrm{d}}{\mathrm{d}t} \left(\rho + o_c^2 A\rho \right) = -\rho \partial_k v^k - o_c^2 \left[A\rho \partial_k v^k + \partial_k (pv^k) - \rho \partial_t U - 2\rho v^k \partial_k U \right] + O(o_c^4), \tag{2.96}$$

将其代入式 (2.95) 并整理可得所需的运动方程

$$
\begin{aligned}
\frac{\mathrm{d}v^i}{\mathrm{d}t} = &-\frac{1}{\rho}\partial_i p + \partial_i U + o_c^2 \bigg[\left(|\boldsymbol{v}|^2 - 2U\right)\partial_i U + \frac{B}{\rho}\partial_i p + \partial_i \bigg(U_\Pi + 2\delta^{kl}V^{ij} \\
&+ \frac{1}{2}\partial_t^2 X + 2\delta^{kl}\chi^{ij} + 3U_P \bigg) - \frac{v^i}{\rho}\partial_t p - v^i \left[3\partial_t U + 4v^k\partial_k U\right] + 4\partial_t V^i \\
&+ 4v^k\left(\partial_k V^i - \partial_i V^k\right)\bigg] + O(o_c^4).
\end{aligned} \tag{2.97}
$$

在计算物质的运动时，守恒律作为运动方程的第一积分是非常有用的，然而式 (2.92) 所表示的物质能动量守恒并不能给出有启发性的积分结果。这当然是因为引力场也具有能动量，只有将其包括进来才能比较容易地得到运动方程的第一积分。可以从最开始的朗道–栗弗席兹形式的场方程式 (2.53) 出发来考虑，其中 $H^{\alpha\mu\beta\nu}$ 的指标 α 和 μ 的反对称性直接就能给出所需要的包括（伪）引力能动量张量的守恒方程

$$
0 = \partial_\alpha \left[(-g)\left(T^{\alpha\beta} + t_{\mathrm{LL}}^{\alpha\beta}\right)\right]. \tag{2.98}
$$

不同于式 (2.92)，式 (2.98) 只有偏导数，便于积分运算。具体来说，我们有

$$
\begin{aligned}
\frac{\mathrm{d}}{\mathrm{d}t}\int (-g)\left(T^{t\alpha} + t_{\mathrm{LL}}^{t\alpha}\right)\mathrm{d}^3x &= \int \partial_t \left[(-g)\left(T^{t\alpha} + t_{\mathrm{LL}}^{t\alpha}\right)\right]\mathrm{d}^3x \\
&= -\int \partial_k \left[(-g)\left(T^{k\alpha} + t_{\mathrm{LL}}^{k\alpha}\right)\right]\mathrm{d}^3x \\
&= -\oint (-g)\left(T^{k\alpha} + t_{\mathrm{LL}}^{k\alpha}\right)\mathrm{d}S_k,
\end{aligned} \tag{2.99}
$$

只要积分区域足够大，物质的能动量张量 $T^{k\alpha}$ 就是零，而朗道–栗弗席兹伪张量不一定为零，其对面积分非零的贡献就代表了引力波在无穷远处带走的能动量。据此我们可以定义系统的四维动量为

$$
P^\alpha := \int (-g)\left(T^{t\alpha} + t_{\mathrm{LL}}^{t\alpha}\right)\mathrm{d}^3x, \tag{2.100}
$$

与之相应的守恒律（或称变化率）为

$$
\frac{\mathrm{d}}{\mathrm{d}t}P^\alpha := -\oint_\infty (-g)t_{\mathrm{LL}}^{k\alpha}\mathrm{d}S_k. \tag{2.101}
$$

利用近场解式 (2.86) 以及后牛顿展开下 $T^{\alpha\beta}$ 和 $t_{\mathrm{LL}}^{\alpha\beta}$ 的表达式计算 P^α，我们有

$$
P^t = o_c^2 \int \rho\,\mathrm{d}^3x + o_c^4 \int \rho \left(\Pi + |\boldsymbol{v}|^2 + \frac{5}{2}U\right)\mathrm{d}^3x + O\left(o_c^6\right),
$$

$$P^i = o_c^3 \int \rho v^i \mathrm{d}^3 x + o_c^5 \int \rho v^i \left(\Pi + |\boldsymbol{v}|^2 + \frac{5}{2} U + \frac{p}{\rho} \right) \mathrm{d}^3 x$$

$$- \frac{o_c^5}{2} \int \rho x^i \left(\partial_t U - v^k \partial_k U \right) + O\left(o_c^7 \right). \tag{2.102}$$

正如我们前面指出的, 式 (2.88) 定义的总质量就是系统的总能量 P^t。为了利用远场解式 (2.87) 计算式 (2.101) 右边的变化率, 首先注意到朗道–栗弗席兹伪张量式 (2.52) 的领头阶用横向无迹的度规微扰可以非常简单地表示成

$$t_{\mathrm{LL}}^{\alpha\beta} = \frac{1}{32\pi(-g)} n^\alpha n^\beta \partial_t \bar{h}_{\mathrm{TT}}^{ij} \partial_t \bar{h}_{\mathrm{TT}}^{ij} = \frac{o_c^{10}}{8\pi(-g)} \frac{n^\alpha n^\beta}{|\boldsymbol{x}|^2} \partial_t^3 Q_{\mathrm{TT}}^{ij} \partial_t^3 Q_{\mathrm{TT}}^{ij}, \tag{2.103}$$

其中我们定义了 $n^\alpha := (1, \boldsymbol{x}/|\boldsymbol{x}|)$, 因此我们有

$$\frac{\mathrm{d}P^t}{\mathrm{d}t} = -\frac{o_c^{10}}{8\pi} \int \partial_t^3 Q_{\mathrm{TT}}^{ij} \partial_t^3 Q_{\mathrm{TT}}^{ij} \mathrm{d}\Omega = -\frac{o_c^{10}}{5} \left[\partial_t^3 Q^{ij} \partial_t^3 Q^{ij} - \frac{1}{3} \left(\partial_t^3 Q \right)^2 \right] + O\left(o_c^{11} \right),$$

$$\frac{\mathrm{d}P^i}{\mathrm{d}t} = -\frac{o_c^{10}}{8\pi} \int n^i \partial_t^3 Q_{\mathrm{TT}}^{ij} \partial_t^3 Q_{\mathrm{TT}}^{ij} \mathrm{d}\Omega = 0 + O\left(o_c^{11} \right),$$

$$\tag{2.104}$$

其中 $Q := Q^{ii}$ 为四极矩的迹。在计算第一个式子的积分时用到了式 (2.39) 对应的 Q^{ij} 和其横向无迹分量 Q_{TT}^{ij} 的关系, 以及下面这些方向向量的角积分

$$\int (n^x)^2 \mathrm{d}\Omega = \int (n^y)^2 \mathrm{d}\Omega = \int (n^z)^2 \mathrm{d}\Omega = \frac{4\pi}{3},$$

$$\int (n^x)^4 \mathrm{d}\Omega = \int (n^y)^4 \mathrm{d}\Omega = \int (n^z)^4 \mathrm{d}\Omega = \frac{4\pi}{5}, \tag{2.105}$$

$$\int (n^x n^y)^2 \mathrm{d}\Omega = \int (n^x n^z)^2 \mathrm{d}\Omega = \int (n^y n^z)^2 \mathrm{d}\Omega = \frac{4\pi}{15}.$$

可以看到, 由于引力波始于 o_c^4, 再加上 $t_{\mathrm{LL}}^{\alpha\beta}$ 中的时间偏导, 系统能量由于引力波带走到无穷远的减小速率为 o_c^{10} 项, 而系统动量的减小速率在更高阶。因此式 (2.100) 所定义的系统能动量分别到 o_c^8 和 o_c^9 都是守恒的。据此可以定义系统的质心位置

$$R^i := \frac{1}{P^t} \int (-g) \left(T^{tt} + t_{\mathrm{LL}}^{tt} \right) x^i \mathrm{d}^3 x$$

$$= \frac{1}{P^t} \int \rho x^i \left[1 + o_c^2 \left(\Pi + |\boldsymbol{v}|^2 + \frac{5}{2} U \right) \right] \mathrm{d}^3 x + O\left(o_c^4 \right), \tag{2.106}$$

使得 $\mathrm{d}(P^t R^i)/\mathrm{d}t = P^i$。

2.4　双星系统的引力波

以 2.3 节建立的后牛顿展开解作为工具, 我们可以计算双星绕转旋近产生的引力波。这可以分为两步: 第一, 由度规的近场解得到的物质运动方程求解双星的运动; 第二, 计算双星系统的极矩, 代入远场解得到引力波。要进行第一步我们必须对用流体力学形式写出的物质运动方程 (2.97) 进行改写, 使其变成分立物体组成系统的运动方程; 这里给出的推导过程参考了文献 [11] 中的第 9 章。

2.4.1　分立物体组成系统的运动方程

对于分立物体组成的系统, 其静质量密度和压强可以写为

$$
\begin{aligned}
\rho &= \sum_A \rho_A, \\
p &= \sum_A p_A,
\end{aligned}
\tag{2.107}
$$

其中指标 A 代表各个分立的物体, 并且在各个分立的物体之间密度和压强为零。各个物体的运动轨迹可以通过其上一点来刻画, 这一点通常选为

$$
r_A^i := \frac{1}{m_A^*} \int_A \rho^* x^i \mathrm{d}^3 x,
\tag{2.108}
$$

其中 $\rho^* := \sqrt{-g}\, u^t \rho$, $m_A^* := \int_A \rho^* \mathrm{d}^3 x$, 积分限制在 ρ_A 不为零的区域。定义式 (2.108) 中用 ρ^* 而不用 ρ 的好处在于 m_A^* 是不随时间变化的, 这是静质量守恒

$$
0 = D_\alpha (\rho u^\alpha) = \frac{1}{\sqrt{-g}} \partial_\alpha \left(\sqrt{-g}\, \rho u^\alpha \right)
\tag{2.109}
$$

的直接结论。用式 (2.108) 表示物体 A 的运动速度为

$$
v_A^i = \frac{\mathrm{d} r_A^i}{\mathrm{d}t} = \frac{1}{m_A^*} \frac{\mathrm{d}}{\mathrm{d}t} \int_A \rho^* x^i \mathrm{d}^3 x = \frac{1}{m_A^*} \int_A \partial_t \rho^* x^i \mathrm{d}^3 x = \frac{1}{m_A^*} \int_A \rho^* v^i \mathrm{d}^3 x,
\tag{2.110}
$$

其中我们利用式 (2.109),并进行了分部积分。类似地,可以证明物体 A 的加速度为

$$
a_A^i = \frac{\mathrm{d} v_A^i}{\mathrm{d}t} = \frac{1}{m_A^*} \int_A \rho^* \frac{\mathrm{d} v^i}{\mathrm{d}t} \mathrm{d}^3 x.
\tag{2.111}
$$

现在只要把式 (2.97) 代入式 (2.111) 并计算各项对应的积分就可以得到描述物体 A 运动轨迹方程。对于有限大小的物体, 这些积分会比较复杂, 尤其是考虑

到势函数有物体 A 自身的贡献和其他物体的贡献。这里为了简单起见，仅考虑各个分立物体为无内部结构的质点这一极限情况，这时质点 A 的静质量密度取

$$\rho_A = \frac{1}{u_A^t \sqrt{-g}} m_A^* \delta^3(\boldsymbol{x} - \boldsymbol{r}_A), \tag{2.112}$$

并且系统的压强为零。这里特别指出 $m_A^* = \int \rho_A^* \mathrm{d}^3 x$ 就是质点 A 的静质量。在这种极限情况下，质点 A 的加速度式 (2.111) 化简成 $\mathrm{d}v^i/\mathrm{d}t$ 在 $\boldsymbol{x} = \boldsymbol{r}_A$ 处的取值，记为

$$\begin{aligned}
a_A^i = \partial_i U_{\neg A} + o_c^2 &\left[\left(|\boldsymbol{v}_A|^2 - 2U_{\neg A} \right) \partial_i U_{\neg A} + \partial_i \left(2\delta^{ij} V_{\neg A}^{ij} + \frac{1}{2} \partial_t^2 X_{\neg A} + 2\delta^{ij} \chi_{\neg A}^{ij} \right) \right. \\
&\left. - v_A^i \left(3\partial_t U_{\neg A} + 4v_A^k \partial_k U_{\neg A} \right) + 4\partial_t V_{\neg A}^i + 4v_A^k \left(\partial_k V_{\neg A}^i - \partial_i V_{\neg A}^k \right) \right] + O(o_c^4),
\end{aligned} \tag{2.113}$$

其中角标 $\neg A$ 表示除了 A 之外的物体在 $\boldsymbol{r}_A$ 处产生的势函数，这意味着剔除导致无穷大的质点自作用项。根据势函数的定义式 (2.78) 和积分等式 (2.84)，结合质点静质量密度中的 δ 函数，我们有

$$U = \sum_A \frac{m_A^*}{|\boldsymbol{x} - \boldsymbol{r}_A|} \left[1 - o_c^2 \left(\frac{1}{2} |\boldsymbol{v}_A|^2 + 3\sum_{B \neq A} \frac{m_B^*}{|\boldsymbol{r}_A - \boldsymbol{r}_B|} \right) + O\left(o_c^4\right) \right],$$

$$V^i = \sum_A \frac{m_A^* v_A^i}{|\boldsymbol{x} - \boldsymbol{r}_A|} \left[1 + O\left(o_c^2\right) \right],$$

$$V^{ij} = \sum_A \frac{m_A^* v_A^i v_A^j}{|\boldsymbol{x} - \boldsymbol{r}_A|} \left[1 + O\left(o_c^2\right) \right], \tag{2.114}$$

$$X = \sum_A m_A^* |\boldsymbol{x} - \boldsymbol{r}_A| \left[1 + O\left(o_c^2\right) \right],$$

$$\delta^{ij} \chi^{ij} = \left(\sum_A \frac{m_A^*}{|\boldsymbol{x} - \boldsymbol{r}_A|} \sum_{B \neq A} \frac{m_B^*}{|\boldsymbol{r}_A - \boldsymbol{r}_B|} - \frac{1}{2} \sum_{A,B} \frac{m_A^*}{|\boldsymbol{x} - \boldsymbol{r}_A|} \frac{m_B^*}{|\boldsymbol{x} - \boldsymbol{r}_B|} \right) \left[1 + O\left(o_c^2\right) \right],$$

其中为了使最终 a_A^i 的结果在 o_c^2 阶，我们用到了式 (2.67)、式 (2.89) 及式 (2.91) 将 $1/(u^t \sqrt{-g})$ 展开到 o_c^2 阶

$$\frac{1}{u^t \sqrt{-g}} = 1 - o_c^2 \left(\frac{1}{2} |\boldsymbol{v}|^2 + 3U \right) + O\left(o_c^4\right), \tag{2.115}$$

从而得到 U 精确到 o_c^2 阶的结果。把式 (2.114) 的结果代入式 (2.113) 并整理，最终可以得到描述质点运动的后牛顿方程

$$a_A^i = -\sum_{B \neq A} m_B^* \frac{r_{AB}^i}{|\boldsymbol{r}_{AB}|^3} + o_c^2\, a_A^i[\text{1PN}] + O(o_c^4),\qquad (2.116)$$

其中

$$
\begin{aligned}
a_A^i[\text{1PN}] = &\sum_{B \neq A} \left(-m_B^*|\boldsymbol{v}_A|^2 - 2m_B^*|\boldsymbol{v}_B|^2 + 4m_B^* v_A^k v_B^k + \frac{3}{2}m_B^* v_B^k v_B^l \frac{r_{AB}^k r_{AB}^l}{|\boldsymbol{r}_{AB}|^2}\right.\\
&\left.+ 4m_B^{*2}\frac{1}{|\boldsymbol{r}_{AB}|} + 5m_A m_B^* \frac{1}{|\boldsymbol{r}_{AB}|}\right) \frac{r_{AB}^i}{|\boldsymbol{r}_{AB}|^3}\\
&+ \sum_{B \neq A} \left(4m_B^* v_A^k - 3m_B^* v_B^k\right) \frac{r_{AB}^k}{|\boldsymbol{r}_{AB}|^3} v_{AB}^i + \sum_{B \neq A}\sum_{C \neq B,A} m_B^* m_C^*\\
&\times \left(4\frac{1}{|\boldsymbol{r}_{AC}|}\frac{r_{AB}^i}{|\boldsymbol{r}_{AB}|^3} + \frac{1}{|\boldsymbol{r}_{BC}|}\frac{r_{AB}^i}{|\boldsymbol{r}_{AB}|^3}\right.\\
&\left.-\frac{1}{2}\frac{r_{BC}^k}{|\boldsymbol{r}_{BC}|^3}\frac{r_{AB}^k r_{AB}^i}{|\boldsymbol{r}_{AB}|^3} - \frac{7}{2}\frac{1}{|\boldsymbol{r}_{AB}|}\frac{r_{BC}^i}{|\boldsymbol{r}_{BC}|^3}\right),
\end{aligned}\qquad (2.117)
$$

其中定义了 $\boldsymbol{r}_{AB} := \boldsymbol{r}_A - \boldsymbol{r}_B$ 和 $\boldsymbol{v}_{AB} := \boldsymbol{v}_A - \boldsymbol{v}_B$。

2.4.2　两体运动

和牛顿力学里的两体运动问题一样，2.3 节最后定义的系统质心式 (2.106) 可以用来把后牛顿两体问题约化为单体问题。在两个质点组成的系统里，式 (2.102) 和式 (2.106) 给出

$$
\begin{aligned}
M = &\, m_A^* + m_B^* + \frac{1}{2}m_A^*|\boldsymbol{v}_A|^2 + \frac{1}{2}m_B^*|\boldsymbol{v}_B|^2 - \frac{m_A^* m_B^*}{|\boldsymbol{r}_{AB}|} + O\left(o_c^4\right),\\
R^i = &\, \frac{1}{M}\left(m_A^* + \frac{1}{2}m_A^*|\boldsymbol{v}_A|^2 - \frac{m_A^* m_B^*}{2|\boldsymbol{r}_{AB}|}\right) r_A^i\\
&+ \frac{1}{M}\left(m_B^* + \frac{1}{2}m_B^*|\boldsymbol{v}_B|^2 - \frac{m_A^* m_B^*}{2|\boldsymbol{r}_{AB}|}\right) r_B^i + O\left(o_c^4\right).
\end{aligned}\qquad (2.118)
$$

下面为了记号的简便将相对位矢 $\boldsymbol{r}_{AB}$ 和相对速度 $\boldsymbol{v}_{AB}$ 记为 $\boldsymbol{r}$ 和 $\boldsymbol{v}$。在系统质心为原点的坐标系中，两质点 A 和 B 的位矢可以由相对位矢表示为

$$
\begin{aligned}
r_A^i = &\, \frac{1}{M}\left(m_B^* + \frac{1}{2}m_B^*|\boldsymbol{v}_B|^2 - \frac{m_A^* m_B^*}{2|\boldsymbol{r}|}\right) r^i + O\left(o_c^4\right),\\
r_B^i = &\, -\frac{1}{M}\left(m_A^* + \frac{1}{2}m_A^*|\boldsymbol{v}_A|^2 - \frac{m_A^* m_B^*}{2|\boldsymbol{r}|}\right) r^i + O\left(o_c^4\right).
\end{aligned}\qquad (2.119)
$$

对时间求导可得两质点速度和相对速度的关系，经过整理有

$$
v_A^i = \frac{1}{M}\left(m_B^* + \frac{1}{2}\eta m_A^*|\boldsymbol{v}|^2 - \frac{m_A^* m_B^*}{2|\boldsymbol{r}|}\right)v^i - \frac{1}{2}\eta m_-(\boldsymbol{v}\cdot\boldsymbol{r})\frac{r^i}{|\boldsymbol{r}|^3} + O\left(o_c^5\right),
$$

$$
v_B^i = -\frac{1}{M}\left(m_A^* + \frac{1}{2}\eta m_B^*|\boldsymbol{v}|^2 - \frac{m_A^* m_B^*}{2|\boldsymbol{r}|}\right)v^i - \frac{1}{2}\eta m_-(\boldsymbol{v}\cdot\boldsymbol{r})\frac{r^i}{|\boldsymbol{r}|^3} + O\left(o_c^5\right),
\tag{2.120}
$$

其中定义了

$$
m_\pm := m_A^* \pm m_B^*, \quad \eta := \frac{m_A^* m_B^*}{m_+^2}.
\tag{2.121}
$$

现在我们可以取式 (2.116) 和式 (2.117)，计算两体的相对加速度得

$$
a^i = a_A^i - a_B^i = \frac{m_+ r^i}{|\boldsymbol{r}|^3}\left[-1 - (1+3\eta)|\boldsymbol{v}|^2 + \frac{3}{2}\eta\frac{(\boldsymbol{v}\cdot\boldsymbol{r})^2}{|\boldsymbol{r}|^2} + 2(2+\eta)\frac{m_+}{|\boldsymbol{r}|}\right]
$$

$$
+ 2(2-\eta)\frac{m_+(\boldsymbol{v}\cdot\boldsymbol{r})}{|\boldsymbol{r}|^3}v^i + O\left(o_c^4\right).
\tag{2.122}
$$

可以看到，加速度有沿着速度方向的分量，式 (2.122) 不再是向心力下的运动方程。不过加速度仍然在位矢和速度构成的平面内，所以轨道仍然是平面曲线。最简单的运动情况是圆轨道，这时 $\boldsymbol{r}$ 和 $\boldsymbol{v}$ 垂直，并且它们的大小不变，由此时径向加速度的运动学表示 $|\boldsymbol{v}|^2/|\boldsymbol{r}|$ 代入式 (2.122) 可解得

$$
|\boldsymbol{v}|^2 = \frac{m_+}{|\boldsymbol{r}|}\left[1 + (\eta-3)\frac{m_+}{|\boldsymbol{r}|} + O\left(o_c^4\right)\right].
\tag{2.123}
$$

因为 $0 \leqslant \eta \leqslant 1/4$，这总是小于牛顿引力下的圆轨道速率。对于一般的轨道，解析上可以使用变参数的椭圆作为密切轨道近似求解，也可以直接数值积分，这里我们仅在图 2.1 中展示两个数值解的例子，对密切轨道感兴趣的读者可以参考文献 [11] 中 3.3 节的内容。

2.4.3 双星绕转的四极引力波辐射

根据前面得到的结论，四极引力波辐射由远场解 (2.87) 中空间分量的横向无迹部分 $\bar{h}_{\mathrm{TT}}^{ij}$ 刻画，它可以由式 (2.39) 在知道 $\bar{h}^{ij}$ 后进行计算。但是使用 $\bar{h}_{\mathrm{TT}}^{ij}$ 来表示引力波的缺点是它的两个独立分量没有明显地展示出来，这是因为我们使用的直角坐标基矢 $\{\hat{e}_i\}$（$i=x,y,z$）不能自然地表示引力波的两个偏振态。使用球极坐标基矢 $\{\hat{e}_r, \hat{e}_\theta, \hat{e}_\phi\}$ 就能够很方便地把 $\bar{h}_{\mathrm{TT}}^{ij}$ 的两个独立分量投影出来，记

$$
\bar{h}_{\mathrm{TT}}^{ij}\hat{e}_i \otimes \hat{e}_j = h_+\left(\hat{e}_\theta \otimes \hat{e}_\theta - \hat{e}_\phi \otimes \hat{e}_\phi\right) + h_\times\left(\hat{e}_\theta \otimes \hat{e}_\phi + \hat{e}_\phi \otimes \hat{e}_\theta\right).
\tag{2.124}
$$

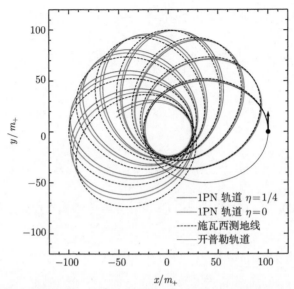

图 2.1 一阶后牛顿轨道的数值解（蓝线和黄线）、施瓦西度规下的测地线（黑虚线）、牛顿引力下开普勒轨道（黑实线）的对比。初始条件均取为 $x_0 = 100$、$y_0 = 0$、$v_0^x = 0$、$v_0^y = \sqrt{10}/50 \approx 0.0632$，其中长度以双星总质量 m_+ 为单位，速度无量纲。这样的初值对应每单位约化质量上的能量和角动量，对于一阶后牛顿轨道和开普勒轨道为 $E/(\eta m_+) = 0.9920$、$L/(\eta m_+^2) \approx 6.325$；对于施瓦西测地线为 $E/(\eta m_+) \approx 0.9923$、$L/(\eta m_+^2) \approx 6.660$。注意，施瓦西测地线是 $\eta = 0$ 时的严格广义相对论解；牛顿引力下约化轨道和 η 无关

利用球极坐标基矢和直角坐标基矢的关系

$$
\begin{aligned}
\hat{\boldsymbol{e}}_\theta &= \cos\theta\cos\phi\,\hat{\boldsymbol{e}}_x + \cos\theta\sin\phi\,\hat{\boldsymbol{e}}_y - \sin\theta\,\hat{\boldsymbol{e}}_z, \\
\hat{\boldsymbol{e}}_\phi &= -\sin\phi\,\hat{\boldsymbol{e}}_x + \cos\phi\,\hat{\boldsymbol{e}}_y,
\end{aligned}
\tag{2.125}
$$

可以得到引力波的两个独立分量

$$
\begin{aligned}
h_+ &= \frac{1}{2}\left[(\hat{\boldsymbol{e}}_\theta \cdot \hat{\boldsymbol{e}}_k)(\hat{\boldsymbol{e}}_\theta \cdot \hat{\boldsymbol{e}}_l) - (\hat{\boldsymbol{e}}_\phi \cdot \hat{\boldsymbol{e}}_k)(\hat{\boldsymbol{e}}_\phi \cdot \hat{\boldsymbol{e}}_l)\right]\bar{h}_{\mathrm{TT}}^{kl}, \\
h_\times &= \frac{1}{2}\left[(\hat{\boldsymbol{e}}_\theta \cdot \hat{\boldsymbol{e}}_k)(\hat{\boldsymbol{e}}_\phi \cdot \hat{\boldsymbol{e}}_l) + (\hat{\boldsymbol{e}}_\phi \cdot \hat{\boldsymbol{e}}_k)(\hat{\boldsymbol{e}}_\theta \cdot \hat{\boldsymbol{e}}_l)\right]\bar{h}_{\mathrm{TT}}^{kl}.
\end{aligned}
\tag{2.126}
$$

进一步由式 (2.39) 将其用 $\bar{h}^{ij}$ 明显地表示出来则为

$$
\begin{aligned}
h_+ = {}&-\frac{1}{4}\sin^2\theta\,(\bar{h}^{xx} + \bar{h}^{yy}) + \frac{1}{4}(1 + \cos^2\theta)\cos 2\phi\,(\bar{h}^{xx} - \bar{h}^{yy}) + \frac{1}{2}\sin^2\theta\,\bar{h}^{zz} \\
&+ \frac{1}{2}(1 + \cos^2\theta)\sin 2\phi\,\bar{h}^{xy} - \frac{1}{2}\sin 2\theta(\cos\phi\,\bar{h}^{xz} + \sin\phi\,\bar{h}^{yz}),
\end{aligned}
$$

$$h_\times = -\frac{1}{2}\cos\theta\sin2\phi(\bar{h}^{xx} - \bar{h}^{yy}) + \cos\theta\cos2\phi\,\bar{h}^{xy} \tag{2.127}$$

$$+ \sin\theta\left(\sin\phi\,\bar{h}^{xz} - \cos\phi\,\bar{h}^{yz}\right).$$

下面以圆轨道为例计算四极辐射的这两个偏振分量。首先计算 $\bar{h}^{ij}$，为此写出双星系统的四极矩及其对时间的二阶导数

$$Q^{ij} = m_A^* r_A^i r_A^j + m_B^* r_B^i r_B^j = \eta m_+ r^i r^j + O\left(o_c^2\right),$$
$$\partial_t^2 Q^{ij} = \eta m_+\left(a^i r^j + 2v^i v^j + r^i a^j\right) + O\left(o_c^2\right). \tag{2.128}$$

约定双星的轨道平面为 xy 平面，代入加速度式 (2.122) 和圆轨道上的速度式 (2.123) 可以得到 $\bar{h}^{ij}$ 的领头项

$$\bar{h}^{xx} = -\bar{h}^{yy} = -\frac{4}{|\boldsymbol{x}|}\eta m_+|\boldsymbol{v}|^2\cos2\phi_\mathrm{s},$$
$$\bar{h}^{xy} = -\frac{4}{|\boldsymbol{x}|}\eta m_+|\boldsymbol{v}|^2\sin2\phi_\mathrm{s}. \tag{2.129}$$

这里为了区别于引力波传播方向的 ϕ 角，用 ϕ_s 记绕转的双星在约化轨道上的角度。接下来就可以得到式 (2.127) 中的两个偏振分量为

$$h_+ = -\frac{2}{|\boldsymbol{x}|}\eta m_+|\boldsymbol{v}|^2(1+\cos^2\theta)\cos2(\phi_\mathrm{s}-\phi),$$
$$h_\times = -\frac{4}{|\boldsymbol{x}|}\eta m_+|\boldsymbol{v}|^2\cos\theta\sin2(\phi_\mathrm{s}-\phi). \tag{2.130}$$

由于圆轨道上 ϕ_s 随时间线性变化，对于某任意方向上传播的引力波，式 (2.130) 给出的结果是时间的正余弦函数，并且 ϕ_s 前的因子 2 表明其圆频率为轨道运动角频率的 2 倍。

我们可以代入一些数值，对四极辐射的振幅和频率进行直观上的了解。例如，对于日地系统，四极辐射的频率约为 $6\times10^{-8}\,\mathrm{Hz}$，在距此系统 $1\,\mathrm{kpc}$ 处，引力波的振幅约为 3×10^{-30}；又如两个 10 倍太阳质量的黑洞相距一个地球直径的距离绕转时，四极辐射的频率则约为 $0.4\,\mathrm{Hz}$，在距此系统 $1\,\mathrm{kpc}$ 处，引力波的振幅约为 1×10^{-18}。

为了了解式 (2.130) 给出的引力波沿空间不同方向上传播能量的角分布，根据式 (2.104) 式我们有

$$\frac{\mathrm{d}P^t}{\mathrm{d}t\mathrm{d}\Omega} = -\frac{|\boldsymbol{x}|^2}{32\pi}\partial_t\bar{h}^{ij}_\mathrm{TT}\partial_t\bar{h}^{ij}_\mathrm{TT} = -\frac{|\boldsymbol{x}|^2}{32\pi}\left[(\partial_t h_+)^2 + (\partial_t h_\times)^2\right]$$
$$= -\frac{4}{\pi}\left(\eta m_+|\boldsymbol{v}|^2\omega\right)^2\left[\cos^2\theta + \frac{1}{4}\sin^4\theta\sin^2 2(\phi_\mathrm{s}-\phi)\right], \tag{2.131}$$

其中 $\omega = |\boldsymbol{v}|/|\boldsymbol{r}|$ 为圆轨道上的角速度。考查式 (2.131) 对余纬角 θ 的依赖，我们看到在 $\theta = 0$ 和 $\theta = \pi$，也就是垂直于轨道平面的方向上，传播的能量取极大值；在 $\theta = \pi/2$，也就是轨道平面内，传播的能量取极小值。再考查式 (2.131) 对方位角 ϕ 的依赖，我们有：当 $\phi_s - \phi = \pi/4$、$3\pi/4$、$5\pi/4$、$7\pi/4$ 时，也就是在和轨道运动的相位角相差 $\pi/4$ 奇数倍的经度面内，传播的能量取极大值；当 $\phi_s - \phi = 0$、$\pi/2$、π、$3\pi/2$ 时，也就是在和轨道运动的相位角相差 $\pi/2$ 整数倍的经度面内，传播的能量取极小值。综合起来就有，圆轨道上四极引力波辐射的能量在垂直于轨道平面的方向上最大，在轨道平面内和轨道运动的相位角相差 $\pi/2$ 整数倍的方向上无能量传播。

对于一般的双星绕转轨道，轨道运动的相位角 ϕ_s 不再是时间的线性函数，从而引力波的波形不再是简单的正余弦函数，其空间各个方向上能量的分布也会偏离式 (2.131) 描述的轴对称形式。这些情况下的引力波波形可以从解析上由前面提到的密切轨道方法给出一定的近似表达式，也可以完全由轨道的数值积分解做数值计算得到。这里我们在图 2.2 中展示由图 2.1 中 $\eta = 1/4$ 的后牛顿轨道上的双星产生的四极引力波在两个传播方向上的波形和单位立体角内的辐射功率；图 2.3 则展示了这一系统辐射出的引力波在空间各个方向上的功率分布。

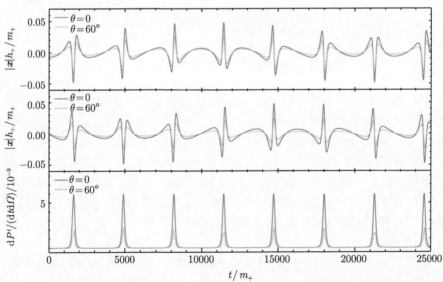

图 2.2　一阶后牛顿轨道上的四极引力波波形以及单位立体角内的辐射功率。轨道用图 2.1 中 $\eta = 1/4$ 的数值解，这里对比 $\theta = 0$、$\phi = 0$ 和 $\theta = 60°$、$\phi = 0$ 两个方向上传播的引力波。时间和长度的单位都用双星的总质量 m_+。例如，对于两个 10 倍太阳质量的黑洞，则时间单位约为 $9.8 \times 10^{-5}\,\mathrm{s}$，长度单位为 $29\,\mathrm{km} \approx 9.5 \times 10^{-16}\,\mathrm{kpc}$。注意波形图的竖轴是 h_+、$h_\times$ 和传播距离 $|\boldsymbol{x}|$ 的乘积

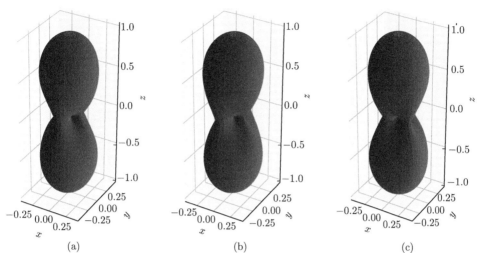

图 2.3　一阶后牛顿轨道上的四极引力波在各个方向上的辐射功率分布。轨道仍取图 2.1 中 $\eta = 1/4$ 的数值解。这里三幅图从 (a) 到 (c) 依次表示 $t = 1000m_+$、$2000m_+$、$3000m_+$ 时刻的辐射功率分布。每幅图中由原点到曲面上点的距离代表了此方向上单位立体角内的辐射功率和 z 方向上单位立体角内的辐射功率之比

2.4.4　引力波引起的轨道衰减

2.3 节最后已经讨论到，引力波会带走系统的能动量。式 (2.104) 的计算结果表明直到 o_c^8 阶系统的能量还是守恒的；要得到包含引力波的耗散项的运动方程，我们需要高于 o_c^8 阶的后牛顿展开解。这远远超出了我们想要将本章的内容保持简单的宗旨。注意，在我们的记号里，牛顿引力出现在 o_c^2 阶，故最早出现耗散的项相对于牛顿引力来说至少是 o_c^7 阶；在文献中，这个阶数常被称为 3.5 后牛顿阶。虽然没有严格的运动方程计算引力波辐射引起的轨道衰减，我们仍然可以用 2.4.3 节式 (2.131) 的结果积分，从能量的角度计算引力波耗散对圆轨道的影响。由式 (2.131)，四极引力波辐射带走的总能量领头阶为

$$\frac{\mathrm{d}P^t}{\mathrm{d}t} = -\frac{4}{\pi} \left(\eta m_+ |\boldsymbol{v}|^2 \omega\right)^2 \int \left[\cos^2 \theta + \frac{1}{4} \sin^4 \theta \sin^2 2(\phi_\mathrm{s} - \phi)\right] \mathrm{d}\Omega$$

$$= -\frac{32}{5} \eta^2 \left(\frac{m_+}{|\boldsymbol{r}|}\right)^5 . \tag{2.132}$$

另外，由式 (2.118)，圆轨道上双星系统的能量可表示为

$$M = m_A^* + m_B^* - \frac{m_A^* m_B^*}{2|\boldsymbol{r}|} + O\left(o_c^4\right), \tag{2.133}$$

因此在领头阶我们有

$$\frac{\mathrm{d}M}{\mathrm{d}t} = \frac{m_A^* m_B^*}{2|\boldsymbol{r}|^2}\frac{\mathrm{d}|\boldsymbol{r}|}{\mathrm{d}t} = -\frac{32}{5}\eta^2\left(\frac{m_+}{|\boldsymbol{r}|}\right)^5. \tag{2.134}$$

这个式子定量地表示了由于引力波带走能量导致的圆轨道半径衰减的速率。在这样的考虑下，双星的绕转就不存在严格意义上的圆轨道。但是简单地数一下径向速度 $\mathrm{d}|\boldsymbol{r}|/\mathrm{d}t$ 的阶数就会发现它是 o_c^6 阶，这远高于切向速度的 o_c 阶。在双星绕转的大部分时间里有 $|\boldsymbol{r}| \gg 10^2 m_+$，则 $\mathrm{d}|\boldsymbol{r}|/\mathrm{d}t$ 相比于切向速度至少小了 10^{-5}，这样的轨道完全可以作为圆轨道处理。只有在绕转后期双星即将并合时，$|\boldsymbol{r}| \sim 10 m_+$，轨道衰减的效应才会变得显著。

由式 (2.134) 积分可知圆轨道半径作为时间 t 的函数取形式

$$\frac{t}{m_+} = \frac{5}{256\eta}\left[\left(\frac{r_0}{m_+}\right)^4 - \left(\frac{|\boldsymbol{r}|}{m_+}\right)^4\right], \tag{2.135}$$

其中 r_0 为 $t = 0$ 时刻圆轨道半径。据此可以估计双星从某一距离开始绕转至并合所需的时间。例如，两个 2 倍太阳质量的中子星从相距一个地球直径的距离开始绕转，至相距一个中子星直径（约 20 km）时所需的时间可由式 (2.135) 估计为 7 年；如果是两个 10 倍太阳质量的黑洞从相距一个地球直径的距离开始绕转，那么至相距两个施瓦西半径所需的时间则约为 2 天。我们必须指出这样的估计是粗略的，因为在双星绕转至接近并合的阶段，上面举例的双中子星系统绕转速度可达 0.4 倍光速，而对于双黑洞系统速度则可达 $\sqrt{1/2} \approx 0.7$ 倍光速，此时这里没有考虑的更高阶后牛顿项的效果就不能忽略了。

2.5   引力波的探测

直接探测引力波的尝试始于 20 世纪 60 年代马里兰大学韦伯所开创的共振型引力波探测器[16]，其主体一般为长 2m 左右，直径约 30cm 的金属圆柱。频率接近金属圆柱固有频率的引力波经过时会在圆柱内产生共振，通过压电传感器监测圆柱的振动就有可能探测到引力波。当时压电传感器对应变的灵敏度已经能达到 10^{-18}，根据我们 2.4 节中对引力波四极辐射振幅的估计，这一灵敏度正好能探测到距我们 1 kpc 处两个 10 倍太阳质量的黑洞相距一个地球直径绕转时产生的引力波。自从这种被称为韦伯棒的共振型引力波探测器运行以来，除了 1968 年到 1969 年间韦伯自己声称发现了引力波存在的证据之外[17]，其余小组在他们的探测器中没有发现任何引力波的迹象。这样的结果促使引力波物理学家开始设计有更高灵敏度的探测器，从而能探测来自更远的致密星系统产生的引力波，于是大型的激光干涉仪引力波探测器应运而生[18-20]。激光干涉仪引力波探测器不仅在灵敏度上比韦伯棒更优，还具有更大的频率响应范围。

　　激光干涉仪引力波探测器通过相干激光干涉条纹的移动监测激光所经过路径的伸缩，通过把干涉仪的臂长造到千米量级，就可能得到超过共振型引力波探测器的灵敏度。这一想法的具体设计由加利福尼亚理工学院和麻省理工学院于 20世纪 70 年代提出，并在美国国家自然科学基金会的支持下开始建造，即为初代LIGO，最终于 1999 年完工，然后运行至 2010 年。其间虽然并未探测到任何引力波信号，但是建造与运行中积累的经验使参与 LIGO 的工程师和物理学家们提出进一步提高探测器灵敏度的方案，据此于 2010 年至 2014 年间对初代 LIGO 进行改造升级，成为如今使用中的第二代 LIGO。在第二代 LIGO 投入运行的短短几天内就探测到了第一例引力波事件 GW150914。

　　除了位于美国的 LIGO 外，欧洲于 2003 年建成激光干涉仪引力波探测器Virgo[18]，并于 2007 年开始和 LIGO 联合观测，日本也于 2016 年建成激光干涉仪引力波探测器 (KAGRA)[20]，于 2021 年加盟 LIGO-Virgo 合作组，形成了LIGO - Virgo - KAGRA 联合观测团队。另外，位于德国的 GEO600 也是现有的激光干涉仪引力波探测器[21]，但是它的臂长只有 600m，其运行目的并不是和其他千米级臂长的探测器联合观测，而是作为测试场所开发能够用在大型探测器上的更先进的技术。在当前这些探测器的基础上，天体物理学家们计划建造更多的激光干涉仪引力波探测器，这包括印度 LIGO[22]、美国的第三代地面探测器 CE[23]、欧洲的第三代地面探测器 ET[24]，以及太空的引力波探测器 LISA[25]、太极[26]、天琴[27] 等。而不同于激光干涉仪，利用脉冲星阵列探测引力波的原理也被提出[28]，这是基于脉冲星计时的高精密性来探测穿过脉冲星和地球之间的引力波所造成的时空扰动。由于篇幅限制，下面我们仅以激光干涉仪引力波探测器为例，介绍其对引力波的响应以及从充满噪声的数据中提取响应信号的方法。

2.5.1　引力波在干涉仪探测器中的信号

　　考虑如图 2.4 所示的迈克耳孙干涉仪，一束激光从 A 射出，经过半透半反膜后分成两束分别到达镜子 B 和 C，经其反射后再通过半透半反膜汇合，从而在屏幕 D 上呈现干涉条纹。我们忽略半透半反膜的厚度，则重新汇合的两束光的相位差 $\Delta\Phi$ 取决于光在两臂 BB' 和 CC' 上来回走过所用的时间差 Δt，即

$$\Delta\Phi = 2\pi\nu\Delta t, \tag{2.136}$$

其中 ν 为激光的频率。只要保证半透半反膜以及镜子 B 和 C 不受外力，只在可能经过的引力波作用下自由运动，那么通过监测屏幕 D 上的干涉条纹移动获得的两束光的相位差就能反映由于引力波弯曲时空导致的光在两臂 BB' 和 CC' 上

来回走过所用的时间差。这里我们必须提到，实际的引力波探测器都处于地球以及其他太阳系天体的引力场中，对于地面上的探测器需要用精密的悬挂装置尽可能地"屏蔽"地球的引力扰动，以使半透半反膜以及镜子 B 和 C 能够在光线传播的方向上自由运动。这对于太空中的引力波探测器问题不大，因为它们运行在自由落体的轨道上。

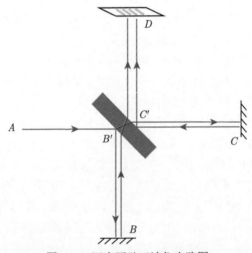

图 2.4　迈克耳孙干涉仪光路图

为了方便处理，我们在探测器不受外力自由运动的前提下计算由引力波弯曲时空导致的光在两臂上来回走过所用的时间差，其结果也适用于探测器在太阳系引力场中做自由落体的情况和探测器固定在地球上但是半透半反膜以及镜子能够在光线传播的方向上自由运动的情况。我们先计算光在一个臂上来回走过所用的时间。以臂 BB' 为例，把半透半反膜和镜子 B 当成质点，则它们的运动以及光线的轨迹都由测地线

$$\frac{\mathrm{d}^2 x^\alpha}{\mathrm{d}\lambda^2} + \Gamma^\alpha{}_{\mu\nu} \frac{\mathrm{d}x^\mu}{\mathrm{d}\lambda} \frac{\mathrm{d}x^\nu}{\mathrm{d}\lambda} = 0 \tag{2.137}$$

描述，其中对于质点的运动，仿射参数 λ 取为质点的固有时。这里的克里斯托弗符号由引力波对应的时空度规给出，沿用横向无迹规范，仅保留度规微扰的线性项，我们有

$$
\begin{aligned}
g_{tt} &= -1, \\
g_{ti} &= 0, \\
g_{ij} &= \delta_{ij} + \bar{h}_{\mathrm{TT}}^{ij}.
\end{aligned}
\tag{2.138}
$$

这一度规给出 $\Gamma^i_{tt} = 0$，这意味着初始时速度为零的质点其初始时的加速度也为零，因此质点将一直保持静止。也就是说，在横向无迹规范所确定的坐标系下，一个初始时静止的质点在引力波经过时空间坐标时不随时间变化。设在这一坐标系下 B' 和 B 的空间坐标分别为 $x^i_{B'}$ 和 x^i_B，则光从 B' 到 B 的时间原则上需要解 (2.137) 给出的类光测地线并根据两端的空间坐标 $x^i_{B'}$ 和 x^i_B 确定，但是考虑到实际地面探测器的臂长一般远小于所探测引力波的波长，我们可以把类光测地线的微元 $g_{\mu\nu}\mathrm{d}x^\mu\mathrm{d}x^\nu = 0$ 应用于臂长对应的有限空间间隔，即有

$$-(t_B - t_{B'})^2 + \left(\delta_{ij} + \bar{h}^{ij}_{\mathrm{TT}}\right)(x^i_B - x^i_{B'})(x^j_B - x^j_{B'}) = 0. \tag{2.139}$$

仅保留 $\bar{h}^{ij}_{\mathrm{TT}}$ 的线性项，可得光从 B' 到 B 的时间为

$$t_B - t_{B'} = L_{BB'}\left(1 + \frac{1}{2}\bar{h}^{ij}_{\mathrm{TT}}n^i_{BB'}n^j_{BB'}\right), \tag{2.140}$$

其中定义了 $L_{BB'} := \sqrt{\delta_{ij}(x^i_B - x^i_{B'})(x^j_B - x^j_{B'})}$ 和单位方向向量 $n^i_{BB'} := (x^i_B - x^i_{B'})/L_{BB'}$。因为 $x^i_{B'}$ 和 x^i_B 也是引力波未到时 B' 和 B 的坐标，所以 $L_{BB'}$ 正好是平直时空中光从 B' 到 B 的时间。光在臂 BB' 上来回的时间为式 (2.140) 的两倍，上面的推导对臂 CC' 也成立，因此光在两臂上来回走过的时间差为

$$\Delta t = 2\left(L_{BB'} - L_{CC'}\right) + \bar{h}^{ij}_{\mathrm{TT}}\left(L_{BB'}n^i_{BB'}n^j_{BB'} - L_{CC'}n^i_{CC'}n^j_{CC'}\right). \tag{2.141}$$

实际中为了方便，将两臂初始长度设为相等，即 $L_{BB'} = L_{CC'} = L$，则引力波在探测器中造成的相位差信号为

$$\Delta\Phi = 2\pi\nu L\bar{h}^{ij}_{\mathrm{TT}}\left(n^i_{BB'}n^j_{BB'} - n^i_{CC'}n^j_{CC'}\right). \tag{2.142}$$

通常又把

$$h(t) := \bar{h}^{ij}_{\mathrm{TT}}\left(n^i_{BB'}n^j_{BB'} - n^i_{CC'}n^j_{CC'}\right) \tag{2.143}$$

称为引力波在干涉仪探测器中的应力信号。

结合式 (2.124)，可将引力波的应力信号式 (2.143) 表示为 h_+ 和 $h_\times$ 的组合

$$h(t) = F_+ h_+ + F_\times h_\times, \tag{2.144}$$

其中两个系数定义为

$$F_+ := \left(\hat{\boldsymbol{e}}_\theta \cdot \boldsymbol{n}_{BB'}\right)^2 - \left(\hat{\boldsymbol{e}}_\phi \cdot \boldsymbol{n}_{BB'}\right)^2 - \left(\hat{\boldsymbol{e}}_\theta \cdot \boldsymbol{n}_{CC'}\right)^2 + \left(\hat{\boldsymbol{e}}_\phi \cdot \boldsymbol{n}_{CC'}\right)^2,$$
$$F_\times := 2\left(\hat{\boldsymbol{e}}_\theta \cdot \boldsymbol{n}_{BB'}\right)\left(\hat{\boldsymbol{e}}_\phi \cdot \boldsymbol{n}_{BB'}\right) - 2\left(\hat{\boldsymbol{e}}_\theta \cdot \boldsymbol{n}_{CC'}\right)\left(\hat{\boldsymbol{e}}_\phi \cdot \boldsymbol{n}_{CC'}\right). \tag{2.145}$$

它们称为模式函数，表示引力波在探测器中的信号对探测器与源之间相对取向的依赖关系。例如，考虑一个两臂垂直的探测器，可以用 $B'B$ 和 $C'C$ 建立 X 轴和 Y 轴形成一个右手坐标系 XYZ，如图 2.5 所示。假设引力波源在这一坐标系中的方向角为 (Θ, Φ)，并且 $\hat{e}_\phi$ 与 n 和 Z 轴所张的平面成 ψ 角，那么

$$n = \frac{x}{|x|} = -\sin\Theta\cos\Phi\,\hat{e}_X - \sin\Theta\sin\Phi\,\hat{e}_Y - \cos\Theta\,\hat{e}_Z,$$

$$\hat{e}_\theta = (\sin\psi\cos\Theta\cos\Phi + \cos\psi\sin\Phi)\,\hat{e}_X + (\sin\psi\cos\Theta\sin\Phi - \cos\psi\cos\Phi)\,\hat{e}_Y$$
$$- \sin\psi\sin\Theta\,\hat{e}_Z, \tag{2.146}$$

$$\hat{e}_\phi = (\sin\psi\sin\Phi - \cos\psi\cos\Theta\cos\Phi)\,\hat{e}_X - (\sin\psi\cos\Phi + \cos\psi\cos\Theta\sin\Phi)\,\hat{e}_Y$$
$$+ \cos\psi\sin\Theta\,\hat{e}_Z.$$

从而模式函数可明显地表示为角 Θ, Φ, ψ 的函数

$$F_+ = -\cos 2\psi(\cos^2\Theta + 1)\cos 2\Phi + 2\sin 2\psi\cos\Theta\sin 2\Phi,$$
$$F_\times = -\sin 2\psi(\cos^2\Theta + 1)\cos 2\Phi - 2\cos 2\psi\cos\Theta\sin 2\Phi. \tag{2.147}$$

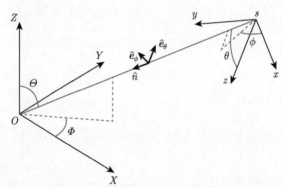

图 2.5 以干涉仪两臂为 X 轴和 Y 轴建立的坐标系 XYZ 与以双星绕转平面为 xy 平面建立的坐标系 xyz。在 XYZ 坐标系中引力波的传播方向有角坐标 $(\pi - \Theta, \Phi + \pi)$，在 xyz 坐标系中引力波的传播方向有角坐标 (θ, ϕ)

对于式 (2.130) 给出的圆轨道上的四极辐射引力波，我们进一步有

$$h(t) = \frac{2}{|x|}\eta m_+|v|^2 A\cos\left[2(\phi_s - \phi) - \phi_A\right], \tag{2.148}$$

其中

$$A = \sqrt{\left[(1 + \cos^2\theta)F_+\right]^2 + (2\cos\theta F_\times)^2},$$

$$\sin \phi_A = -\frac{\left(1 + \cos^2 \theta\right) F_+}{A},\qquad (2.149)$$

$$\cos \phi_A = -\frac{2 \cos \theta F_\times}{A}.$$

前面在计算式 (2.130) 时我们用的 xyz 坐标系以双星轨道平面为 xy 平面建立，其基矢和 $\{\boldsymbol{n}, \hat{\boldsymbol{e}}_\theta, \hat{\boldsymbol{e}}_\phi\}$ 的关系为

$$\hat{\boldsymbol{e}}_x = \sin\theta\cos\phi\,\boldsymbol{n} + \cos\theta\cos\phi\,\hat{\boldsymbol{e}}_\theta - \sin\phi\,\hat{\boldsymbol{e}}_\phi,$$

$$\hat{\boldsymbol{e}}_y = \sin\theta\sin\phi\,\boldsymbol{n} + \cos\theta\sin\phi\,\hat{\boldsymbol{e}}_\theta + \cos\phi\,\hat{\boldsymbol{e}}_\phi,\qquad (2.150)$$

$$\hat{\boldsymbol{e}}_z = \cos\theta\,\boldsymbol{n} - \sin\theta\,\hat{\boldsymbol{e}}_\theta.$$

因此，若记 $\hat{\boldsymbol{e}}_i = R^{iI}\hat{\boldsymbol{e}}_I$（$i = x, y, z$；$I = X, Y, Z$），则变换矩阵 R^{iI} 由式 (2.150) 和式 (2.146) 的系数矩阵相乘得到。特别地，其中关系 $\hat{\boldsymbol{e}}_z = R^{zI}\hat{\boldsymbol{e}}_I$ 把双星轨道角动量方向表示在 XYZ 坐标系中。最终，式 (2.148) 表示的信号波形可记为

$$h(t) = \frac{2}{|\boldsymbol{x}|}\eta m_+ \mathcal{A}(t; \boldsymbol{\mu})\cos\Psi(t; \boldsymbol{\mu}),\qquad (2.151)$$

其中 $\boldsymbol{\mu}$ 代表描述引力波源的非平凡参数，包括确定双星平面运动的初始条件 $\{t_0, x_0, y_0, v_0^x, v_0^y\}$、确定轨道面的角动量方向 $\hat{\boldsymbol{e}}_z$、波源相对于探测器的方向 $-\boldsymbol{n}$、$\hat{\boldsymbol{e}}_\phi$ 与 $\boldsymbol{n}$ 和 Z 轴所张的平面的夹角 ψ，以及双星的对称质量比参数 η。如果是圆轨道上的双星运动，波形对这些参数的依赖于由式 (2.148) 给出的解析形式，对于一般的轨道只能用数值计算建立给定参数下的信号波形。

2.5.2 在探测器的局域惯性系中计算引力波的信号

2.5.1 节的推导毋庸置疑地证明了引力波的经过会引起本来两臂相等的激光干涉仪中出现相位差，即式 (2.142)，从而造成干涉条纹移动。由于相位是不随坐标变换而变的标量，式 (2.142) 这一结果并不依赖于我们选择的满足横向无迹规范的坐标；引力波能在激光干涉仪中引起相位差这一事实必然也在干涉仪的局域惯性系中成立。如果认为等效原理意味着在由自由落体携带的局域惯性系中引力效应无法观测，所有物理定律回归狭义相对论下的情况，那么引力波能在干涉仪的局域惯性系中引起可观测效应这一事实就和等效原理矛盾了。显然，对等效原理的这种认识是错误的，引力在自由落体携带的局域惯性系中消失仅限于自由落体本身所在的测地线上，一旦考虑稍微偏离自由落体测地线的时空事件，则真正的引力效应，即由黎曼张量表示的潮汐效应，就会显现。下面我们就用具体的计算说明式 (2.142) 的结果正是在探测器的局域惯性系中引力波的潮汐效应导致的。

　　我们再次强调，地面上的探测器并不是仅在引力下做自由落体，它必然和地球之间有其他相互作用，以保持固连在地球上。但是如 2.5.1 节所述，我们关心的核心元件，即用来分光的半透半反膜和用来反射光线的镜子，在精密的设计下能够在光线传播的方向上自由运动，这使我们可以将它们作为在引力波形成的弯曲时空中做自由落体的系统来处理光线传播方向上的问题。这一点明确以后，以半透半反膜上的 B'（也是 C'）的轨迹为测地线，在其携带的局域惯性系中，臂长以及光走过所用的时间就由费米正规坐标来计算。关于建立给定测地线附近费米正规坐标的具体方法，可以参考文献 [29]，这里只引用相关结果。记 B' 的轨迹附近建立的费米正规坐标为 $\xi^{(\alpha)}$（我们用括号把局域惯性系中的角标和广义坐标的角标区别开来），相应的局域惯性系的标架为一个类时矢量 $\boldsymbol{e}_{(t)}$ 和三个类空矢量 $\boldsymbol{e}_{(i)}$，它们满足正交归一条件 $\boldsymbol{e}_{(\alpha)} \cdot \boldsymbol{e}_{(\beta)} = \eta_{(\alpha)(\beta)}$，并且 $\boldsymbol{e}_{(t)}$ 正是 B' 的四速度矢量，其在广义坐标的自然基矢 $\{\partial_\mu\}$ 下有分量 $e^\mu_{(t)} = u^\mu_{B'}$。我们关心的自由运动的质点在局域惯性系中的运动方程为测地线偏离方程

$$\frac{\mathrm{d}^2 \xi^{(\alpha)}}{\mathrm{d}\tau^2} = u^\mu_{B'} u^\nu_{B'} R^{(\alpha)}_{\mu\nu(\beta)} \xi^{(\beta)}, \tag{2.152}$$

其中黎曼张量的混合分量 $R^{(\alpha)}_{\mu\nu(\beta)}$ 可以由广义坐标下的度规先计算 $R_{\alpha\beta\gamma\delta}$，再用标架 $\boldsymbol{e}_{(\alpha)}$ 在广义坐标下的分量 $e^\mu{}_{(\alpha)}$ 变换得到，即

$$R^{(\alpha)}_{\mu\nu(\beta)} = \eta^{(\lambda)(\alpha)} R_{(\lambda)\mu\nu(\beta)} = \eta^{(\lambda)(\alpha)} R_{\sigma\mu\nu\kappa} e^\sigma_{(\lambda)} e^\kappa_{(\beta)}. \tag{2.153}$$

　　在我们的问题中，广义坐标仍可用前面满足横向无迹规范的坐标，这样 B' 在其中就静止不动，其四速度分量为 $u^\mu_{B'} = (1,0,0,0)$，对应时空事件的时间坐标为 $t = \xi^{(t)}$。仅保留度规式 (2.138) 中 $\bar{h}^{ij}_{\mathrm{TT}}$ 的线性项，则式 (2.152) 描述的运动变为非相对论性的，有 $\tau \approx \xi^{(t)} = t$。此时，运动方程简化为

$$\frac{\mathrm{d}^2 \xi^{(i)}}{\mathrm{d}t^2} = R^{(i)}_{tt(j)} \xi^{(j)}. \tag{2.154}$$

由于 $R_{\alpha\beta\gamma\delta}$ 从 $\bar{h}^{ij}_{\mathrm{TT}}$ 的线性项开始，因此式 (2.153) 中只需 $e^\mu_{(\alpha)}$ 和 $\bar{h}^{ij}_{\mathrm{TT}}$ 无关的项，也就是说在建立标架时可忽略度规式 (2.138) 中的 $\bar{h}^{ij}_{\mathrm{TT}}$，这时可取局域惯性系的空间方向 $\boldsymbol{e}_{(i)}$ 和广义坐标的空间方向 ∂_i 平行，则有平凡标架 $e^\mu_{(\alpha)} = \delta^\mu_\alpha$，因而

$$R^{(i)}_{tt(j)} = R^i_{ttj} = \frac{1}{2} \partial^2_t \bar{h}^{ij}_{\mathrm{TT}}. \tag{2.155}$$

注意，式 (2.155) 代入方程 (2.154) 时在 B' 的轨迹上取值，即 $\bar{h}^{ij}_{\mathrm{TT}}$ 的空间坐标取 $|\boldsymbol{x}| = |\boldsymbol{x}_{B'}|$，因此 $\bar{h}^{ij}_{\mathrm{TT}}$ 只是 t 的函数，方程 (2.154) 的解将取 $\xi^{(i)}$ 随时间振动的

形式。假设 $\xi^{(i)}$ 有初始值 $L^i_{BB'}$，并且由于引力波引起的振动远小于 $L^i_{BB'}$，则式 (2.154) 右边的 $\xi^{(i)}$ 可以用 $L^i_{BB'}$ 近似，从而解的振动部分可以直接积分得到

$$\Delta\xi^{(i)}(t) = \frac{1}{2}\bar{h}^{ij}_{\mathrm{TT}}(t, |\boldsymbol{x}_{B'}|)L^j_{BB'}. \tag{2.156}$$

这便是在探测器的局域惯性系中引力波所引起的长度的伸缩。在结果保留到 $\bar{h}^{ij}_{\mathrm{TT}}$ 的线性项的前提下计算光线在探测器臂上传播所用的时间，则可以忽略引力波的潮汐效应对光线传播的影响，从而臂长直接和传播时间对应，从 B' 到 B 为

$$t_B - t_{B'} = \sqrt{\delta^{ij}\left(L^i_{BB'} + \Delta\xi^{(i)}\right)\left(L^j_{BB'} + \Delta\xi^{(j)}\right)} \approx L_{BB'}\left(1 + n^i_{BB'}\frac{\Delta\xi^{(i)}}{L_{BB'}}\right), \tag{2.157}$$

和式 (2.140) 的结果相同。

对于引力波在干涉仪中引起的光的传播时间变化，我们就讨论到这里。既然我们发现在局域惯性系中引力波的效果就是简单地让长度伸缩，那么不妨利用式 (2.156) 的结果考虑相对于中心一质点有相等距离的一圈质点在引力波下的形状。为了简化计算，假设引力波沿 z 方向传播，则可取 $\bar{h}^{xx}_{\mathrm{TT}} = -\bar{h}^{yy}_{\mathrm{TT}} = h_+$，$\bar{h}^{xy}_{\mathrm{TT}} = \bar{h}^{yx}_{\mathrm{TT}} = h_\times$，其余分量为零。解 (2.156) 变为

$$\Delta\xi^{(x)} = \frac{1}{2}\left(h_+ L^x + h_\times L^y\right),$$
$$\Delta\xi^{(y)} = \frac{1}{2}\left(h_\times L^x - h_+ L^y\right), \tag{2.158}$$
$$\Delta\xi^{(z)} = 0,$$

其中，L 为初始时刻一圈质点围成圆的半径；L^x 和 L^y 分别为某个所考虑质点的初始半径在 x 和 y 方向上的投影。由此可见，质点在引力波传播方向上保持静止，在垂直于引力波传播方向上振动，这当然是引力波是横波的缘故。假设质点都在 xy 平面，用初始时各个质点的半径和 x 方向的夹角 α 标记质点，则有

$$\xi^{(x)}_\alpha - L\cos\alpha = \frac{L}{2}\left(h_+ \cos\alpha + h_\times \sin\alpha\right),$$
$$\xi^{(y)}_\alpha - L\sin\alpha = \frac{L}{2}\left(h_\times \cos\alpha - h_+ \sin\alpha\right). \tag{2.159}$$

从两个式子中消去参数 α 并仅保留 h_+ 和 $h_\times$ 的线性项，可得描述质点圈形状的方程

$$\left(1 - h_+\right)\left(\xi^{(x)}_\alpha\right)^2 + \left(1 + h_+\right)\left(\xi^{(y)}_\alpha\right)^2 - 2h_\times\xi^{(x)}_\alpha\xi^{(y)}_\alpha = L^2, \tag{2.160}$$

这是半长轴和半短轴分别为

$$a = L\left(1 + \frac{1}{2}\sqrt{h_+^2 + h_\times^2}\right),$$
$$b = L\left(1 - \frac{1}{2}\sqrt{h_+^2 + h_\times^2}\right),$$

(2.161)

并且长轴和 x 方向成角度

$$\delta = \frac{1}{2}\arctan\frac{h_\times}{h_+}$$

(2.162)

的椭圆。特别地，当 $h_\times = 0$ 时，$\delta = 0$ 或 $\pi/2$，即质点圈在 x 和 y 方向变形；当 $h_+ = 0$ 时，$\delta = \pi/4$ 或 $-\pi/4$，即质点圈在 $y = \pm x$ 方向变形。这就是引力波两种偏振的名称 "+" 偏振和 "×" 偏振的由来。最后，我们指出，对于圆轨道上的四极引力波辐射，由式 (2.130)，取 $\theta = \phi = 0$（引力波沿 z 方向传播）得 $\delta = \phi_s + \pi/2$，说明 t 时刻质点圈变形而成的椭圆长轴垂直于 $t - |\boldsymbol{x}|$ 时刻圆轨道上双星的连线。

2.5.3　匹配滤波

既然已经知道了引力波在探测器中引发怎样的信号，那么实际探测过程中出现这样的信号就表示可能探测到了引力波。但是因为探测器不可避免地受到周围环境的影响，其显示的数据既有可能出现的引力波信号又有周围环境的噪声。事实上，由于引力波的振幅太小，在探测器的数据中即使存在引力波信号也被埋没在噪声中无法辨认。因此，我们需要知道噪声的性质，从统计学的意义上过滤掉噪声，从而在探测器的数据中提取出引力波信号，这一过程就是信号处理中的匹配滤波。我们先从噪声的性质出发进行简单的介绍（这部分的内容参考文献 [30]）。

1. 统计学上对噪声的刻画

噪声可以看成是随机的时间序列 $n(t)$，也就是说每一时刻的噪声 $n_i := n(t_i)$ 是服从某种分布的随机变量。我们假设，数学上可以用高斯分布描述噪声，即时间序列 $\{t_1, t_2, \cdots, t_N\}$ 上的噪声 $\{n_1, n_2, \cdots, n_N\}$ 取值 $\{x_1, x_2, \cdots, x_N\}$ 的概率密度由多维高斯分布给出

$$p(\{n_1, n_2, \cdots, n_N\} = \{x_1, x_2, \cdots, x_N\})$$

$$= \sqrt{a}\,(2\pi)^{-N/2}\exp\left(-\frac{1}{2}\sum_{i,j}a(t_i, t_j)x_i x_j\right),$$

(2.163)

其中 a 为 $N \times N$ 矩阵 $a_{ij} := a(t_i, t_j)$ 的行列式。统计学上描述信号的一个重要的量是自关联函数，定义为

$$
\gamma(t_i, t_j) := \iint p\left(n_i = x_i, n_j = x_j\right) x_i x_j \mathrm{d}x_i \mathrm{d}x_j
$$

$$
= \int p\left(\{n_1, n_2, \cdots, n_N\} = \{x_1, x_2, \cdots, x_N\}\right) x_i x_j \mathrm{d}^N x. \quad (2.164)
$$

对于式 (2.163) 给出的噪声，可以得到 $N \times N$ 矩阵 $\gamma_{ij} := \gamma(t_i, t_j)$ 和 a_{ij} 互为逆矩阵。为了得到式 (2.163) 在离散的时间间隔趋于连续时的结果，考查恒等式

$$
\exp\left(2\pi \mathrm{i} f t_i\right) = \sum_{j,k} \exp\left(2\pi \mathrm{i} f t_j\right) \gamma_{jk} a_{ki}. \quad (2.165)
$$

在连续极限的情况下，我们有

$$
\sum_{j,k} \exp\left(2\pi \mathrm{i} f t_j\right) \gamma_{jk} a_{ki} \to \iint \exp\left(2\pi \mathrm{i} f t_j\right) \gamma(t_j, t_k) a(t_k, t_i) \mathrm{d}t_j \mathrm{d}t_k
$$

$$
= \iint \exp\left[2\pi \mathrm{i} f(t + \tau)\right] \gamma(t + \tau, t) a(t, t_i) \mathrm{d}t \mathrm{d}\tau. \quad (2.166)
$$

假设噪声是稳态的，即自关联函数 $\gamma(t_i, t_j)$ 只依赖于两个时刻的时间间隔，则可将其记为 $\gamma(t_i - t_j)$。引入时间函数 $g(t)$ 的傅里叶变换

$$
\tilde{g}(f) := \int g(t) \exp\left(2\pi \mathrm{i} f t\right) \mathrm{d}t, \quad (2.167)
$$

则式 (2.165) 在连续极限下给出

$$
\exp\left(2\pi \mathrm{i} f t_i\right) = \tilde{\gamma}(f)\, \tilde{a}(f, t_i). \quad (2.168)
$$

因此，忽略归一化因子，式 (2.163) 的连续极限为

$$
p\left(n(t) = x(t)\right) \propto \exp\left[-\frac{1}{2} \iint a(t, t') x(t) x(t') \mathrm{d}t \mathrm{d}t'\right]
$$

$$
= \exp\left[-\frac{1}{2} \int \frac{\tilde{x}(f) \tilde{x}^*(f)}{\tilde{\gamma}(f)} \mathrm{d}f\right], \quad (2.169)
$$

其中用到式 (2.168) 和积分等式

$$
\int g_1(t)\, g_2(t) \mathrm{d}t = \int \tilde{g}_1(f)\, \tilde{g}_2(f') \exp\left[-2\pi \mathrm{i}(f + f')t\right] \mathrm{d}f \mathrm{d}f' \mathrm{d}t
$$

$$= \int \tilde{g}_1(f)\,\tilde{g}_2(-f)\mathrm{d}f, \tag{2.170}$$

并且对于实函数 $x(t)$, 有 $\tilde{x}(-f) = \tilde{x}^*(f)$.

实际的信号处理中, 探测器的噪声由可以通过测量得到的噪声功率谱密度刻画, 其对频率的积分给出噪声的平均功率, 平均功率可定义为

$$P := \lim_{t_N - t_1 \to \infty} \frac{1}{t_N - t_1} \int |x(t)|^2 \mathrm{d}t = \lim_{t_N - t_1 \to \infty} \frac{1}{t_N - t_1} \int |\tilde{x}(f)|^2 \mathrm{d}f$$

$$= \lim_{t_N - t_1 \to \infty} \frac{1}{t_N - t_1} \int x(t)x(t') \exp\left[2\pi \mathrm{i} f(t - t')\right] \mathrm{d}t \mathrm{d}t' \mathrm{d}f. \tag{2.171}$$

在稳态噪声的假设下, 式 (2.164) 中的积分等于时间序列上 $x(t_i)x(t_j)$ 的平均值, 即

$$\gamma(\tau) = \lim_{t_N - t_1 \to \infty} \frac{1}{t_N - t_1} \int x(t + \tau)x(t)\mathrm{d}t, \tag{2.172}$$

因此式 (2.171) 化为

$$P = \lim_{t_N - t_1 \to \infty} \frac{1}{t_N - t_1} \int x(t' + \tau)x(t') \exp\left(2\pi \mathrm{i} f\tau\right) \mathrm{d}\tau \mathrm{d}t' \mathrm{d}f$$

$$= \int \gamma(\tau) \exp\left(2\pi \mathrm{i} f\tau\right) \mathrm{d}\tau \mathrm{d}f = \int \tilde{\gamma}(f) \mathrm{d}f, \tag{2.173}$$

可见自关联函数的傅里叶变换就是功率谱密度。对于实数函数 $x(t)$, 有 $\tilde{\gamma}(f) = \tilde{\gamma}(-f)$, 更常用单边功率谱密度 $S_n(f) := 2\tilde{\gamma}(f)$, 从而

$$P = \int_0^\infty S_n(f)\mathrm{d}f. \tag{2.174}$$

由于功率谱密度非负, 式 (2.169) 中的积分实际上给出了实信号空间上内积的一种定义, 记

$$\langle x(t), y(t) \rangle = \int \frac{\tilde{x}(f)\tilde{y}^*(f)}{S_n(f)} \mathrm{d}f, \tag{2.175}$$

则式 (2.169) 的结果可表示为

$$p\left(n(t) = x(t)\right) \propto \exp\left[-\langle x(t), x(t) \rangle\right]. \tag{2.176}$$

2. 数据中出现信号的概率

和噪声不同, 引力波在探测器中引起的信号并不是随机序列。如式 (2.151) 所表示, 给定波源的物理参数 μ, 信号 h 作为时间的函数可以确定地计算; 但是从贝

叶斯统计学的角度考虑，波源的物理参数可以看成是有一定先验概率分布的随机变量，可以在给定探测器数据的条件下计算它们各种取值出现的条件概率，也即其后验概率分布。当参数空间某一点附近的后验概率大于人为设定的阈值时，我们就认为数据中有引力波信号，并且波源的物理参数在相应的置信水平上也可由此得到。为了用数学符号表示这样的思想，由贝叶斯定理我们有

$$P(A|B) = \frac{P(B|A)P(A)}{P(B)}$$

$$= \frac{P(B|A)P(A)}{P(B|A)P(A) + P(B|\neg A)P(\neg A)} = \frac{\Lambda}{\Lambda + P(\neg A)/P(A)}, \quad (2.177)$$

其中，A 表示引力波信号存在；$\neg A$ 表示引力波信号不存在；B 表示探测器给出的数据；条件概率 $P(A|B)$ 表示在 B 成立的条件下 A 的概率。在贝叶斯统计学中，$P(A)$ 和 $P(\neg A)$ 被理解成先验概率，在不知道探测器的数据中是否有引力波信号时 $P(\neg A)/P(A)$ 不能设为零，此时无论贝叶斯因子

$$\Lambda = \frac{P(B|A)}{P(B|\neg A)} \quad (2.178)$$

有多大，探测器的数据中存在引力波信号的概率 $P(A|B)$ 都不可能为 1。但是只要 Λ 足够大，$P(A|B)$ 就可以足够接近 1。

接下来的问题就是如何在已知探测器数据的情况下计算 Λ。首先，注意到 $P(B|A)$ 表示所有可能的引力波信号存在时得到探测器数据的概率，它可表示为

$$P(B|A) = \int P(B|A(\boldsymbol{\mu}))\, p(\boldsymbol{\mu})\mathrm{d}\boldsymbol{\mu}, \quad (2.179)$$

这里，$\boldsymbol{\mu}$ 代表波源的多维参数；$A(\boldsymbol{\mu})$ 表示存在由参数为 $\boldsymbol{\mu}$ 的波源生成的引力波信号；$p(\boldsymbol{\mu})$ 则为参数取 $\boldsymbol{\mu}$ 的先验概率密度。记探测器所给出的数据为时间序列 $g(t)$，由参数为 $\boldsymbol{\mu}$ 的波源生成的引力波信号为时间序列 $h(t;\boldsymbol{\mu})$，那么存在 $h(t;\boldsymbol{\mu})$ 的条件就意味着

$$g(t) = h(t;\boldsymbol{\mu}) + n(t), \quad (2.180)$$

其中 $n(t)$ 为探测器的噪声时间序列。因此，由式 (2.176) 有

$$P(B|A(\boldsymbol{\mu})) = p(n = g - h(\boldsymbol{\mu})) \propto \exp\left[-\langle g - h(\boldsymbol{\mu}), g - h(\boldsymbol{\mu})\rangle\right], \quad (2.181)$$

这里为了符号的简单起见省略了各量对时间的依赖。同理，不存在引力波信号的条件就意味着 $g(t) = n(t)$，因此

$$P(B|\neg A) = p(n = g) \propto \exp\left(-\langle g, g\rangle\right). \quad (2.182)$$

由于式 (2.181) 和式 (2.182) 有相同的归一化因子，我们可得

$$\Lambda = \int \exp\left[2\langle g, h(\boldsymbol{\mu})\rangle - \langle h(\boldsymbol{\mu}), h(\boldsymbol{\mu})\rangle\right] p(\boldsymbol{\mu})\mathrm{d}\boldsymbol{\mu} := \int \Lambda(\boldsymbol{\mu})\mathrm{d}\boldsymbol{\mu}. \tag{2.183}$$

式 (2.183) 即为匹配滤波的核心公式，它告诉我们波源参数的后验概率密度 $\Lambda(\boldsymbol{\mu})$，据此可以判断数据中是否有引力波信号，而且一旦认为引力波信号存在，还可以对波源的参数进行估计。简单来说，先对参数空间离散化取点，对每一点计算后验概率密度 $\Lambda(\boldsymbol{\mu})$，如果其中 $\Lambda(\boldsymbol{\mu})$ 的最大值大于某一阈值，则认为数据中存在引力波信号，这时可以取 $\Lambda(\boldsymbol{\mu})$ 最大值对应的参数点作为波源参数的点估计。在此基础上，参数在置信水平 α 上的误差则由

$$\alpha = \frac{1}{\Lambda}\int_V \Lambda(\boldsymbol{\mu})\mathrm{d}\boldsymbol{\mu} \tag{2.184}$$

所确定的参数空间中的多维长方体各边边长的一半给出。实际处理中为了得到比较精确的结果，在得到参数的估计值后用马尔可夫链-蒙特卡罗等方法在此估计值附近撒点。

那么 $\Lambda(\boldsymbol{\mu})$ 的阈值设置为多少可以比较准确地判断引力波信号存在与否呢？这就需要考虑匹配滤波的误报率（参考文献 [12] 中 7.4 节的讨论）。定义时域上的滤波函数 $K(t;\boldsymbol{\mu})$ 为

$$K(t;\boldsymbol{\mu}) := \int \frac{\tilde{h}(f;\boldsymbol{\mu})}{S_n(f)}\mathrm{e}^{-2\pi\mathrm{i}ft}\mathrm{d}f, \tag{2.185}$$

其对数据 $g(t) = h(t;\boldsymbol{\mu}) + n(t)$ 的作用记为

$$G = \int g(t)K(t;\boldsymbol{\mu})\mathrm{d}t = \langle h(\boldsymbol{\mu}), h(\boldsymbol{\mu})\rangle + \langle n, h(\boldsymbol{\mu})\rangle = S + X, \tag{2.186}$$

这里 $S = \langle h(\boldsymbol{\mu}), h(\boldsymbol{\mu})\rangle$ 为一确定的数值，$X = \langle n, h(\boldsymbol{\mu})\rangle$ 为一满足高斯分布的随机变量，其平均值为 0，方差为 $N := \sqrt{\frac{1}{2}\langle h(\boldsymbol{\mu}), h(\boldsymbol{\mu})\rangle}$。因此，$G/N$ 也是满足高斯分布的随机变量，其平均值 S/N 即为严格意义上的信噪比，其方差为 1。由于 G/N 的取值反映了真实数据中信号和噪声的相对强弱，因此通常也把它称为信噪比。但是 G 可以取负值，这和信噪比一般取正值的定义不符，所以用随机变量 $R := G^2/N^2$ 来刻画真实数据中信号和噪声的相对强弱，其分布为

$$p(R)\mathrm{d}R = \frac{1}{2\sqrt{2\pi R}}\left\{\exp\left[-\frac{1}{2}\left(\sqrt{R} - \frac{S}{N}\right)^2\right] + \exp\left[-\frac{1}{2}\left(\sqrt{R} + \frac{S}{N}\right)^2\right]\right\}\mathrm{d}R$$

$$= \frac{1}{\sqrt{2\pi R}} \exp\left[-\frac{1}{2}\left(R + \frac{S^2}{N^2}\right)\right] \cosh\left(\frac{S}{N}\sqrt{R}\right) dR. \tag{2.187}$$

匹配滤波的误报率可以定义为当数据中无引力波信号时，随机变量 R 大于某一阈值 R_{th} 的累积概率，即

$$P_{\mathrm{FA}} = \int_{R_{\mathrm{th}}}^\infty p(R)\Big|_{S/N=0} dR = \int_{R_{\mathrm{th}}}^\infty \frac{1}{\sqrt{2\pi R}} \exp\left(-\frac{1}{2}R\right) dR. \tag{2.188}$$

显然 R_{th} 设置得越大，误报率越小。举例来说，地面探测器大约能观测到距并合毫秒时长的致密双星所发射出的引力波。因此，如果 1 年中不间断地观测约 10^7 s，用来匹配滤波的数据序列会有约 10^{10} 段，每一段都和参数空间中的 10^5 个点给出的信号波形分别匹配滤波，则共匹配滤波 10^{15} 次。如果要求在这么多次匹配滤波中实际数据序列并无引力波信号，但是因为噪声导致 $R > R_{\mathrm{th}}$ 的次数只有几次，那么也就是要求误报率 $P_{\mathrm{FA}} \sim 10^{-15}$，则式 (2.188) 给出 $R_{\mathrm{th}} \sim 64$，换算成信噪比则为 $\sqrt{R_{\mathrm{th}}} \sim 8$；也即是说，一旦有参数空间中的点 $\boldsymbol{\mu}$ 给出的信号波形 $h(\boldsymbol{\mu})$ 和数据的匹配满足

$$\frac{\langle g, h(\boldsymbol{\mu})\rangle}{\sqrt{\frac{1}{2}\langle h(\boldsymbol{\mu}), h(\boldsymbol{\mu})\rangle}} \gtrsim 8, \tag{2.189}$$

就可以进一步考察数据中是否存在引力波信号了。为了估计对应的 $\Lambda(\boldsymbol{\mu})$ 的阈值，取 $\langle g, h(\boldsymbol{\mu})\rangle \sim \langle h(\boldsymbol{\mu}), h(\boldsymbol{\mu})\rangle$，则有 $\Lambda_{\mathrm{th}}(\boldsymbol{\mu}) \sim \mathrm{e}^{32} p(\boldsymbol{\mu}) \sim 10^{13} p(\boldsymbol{\mu})$。

2.6　小　　结

　　本章中我们依次讨论了引力的线性近似（2.2 节）、引力的后牛顿展开（2.3 节）、双星绕转的引力波辐射（2.4 节），以及激光干涉仪引力波探测器对引力波的探测（2.5 节）。在引力的线性近似部分，我们引入格林函数求解了线性近似后变成波动方程的爱因斯坦场方程，并且证明了波动解中的物理分量仅为两个，即度规微扰的横向无迹部分。在引力的后牛顿展开一节（2.3 节），我们用爱因斯坦场方程的朗道–栗弗席兹形式做微扰论处理，得到了完整的比牛顿引力更高一阶的修正项，也就是通常所说的一阶后牛顿解。这一部分的处理参考了文献 [11]。限于文章的篇幅，事实上对观测至关重要的更高阶后牛顿修正项在这里没有涉及，对这方面感兴趣的读者请参阅文献 [11,12,31]。在双星绕转的引力波辐射一节（2.4 节），我们推导了一阶后牛顿解下的两体约化运动方程，并且分别解析和数值地计算了圆轨道和一般轨道上双星辐射的引力波，最后利用引力波携带能量的方程计算了圆轨道半径减小的速率。在引力波的探测部分，我们给出了激光干涉仪探

测器中引力波的应力信号，然后介绍了用匹配滤波的方法处理观测数据的基本原理。必须指出，一阶后牛顿轨道在精度上是不足以计算能够用于地面探测器数据匹配滤波的信号波形的，我们的目的在于为读者建立一个较为牢固的概念基础，想要了解实际引力波数据处理中所用的波形并希望在探测器数据处理方面工作的读者，推荐进一步参阅文献 [12,31]。

作 者 简 介

邵立晶，北京大学科维理天文与天体物理研究所研究员、博士生导师，第四届中国科协青年人才托举工程入选者，现担任北京大学科维理天文与天体物理研究所与德国马克斯·普朗克射电天文学研究所的"马普伙伴合作组"组长，主要从事引力理论检验、引力波、中子星与脉冲星等相对论性天体物理的研究。2015 ～ 2017年曾为"激光干涉引力波天文台"（LIGO）科学合作组成员，为其构建研发的引力波波形模板库，在引力波的搜寻和参数估计等方面发挥了重要的作用，并持续被LIGO / Virgo / KAGRA 合作组大规模应用到实际的引力波数据分析中。从 2018年起为"神冈引力波探测器"（KAGRA）合作组成员、"事件视界望远镜"（EHT）合作组成员；因为人类首张黑洞照片的工作，2020 年邵立晶与 EHT 合作组 347位科学家共享了"基础物理学突破奖"。

徐睿，本科毕业于南京大学天文系，于美国印第安纳大学取得物理学博士学位，后在北京大学科维理天文与天体物理研究所从事博士后研究工作，现为清华大学天文系博士后研究员。先后获得印第安纳大学优秀研究生奖，北京大学博雅博士后奖学金，北京大学优秀博士后奖。主要研究方向为广义相对论及其替代引力理论中的致密天体结构和运动，工作成果包括在一系列引力替代理论中详细考察了宇宙中可能存在的标量场、矢量场及张量场对中子星和黑洞这类致密天体结构和运动的影响。

参 考 文 献

[1] Wheeler J A, Ford K, Goldhaber M. Geons, black holes and quantum foam: A life in physics. Physics Today, 1999, 52(5): 63-64.

[2] Hulse R A, Taylor J H. Astrophys. J. Lett., 1975, 195: L51-L53.

[3] Taylor J H, Weisberg J M. Astrophys. J., 1982, 253: 908-920.

[4] Taylor J H, Weisberg J M. Astrophys. J., 1989, 345: 434-450.

[5] Abbott B P, et al. Phys. Rev. Lett., 2016, 116(6): 061102.

[6] Abbott B P, et al. Phys. Rev. X, 2019, 9(3): 031040.

[7] Abbott R, et al. Phys. Rev. X, 2021, 11: 021053.

[8] Abbott R, et al. GWTC-2.1: Deep Extended Catalog of Compact Binary Coalescences Observed by LIGO and Virgo During the First Half of the Third Observing Run, 2021.

[9] Abbott R, et al. GWTC-3: Compact Binary Coalescences Observed by LIGO and Virgo During the Second Part of the Third Observing Run, 2021.

[10] Abbott B P, et al. Astrophys. J., 2017, 848(2): L12.

[11] Poisson E, Will C M. Gravity: Newtonian, Post-Newtonian, Relativistic. Cambridge: Cambridge University Press, 2014.

[12] Maggiore M. Gravitational Waves. Vol. 1: Theory and Experiments. Oxford Master Series in Physics. Oxford: Oxford University Press, 2007.

[13] Jackson J D. Classical Electrodynamics. Wiley, 1998.

[14] Landau L D, Lifschits E M. The Classical Theory of Fields, volume 2 of Course of Theoretical Physics. Oxford: Pergamon Press, 1975.

[15] Wald R M. General Relativity. Chicago: Chicago University Press, 1984.

[16] Weber J. Phys. Rev. Lett., 1966, 17: 1228-1230.

[17] Weber J. Phys. Rev. Lett., 1968, 20(23): 1307.

[18] Giazotto A. Nucl. Instrum. Meth. A, 1990, 289: 518-525.

[19] Abramovici A, et al. Science, 1992, 256: 325-333.

[20] Somiya K. Class. Quant. Grav., 2012, 29: 124007.

[21] Grote H. Class. Quant. Grav., 2008, 25: 114043.

[22] Unnikrishnan C S. Int. J. Mod. Phys. D, 2013, 22: 1341010.

[23] Reitze D, et al. Bull. Am. Astron. Soc., 2019, 51(7): 035.

[24] Punturo M, et al. Class. Quant. Grav., 2010, 27: 194002.

[25] Amaro-Seoane P, et al. Laser Interferometer Space Antenna, 2017, arXiv:1702.00786.

[26] Hu W R, Wu Y L. Natl. Sci. Rev., 2017, 4(5): 685-686.

[27] Luo J, et al. Class. Quant. Grav., 2016, 33(3): 035010.

[28] Lentati L, et al. Mon. Not. Roy. Astron. Soc., 2015, 453(3): 2576-2598.

[29] Manasse F K, Misner C W. Journal of Mathematical Physics, 1963, 4(6): 735-745.

[30] Finn L S. Phys. Rev. D, 1992, 46: 5236-5249.

[31] Buonanno A. Gravitational waves. In Les Houches Summer School - Session 86: Particle Physics and Cosmology: The Fabric of Spacetime, 2007.

第三章 极端质量比旋近：动力学和引力波

韩文标，张晨，杨舒程

3.1 引　言

　　LIGO 引力波探测的成功，激励中国、澳大利亚和日本及欧盟等多个国家和地区积极开展引力波探测计划的研发。其中欧盟的 LISA，中国的太极和天琴计划等，均为空间引力波探测器。欧空局 2015 年发射了 LISA 的先期验证项目，由于运行结果良好[1]，LISA 团队后续 L3 项目的申请获得批准。与此同时，为加快我国引力波探测研究，我国太极和天琴计划也在加快筹建中，两个计划均已发射了首颗技术验证卫星。

　　空间引力波探测器瞄准了低频（敏感频段在 0.1mHz~1Hz）引力波信号。主要的波源有：① 超大质量、中等质量双黑洞并合，② 极端质量比或者中等质量比旋近系统，③ 河内致密双星，④ 早期旋近阶段的 LIGO 型双黑洞以及宇宙学波源等。其中第二类根据质量比可以分为两种。一是极端质量比旋近（extreme-mass-ratio inspirals, EMRIs），由恒星质量致密天体（黑洞、中子星、白矮星等）绕转超大质量黑洞构成；二是中等质量比旋近（intermediate-mass-ratio inspirals, IMRIs），由恒星质量致密天体绕转中等质量黑洞或中等质量黑洞绕转超大质量黑洞组成。

　　本章主要讨论极端质量比旋近系统，如上所述，该系统一般由恒星级致密天体（黑洞、中子星、白矮星等）被超大质量黑洞捕获，进而在 10 个引力半径附近的轨道高速绕转。由于引力波辐射带走轨道角动量和能量，致密天体会慢慢地越来越接近黑洞，最终被黑洞并合。轨道缓慢衰减接近黑洞的过程称为旋近，又因为质量比相差悬殊（一般 $10^{-4} \sim 10^{-7}$），所以称为极端质量比旋近。因为致密天体绕转带走的能量相比系统总能量非常小，因此旋近的时标长（在空间引力波频段可达若干年），小天体在并合前将在接近视界面的区域长时间高速振荡，其丰富的引力波信息可提取黑洞视界附近的物理性质，从而是探测黑洞本质的最重要工具之一。学术界普遍认为在大多数星系[2] 的中心存在超大质量黑洞（空间引力波探测器灵敏频段的超大质量黑洞的典型质量范围大约在 10^5 到 10^7 个太阳质量（$M_\odot$）之间）。

EMRI 是最重要的低频引力波波源之一[3-5]，小致密天体辐射引力波的过程中，轨道失去能量，远心点收缩，而近心点几乎没有变化。经过多次能量损失，轨道不断圆化，并持续地周期性辐射引力波信号[5,6]。由于 EMRI 信号可以通过高持续时间积累高信噪比，参数估计将更加精确，而且空间引力波探测器有高灵敏度，EMRI 探测红移可以达到 $z \sim 4$。

EMRIs 的轨道具有偏心率和轨道倾角，还具有高度相对论性。小型致密天体在绕转靠近大质量黑洞的轨道上会运行 $10^3 \sim 10^5$ 圈，并表现出轨道的近心点进动和轨道平面的进动。这一方面使得致密天体可以作为试验粒子探索强引力场的诸多时空信息，另一方面也使得致密天体的轨道计算十分复杂，增加了 EMRI 波形计算的难度，如图 3.1 所示。

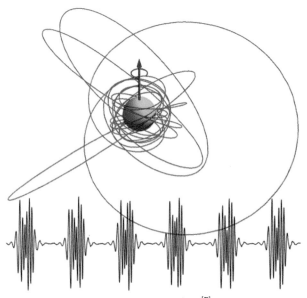

图 3.1　EMRI 波形[7]

EMRIs 在基础物理学、天文学和宇宙学等方面具有很高的研究价值[8]。从天文学的角度，通过探测 EMRIs，可以精确测量中心大质量黑洞质量、自旋、四极矩等参数，解决黑洞本性等关键科学问题[3]。EMRIs 的天文价值还体现在可以发现大质量黑洞周围暗物质的存在上，当大质量黑洞周围有暗物质聚集时，这些暗物质会对小天体产生动力学摩擦从而改变小天体的运行轨迹，进而影响 EMRI 波形[9,10]，因此通过探测 EMRI 可以验证大质量黑洞周围是否存在暗物质[11]。从宇宙学领域来说，EMRIs 可以作为标准汽笛对宇宙学参数进行限制[12]，若能精确定位波源的光度距离并且找到电磁对应体获得红移信息，就可以对哈勃参数做出限制。从基础物理领域来说，EMRIs 可以用来检验广义相对论[13]，不同引力理论下产生的 EMRIs 波形不同，通过探测 EMRIs 波形可以对引力理论进行验证。

本章将对极端质量比旋近的动力学方程、引力波的计算等进行介绍。

3.2　试验粒子的运动

很多情况下，EMRI 由于质量比相差悬殊，小质量的致密天体对背景引力场的贡献很小可以忽略，因此可以近似看成试验粒子。目前比较流行的 EMRI 波形模板软件如 AK(analytical kludge)、NK（numerical kludge）以及 AAK 等均采用试验粒子来计算 EMRI 的轨道运动。试验粒子的运动方程就是在弯曲时空中的测地线方程。自由下落的粒子在引力场中做测地线运动，其运动方程是

$$\frac{\mathrm{d}^2 x^\lambda}{\mathrm{d}\tau^2} + \Gamma^\lambda_{\mu\nu} \frac{\mathrm{d}x^\mu}{\mathrm{d}\tau} \frac{\mathrm{d}x^\nu}{\mathrm{d}\tau} = 0 , \tag{3.1}$$

其中，τ 为原时；$\Gamma_{\mu\nu}$ 是克里斯托夫记号。考虑到 EMRI 系统中心黑洞一般带有自旋，因此用 Kerr 度规来描述中心黑洞引力场是非常合适的。在 Boyer-Lindquist 坐标中，Kerr 度规的形式为

$$\mathrm{d}s^2 = -\left(1 - \frac{2Mr}{\Sigma}\right) \mathrm{d}t^2 - \frac{4Mar\sin^2\theta}{\Sigma} \mathrm{d}\phi \mathrm{d}t + \frac{\Sigma}{\Delta} \mathrm{d}r^2 \tag{3.2}$$

$$+ \Sigma \mathrm{d}\theta^2 + \left(r^2 + a^2 + \frac{2Mra^2\sin^2\theta}{\Sigma}\right) \sin^2\theta \mathrm{d}\phi^2 , \tag{3.3}$$

其中，

$$a \equiv J/M \text{ 为 Kerr 参数}, \quad \Sigma \equiv r^2 + a^2\cos^2\theta, \quad \Delta \equiv r^2 - 2Mr + a^2. \tag{3.4}$$

Kerr 时空中的测地线运动，除了允许能量、角动量守恒以及四速归一外，还存在另外一个守恒量，即 Carter 常数 [14]。四个守恒量正好对应四个坐标分量（t, r, θ, ϕ），因此测地线方程存在首次积分。

我们通过哈密顿量 [15] 来给出试验粒子的运动方程，

$$H(x^\alpha, p_\beta) = \frac{1}{2} g^{\mu\nu} p_\mu p_\nu, \tag{3.5}$$

在这个方程中，度规 $g^{\mu\nu}$ 为坐标 x^α 的函数，p_β 为粒子的四动量（协变形式）也是坐标的函数。代入克尔度规在 Boyer-Lindquist 坐标 (t, r, θ, ϕ) 下的形式就得到哈密顿量的确切形式

$$H^{(\mathrm{BL})}(x^\alpha, p_\beta) = -\frac{(r^2 + a^2)^2 - \Delta a^2 \sin^2\theta}{2\Delta\Sigma}\,(p_t)^2 - \frac{2aMr}{\Delta\Sigma}\,p_t\,p_\phi$$

$$+ \frac{\Delta - a^2 \sin^2\theta}{2\Delta\Sigma \sin^2\theta}\,(p_\phi)^2 + \frac{\Delta}{2\Sigma}\,(p_r)^2 + \frac{1}{2\Sigma}\,(p_\theta)^2, \tag{3.6}$$

其中 M 为克尔黑洞的质量。

如果找到规范变换 $\Phi: (x^\alpha, p_\beta) \mapsto (X^\alpha, P_\beta)$ 使得哈密顿量在所有新的广义坐标 X^α 中变成周期循环的 $H^{(\mathrm{cycl})}$, 即有 $(H^{(\mathrm{BL})} \circ \Phi^{-1})(X^\alpha, P_\beta) = H^{(\mathrm{cycl})}(P_\beta)$, 则可以确定一组完整的运动常数, 而且变换后的动量 P_β 在粒子的世界线上是守恒的。这种规范变换 $W(x^\alpha, P_\beta)$ 被称为特征函数, 由哈密顿-雅可比微分方程确定

$$g^{\mu\nu}\frac{\partial W}{\partial x^\mu}\frac{\partial W}{\partial x^\nu} + \mu^2 = 0, \tag{3.7}$$

解这个方程可以得到三个积分常数 E, L_z 和 Q, 除此之外还有沿粒子世界线计算的哈密顿量的值 $-\mu^2/2$。变换后的动量 P_β 可以选择包含这些常量的任何函数, 即有 $P_\beta = f_\beta(-\mu^2/2, E, L_z, Q)$, 假设 f 是双射且 $\mathcal{C}^\infty$, 广义坐标 $X^\alpha = \partial W/\partial P_\alpha$ 由以下哈密顿方程获得

$$\mu\frac{\mathrm{d}X^\alpha}{\mathrm{d}\tau} = \frac{\partial H^{(\mathrm{cycl})}}{\partial P_\alpha} = \nu^\alpha, \tag{3.8}$$

其中 ν^α 是一个常数。因此广义坐标的表达式即 $X^\alpha(\tau) = X^\alpha(0) + \nu^\alpha\tau$。

对于克尔时空中的测地线运动, 运动常数 $E := -p_t$, $L_z := p_\phi$ 与坐标 t 和 ϕ 下度规的等距变换有关。E 和 L_z 可以分别解释为观察者在空间无穷远处看到的粒子能量和轴向角动量分量。Q 是通过径向和极向运动的分离变量获得的, 被叫做卡特常数。有了这四个运动常数, 即 μ, E, L_z 和 Q, 就可以得出特征函数 W 为

$$W = -Et + \int \frac{\sqrt{R}}{\Delta}\,\mathrm{d}r + \int \sqrt{\Theta}\,\mathrm{d}\theta + L_z\phi, \tag{3.9}$$

其中

$$R = \left[(r^2 + a^2)E - aL_z\right]^2 - \Delta[\mu^2 r^2 + (L_z - aE)^2 + Q], \tag{3.10a}$$

$$\Theta = Q - \left[(\mu^2 - E^2)a^2 + \frac{L_z^2}{\sin^2\theta}\right]\cos^2\theta, \tag{3.10b}$$

又因为 $p_\beta = g_{\beta\alpha}\partial W/\partial x^\alpha$, 也就是 Boyer-Lindquist 坐标下的四维动量用运动常数来表达的形式为

$$p_t = -E, \qquad p_\phi = L_z,$$
$$\Delta^2 p_r^2 = R, \qquad p_\theta^2 = \Theta, \tag{3.11}$$

进一步可以得到以下一阶运动方程[14,15]：

$$\mu \Sigma \frac{\mathrm{d}t}{\mathrm{d}\tau} = \frac{r^2 + a^2}{\Delta} P - a \left(aE \sin^2 \theta - L_z \right), \tag{3.12}$$

$$\mu \Sigma \frac{\mathrm{d}r}{\mathrm{d}\tau} = \pm \sqrt{R}, \tag{3.13}$$

$$\mu \Sigma \frac{\mathrm{d}\theta}{\mathrm{d}\tau} = \pm \sqrt{\Theta}, \tag{3.14}$$

$$\mu \Sigma \frac{\mathrm{d}\phi}{\mathrm{d}\tau} = \frac{a}{\Delta} P - aE + \frac{L_z}{\sin^2 \theta}, \tag{3.15}$$

其中 $P = E(r^2 + a^2) - aL_z$。

如果选择动量使得哈密顿量等于 P_0，即有 $H(P_\beta) = P_0$，然后我们得到 $\nu^0 = 1$ 和 $\nu^k = 0$。将特征函数代入恒等式 $\partial W / \partial P_0 = \tau + X^0(0)$ 且 $\partial W / \partial P_k = X^k(0)$，再以合适方式调整常数 $X^\alpha(0)$，就可以得出下面经典的运动积分[14,15]：

$$\tau - \tau_0 = \int_{r_0}^r \frac{r'^2}{\sqrt{R}} \, \mathrm{d}r' + \int_{\theta_0}^\theta \frac{a^2 \cos^2 \theta'}{\sqrt{\Theta}} \, \mathrm{d}\theta', \tag{3.16a}$$

$$t - t_0 = \frac{1}{2} \int_{r_0}^r \frac{1}{\Delta \sqrt{R}} \frac{\partial R}{\partial E} \, \mathrm{d}r' + \frac{1}{2} \int_{\theta_0}^\theta \frac{1}{\sqrt{\Theta}} \frac{\partial \Theta}{\partial E} \, \mathrm{d}\theta', \tag{3.16b}$$

$$\phi - \phi_0 = -\frac{1}{2} \int_{r_0}^r \frac{1}{\Delta \sqrt{R}} \frac{\partial R}{\partial L_z} \, \mathrm{d}r' - \frac{1}{2} \int_{\theta_0}^\theta \frac{1}{\sqrt{\Theta}} \frac{\partial \Theta}{\partial L_z} \, \mathrm{d}\theta', \tag{3.16c}$$

$$\int_{r_0}^r \frac{\mathrm{d}\theta'}{\sqrt{R}} = \int_{\theta_0}^\theta \frac{\mathrm{d}\theta'}{\sqrt{\Theta}}. \tag{3.16d}$$

通常，由于 $r(\tau)$ 和 $\theta(\tau)$ 不是时间的周期函数，等式 (3.16b) 在对径向或极向运动的各个周期进行积分时会计算出不同的坐标时间隔，因此粒子分别在径向和极向的运动会有明显的拐点。在图 3.2 中我们绘制了能量为 0.8337、角动量为 2.0667 的试验粒子绕自旋为 1 的极端克尔黑洞的轨道，对应的轨道半通径为 6，偏心率为 0.5。

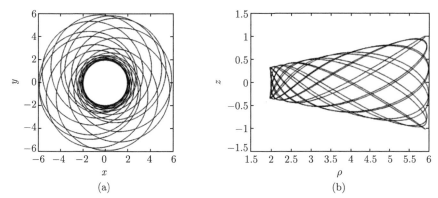

图 3.2 Kerr 时空中的试验粒子轨道。(a) x-y 平面上的投影，(b) 投影到 z 轴平面

3.3 延展体在强场中的运动

进一步，如果考虑致密天体的细节（比如自旋）甚至多极矩，可以更加精确地研究 EMRI 的轨道运动。这种情况下，测地线运动不再成立，取而代之是所谓的 MPD（Mathission-Papapetrou-Dixon）方程，可以用来描述延展体在弯曲时空背景中的运动问题。其中，Mathission 和 Papapetrou 给出了描述自旋粒子运动的单极-偶极方程 [16,17]，而 Dixon 将其扩展到包含任意多极矩的情形[18]。方程写成

$$\dot{p}^{\mu} = -\frac{1}{2}R_{\mu\nu\alpha\beta}\upsilon^{\nu}S^{\alpha\beta} - F^{\mu}, \tag{3.17}$$

$$\dot{S}^{\mu\nu} = 2p^{[\mu}\upsilon^{\nu]} + F^{\mu\nu}, \tag{3.18}$$

其中，字母上方的点表示协变微分；$p^{\mu} = mu^{\mu}$ 是总动量；$S^{\alpha\beta}$ 是反对称自旋张量；m 是动力学质量；$\upsilon^{\mu} = \mathrm{d}x^{\mu}/\mathrm{d}\tau$ 运动学四速度；τ 为仿射参数，如果取到四极矩，我们有

$$F^{\mu} \equiv \frac{1}{6}J^{\alpha\beta\gamma\sigma}\nabla^{\mu}R_{\alpha\beta\gamma\sigma}, \tag{3.19}$$

$$F^{\mu\nu} \equiv \frac{4}{3}J^{\alpha\beta\gamma[\mu}R^{\nu]}_{\gamma\alpha\beta}, \tag{3.20}$$

这里 $J^{\alpha\beta\gamma\sigma}$ 为四极矩张量。

上述方程不是闭合形式。延展体的质心和仿射参数 τ 应该由两个补充条件决定。普遍采用补充条件 $u_{\nu}S^{\mu\nu} = 0$ 来确定质心[19,20]，也是本章中所使用的条件（少数文献中会采用 $\upsilon_{\nu}S^{\mu\nu} = 0$ 这样的条件，参见文献 [21] 对不同条件的比较讨

论）。正交条件 $u^\mu v_\mu = -1$ 被用来确定参数 τ。这个条件在文献 [22] 中给出并且被大多数研究人员使用，例如文献 [23–28]。一般来说，动力学质量 m 不是一个常数，可以由 $p^\mu p_\mu = -m^2$ 来确定。根据前面的定义，它满足 $u^\mu u_\mu = -1$。采用文献 [29] 中对于自旋试验粒子的类似过程，从方程 (3.18)，我们有

$$p_\nu \dot S^{\mu\nu} = m^2 v^\mu - m p^\mu + F^{\mu\nu} p_\nu, \tag{3.21}$$

以及

$$v^\mu = m^{-2}(p_\nu \dot S^{\mu\nu} + m p^\mu - F^{\mu\nu} p_\nu). \tag{3.22}$$

将方程 (3.22) 代入方程 (3.17)，并且乘上 $S^{\sigma\mu}$ 得到

$$2m^2 \dot p_\mu S^{\sigma\mu} = - m R_{\mu\nu\alpha\beta} p^\nu S^{\sigma\mu} S^{\alpha\beta} - R_{\mu\nu\alpha\beta} p_\delta \dot S^{\nu\delta} S^{\sigma\mu} S^{\alpha\beta} \tag{3.23}$$

$$+ R_{\mu\nu\alpha\beta} F^{\nu\delta} p_\delta S^{\sigma\mu} S^{\alpha\beta} - 2m^2 F_\mu S^{\sigma\mu}. \tag{3.24}$$

使用

$$R_{\mu\nu\alpha\beta} S^{\nu\delta} S^{\sigma\mu} = -\frac{1}{2} R_{\mu\nu\alpha\beta} S^{\sigma\delta} S^{\mu\nu}, \tag{3.25}$$

$$\dot p_\delta S^{\nu\delta} = -p_\delta \dot S^{\nu\delta}, \tag{3.26}$$

联合方程 (3.21)，最终我们得到四速度和线动量之间的关系：

$$m^2 v^\sigma = m p^\sigma - F^{\sigma\nu} p_\nu \tag{3.27}$$

$$+ \frac{2m R_{\mu\nu\alpha\beta} p^\nu S^{\sigma\mu} S^{\alpha\beta} - 2 R_{\mu\nu\alpha\beta} F^{\nu\delta} p_\delta S^{\sigma\mu} S^{\alpha\beta} + 4m^2 F_\mu S^{\sigma\mu}}{4m^2 + R_{\mu\nu\alpha\beta} S^{\mu\nu} S^{\alpha\beta}}. \tag{3.28}$$

另外，也可以选择 $v^\mu v_\mu = -1$ 使得 τ 为原时，得到运动学质量 $\bar m \equiv p^\mu v_\mu$（详见文献 [26]）。这在单极偶极近似[29–32]中效果很好，但我们发现在包含四极的情况下它在轨道演化过程中并不能总是保持补充条件。对于正交条件 $u^\mu v_\mu = -1$，$m = \bar m$，简化计算并得到显式关系（3.28）。我们的数值模拟表明，这不仅适用于自旋试验粒子，而且适用于具有四极矩的延展体。

求解上述方程必须事先给出满足约束条件的初始条件，我们下面以圆轨道为例来说明如何计算出合适的初始值。当我们讨论黑洞周围的运动时，圆轨道非常重要。例如，通过引力波 (GW) 信号或脉冲星计时观测轨道频率，可以确定致密物体的自旋和四极值，然后约束它们的状态方程。对于试验粒子，有一个简单而精确的表达式来确定圆形轨道。对于单极-偶极近似，情况变得复杂，表达式很长

但仍然可以接受[33,34]。然而，当我们考虑延展体时，需要用数值方法来给出圆轨道条件。数值求解更容易和准确，但原则上也可以找到非常复杂的解析解。

按照我们之前工作[34]中描述的方法，圆轨道要求 $v^r = u^r = 0$、$v^\theta = u^\theta = 0$ 和对于确定半径 r 的另外两个条件：

$$u^t u_t + u^\phi u_\phi = -1, \qquad \dot{p}^r(u^t, u^\phi) = 0, \tag{3.29}$$

其中点表示 $\mathrm{d}/\mathrm{d}\tau$。根据这些约束条件，原则上可以给出 u^t, u^ϕ 和轨道频率 Ω_ϕ 的初始条件的解析表达式。但是，表达式太长，不方便使用。数值搜寻方程 (3.29) 的根更方便。例如，我们可由 Monte-Carlo 方法来找出方程 (3.29) 的解。

引入自旋矢量 S_μ，

$$S_\mu = -\frac{1}{2}\epsilon_{\mu\nu\alpha\beta}u^\nu S^{\alpha\beta}. \tag{3.30}$$

对赤道圆轨道，唯一的自旋非零分量为 S^θ。其反变换为

$$S^{\mu\nu} = \epsilon^{\mu\nu\alpha\beta}u_\alpha S_\beta, \tag{3.31}$$

其中 $\epsilon^{\mu\nu\alpha\beta} = \varepsilon^{\mu\nu\alpha\beta}/\sqrt{-g}$ 是一个张量以及 $\varepsilon^{\mu\nu\alpha\beta}$ 为 Levi-Civita 符号 ($\varepsilon_{0123} \equiv 1$, $\varepsilon^{0123} \equiv -1$)。

自旋的绝对大小 S 能够这样引入

$$S^2 = S^\mu S_\mu = \frac{1}{2}S^{\mu\nu}S_{\mu\nu}, \tag{3.32}$$

然后我们有 $S^\theta = -S/\sqrt{g_{\theta\theta}}$。因此，对于圆赤道轨道，我们只有 4 个自旋张量的非零分量，即

$$S^{tr} = -S^{rt} = -Su_\phi/r, \qquad S^{r\phi} = -S^{\phi r} = -Su_t/r. \tag{3.33}$$

将这些量代入非线性方程 (3.29)，然后使用 Monte-Carlo 搜根方法，我们可以解出 u^t, u^ϕ 并使得误差小于 10^{-15}，然后就可以得到圆轨道的 v^t, v^ϕ。数值模拟表明，我们的初始数据得到了计算机精度的圆轨道。

图 3.3 展示两个延展体绕转黑洞的三维轨道，可以看出，即使自旋多极矩参数有小的不同，初始条件完全相同，轨道很快就会彻底分离。

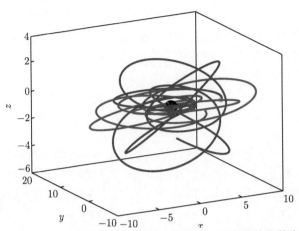

图 3.3　两个延展体绕转黑洞的三维轨道。延展体的参数为
$E = 0.9237, L_z = 2.8, S = 1, C_Q = 2$（红）以及 $C_Q = 0$（灰）. 初始时刻，两个延展体的位置
为 $r = 6, \theta = \pi/2, \phi = 0$ 以及 $p^\theta = 0$

3.4　引力波的四极辐射

爱因斯坦广义相对论的一个重要预言就是引力波，引力场的四极变化能够辐射引力波，以光速传播。Talor 和 Wolszczan 通过观察脉冲双星的轨道变化，找到了引力波存在的间接证据，获得了 1993 年诺贝尔物理学奖。2015 年，美国 LIGO 首次直接观测到两个黑洞并合发出的引力波（GW150914）。对引力辐射的研究将有助于我们了解强引力场的物理机制，检验最基本的物理理论，还可以在广义相对论和微观物理之间搭起桥梁。要想探测引力波，除了有极其敏感的天线以外，一个符合物理现实的引力波理论模板是必须的，否则，我们就无法把有价值的引力波信号从杂乱无章的噪声背景中区分出来。而高度非线性化的爱因斯坦场方程和极端物理条件下的引力波源都给这些研究带来了极大的困难。引力波的计算目前主要有数值相对论、黑洞微扰以及后牛顿近似等方法。本小节讨论最简单的四极近似的引力波计算形式。我们先简单地介绍一下弱场近似，引入引力波的概念。

首先假设引力场接近于 Minkowski 度规：

$$g_{\mu\nu} = \eta_{\mu\nu} + h_{\mu\nu}. \tag{3.34}$$

这里的 $|h_{\mu\nu}| \ll 1$, 准确到 h 的第一阶，仿射联络和 Ricci 张量可以写成

$$\Gamma^\lambda_{\mu\nu} = \frac{1}{2}\eta^{\lambda\rho}\left(\frac{\partial h_{\rho\nu}}{\partial x^\mu} + \frac{\partial h_{\rho\mu}}{\partial x^\nu} - \frac{\partial h_{\mu\nu}}{\partial x^\rho}\right) + O\left(h^2\right), \tag{3.35}$$

$$R_{\mu\nu} = \frac{1}{2}\left(\Box h_{\mu\nu} - \frac{\partial^2 h^\lambda_{\ \nu}}{\partial x^\lambda \partial x^\mu} - \frac{\partial^2 h^\lambda_{\ \mu}}{\partial x^\lambda \partial x^\nu} + \frac{\partial^2 h^{\lambda\lambda}}{\partial x^\mu \partial x^\nu}\right) + O\left(h^2\right), \tag{3.36}$$

其中 □ 为协变的达朗贝尔算符。注意, 现在只要我们只精确到 h 的第一阶, 就需要用 $\eta^{\mu\nu}$ 而不是 $g^{\mu\nu}$ 来升降指标。这样场方程变为

$$\Box h_{\mu\nu} - \frac{\partial^2 h^\lambda{}_\nu}{\partial x^\lambda \partial x^\mu} - \frac{\partial^2 h^\lambda{}_\mu}{\partial x^\lambda \partial x^\nu} + \frac{\partial^2 h^\lambda{}_\lambda}{\partial x^\mu \partial x^\nu} = -16\pi G S_{\mu\nu},$$

这里 $S_{\mu\nu} \equiv T_{\mu\nu} - \frac{1}{2}T^\lambda_\lambda$, 能动张量取到 $h_{\mu\nu}$ 的最低阶, 满足普通的守恒条件 $T^{\mu\nu}_{,\nu} = 0$。采用谐和坐标条件 $g^{\mu\nu}\Gamma^\lambda_{\mu\nu} = 0$, 其在一阶近似下的形式为

$$\frac{\partial}{\partial x^\mu}h^\mu{}_\nu = \frac{1}{2}\frac{\partial}{\partial x^\nu}h^\nu{}_\nu,$$

这样场方程 (1.17) 被大大简化成

$$\Box h_{\mu\nu} = -16\pi G S_{\mu\nu}.$$

上述方程的一个解是推迟势

$$h_{\mu\nu}(\boldsymbol{x},t) = 4G \int \mathrm{d}^3\boldsymbol{x}' \frac{S_{\mu\nu}\left(\boldsymbol{x}', t - |\boldsymbol{x} - \boldsymbol{x}'|\right)}{|\boldsymbol{x} - \boldsymbol{x}'|}.$$

这个解就是由源 $S_{\mu\nu}$ 产生的引力辐射, 其中的 $\boldsymbol{x}'$ 表示观察者的位置, $\boldsymbol{x}$ 表示源的位置。而齐次方程

$$\Box h_{\mu\nu} = 0,$$

加上谐和坐标条件, 则是来自于无穷远的引力波辐射。

3.5 等效单体和黑洞微扰

3.5.1 等效单体方法

在 2000 年前后 Buonanno 把二体问题转化为一个等价的单体问题来描述双星系统的演化, 提出了等效单体 (effective onebody, EOB) 方法[35,36], 目的是对双星并合（旋近、突降、并合以及铃宕）的完整过程进行解析描述（这里的"解析"是指显式的二体运动方程和引力波波形表达式, 最终的计算可能还需要一个数值积分器来求解方程）。EOB 方法对双黑洞并合动力学过程和引力波辐射做了几个定量和定性的预测 [37], 特别是：① 从旋近阶段到突降是平滑的过渡；② 双黑洞并合时, 引力波强度发生剧烈变化并达到峰值, 随后发生铃宕；③ 估计了总的引力波辐射能量以及最终黑洞的自旋。随后 EOB 方法在引力波探测中被成功应用并进入快速发展期, 出现了一大批新的模型, 如不考虑黑洞自旋的波形[38,39],

自旋双黑洞模型[40,41]、黑洞自旋和轨道角动量平行的波形[42-44]、自旋带有进动的波形[45]、非圆形轨道的 EOB 动力学模型[46]、4PN 推广模型[47]、小质量比模型[48,49]、任意质量比和自旋的 EOB 模型[50]、引力自力法改进 EOB[51] 等。

下面简要介绍 EOB 方法的核心思想和大致过程，详细流程可参考 Damour 的综述[37]。完整的 EOB 模型包含三个独立且相互影响的部分：描述双星轨道动力学的守恒部分，即哈密顿量；引力辐射反作用的表达式，添加到守恒动力学的哈密顿方程；双星系统发出的渐近引力波波形的描述。这三个部分都来自已发展多年的高阶后牛顿（post-Newtonian，PN）展开形式。不过 EOB 并没有使用传统 PN 近似的泰勒展开形式（即 $a_0 + a_1 \dfrac{v}{c} + a_2 \dfrac{v^2}{c^2} + \cdots$），而是使用了重求和 (resummation) 形式。上述三个部分的重求和方法各不相同，这里不再详述。

先介绍二体动力学中的守恒部分。其基本思想是将广义相对论中两体问题的守恒动力学部分简化为试验粒子在约化时空 (基于 EOB 理论变形黑洞时空度规) 的测地线运动。也就是把大黑洞 m_1 和小致密天体 m_2 的二体问题转化为约化质量的试验粒子 $\mu = m_1 m_2/(m_1 + m_2)$ 在等效的外部度规场中运动的单体问题，这种处理等价于传统二体相对运动的后牛顿展开。EOB 形式的哈密顿量可写成如下形式：

$$H_{\text{EOB}} = M\sqrt{1 + 2\nu\left(\hat{H}_{\text{eff}} - 1\right)},\tag{3.37}$$

其中，H_{EOB} 称为真实 EOB 哈密顿量；总质量 $M = m_1 + m_2$，约化质量 $\mu = m_1 m_2/M$；H_{eff} 为等效哈密顿量，在没有自旋的情况下，它就是质量为 μ 的试验粒子在等效度规场运动的哈密顿量。这样就能写出动力学方程：

$$\frac{\mathrm{d}\boldsymbol{r}}{\mathrm{d}t} = \frac{\partial H_{\text{EOB}}}{\partial \boldsymbol{P}}, \qquad \frac{\mathrm{d}\boldsymbol{P}}{\mathrm{d}t} = -\frac{\partial H_{\text{EOB}}}{\partial \boldsymbol{r}} + \mathcal{F},\tag{3.38}$$

$\mathcal{F}$ 代表引力波的辐射反作用力，该项的存在导致二体系统的能量和角动量不再守恒。它通过重求和后牛顿展开形式求得，最初的想法来自后牛顿的能流函数采用 Padé 重求和技术[52]。后来，Damour 和 Nagar[48,53] 更新了一种更准确的重求和方法。现在，常用的辐射反作用力表达式为[45]

$$\mathcal{F} = \frac{1}{\nu\hat{\Omega}|\boldsymbol{r} \times \boldsymbol{p}|}\frac{\mathrm{d}E}{\mathrm{d}t}\boldsymbol{p},\tag{3.39}$$

其中，$\hat{\Omega} \equiv M|\boldsymbol{r} \times \dot{\boldsymbol{r}}|/r^2$ 是无量纲化的轨道频率；$\mathrm{d}E/\mathrm{d}t$ 为引力波辐射的能流，

$$\frac{\mathrm{d}E}{\mathrm{d}t} = \frac{\hat{\Omega}^2}{8\pi}\sum_{\ell=2}^{8}\sum_{m=-\ell}^{\ell}m^2\left|\frac{\mathcal{R}}{M}h_{\ell m}\right|^2,\tag{3.40}$$

其中 $h_{\ell m}$ 是引力波的波形。EOB 方法的本质还是后牛顿近似，无法给出强引力场也就是铃宕阶段的波形。因此，在 EOB 模型中，引力波波形的计算由两部分拼接组成[37]。在旋近和突降阶段，EOB 方法可以通过引入一些需要数值相对论的结果进行校准标定的自由参数并通过重求技术给出波形；对于并合到铃宕阶段，则是由黑洞微扰理论的准正则模式（quasi-normal mode, QNM）的线性叠加来描述。两部分在并合时刻平滑连接，根据 EOB 的定义，也就是轨道角动量最大的那一刻。对于第一部分

$$h_{\ell m}^{\text{NP, insp-plunge}} = h_{\ell m}^{\text{F}} N_{\ell m}, \tag{3.41}$$

其中，$N_{\ell m}$ 是非准圆轨道的修正，是由引力波辐射其轨道偏离圆轨道产生的；$h_{\ell m}^{\text{F}}$ 为重求和的后牛顿波形[48,54,55]

$$h_{\ell m}^{\text{F}} = h_{\ell m}^{(N,\epsilon)} \, \hat{S}_{\text{eff}}^{(\epsilon)} \, T_{\ell m} \, e^{i\delta_{\ell m}} \, (\rho_{\ell m})^{\ell}, \tag{3.42}$$

可以看出，波形被分解为多个因子，称为因子化 (factorization) 形式，ϵ 为分解形式的奇偶性。第一项是牛顿项，第二项是源项，第三项称为尾项，第四项来自相位偏移，最后一项是重求和的 PN 波形。这些项包含一些自由参数，可以对比数值相对论以及引力自力方法的结果进行校准[38,56-61]，所以 EOB 方法比一般的后牛顿方法更加精确。EOB 模型未来将得到更大的关注和发展，特别是一般形状轨道的推广，将是未来重要的研究方向。EOB 动力学部分可以方便地独立出来和其他方法得到的波形（或者引力辐射反作用项）结合，提高动力学过程以及波形的精度。

3.5.2 图科斯基方程

克尔时空 (Kerr spacetime) 下的引力微扰可以通过图科斯基方程 (Teukolsky equation) 的解来描述，用外尔曲率标量 (Weyl curvature scalar) ψ_4 来描述场的微扰。该方程是一个偏微分方程，数值上一般分为时域和频域两种计算方法。本小结主要讨论频域的方程形式。

方程的解在频域上的可分解为

$$\psi_4 = \rho^4 \int_{-\infty}^{+\infty} \mathrm{d}\omega \sum_{lm} R_{lm\omega}(r) \, {}_{-2}S_{lm}^{a\omega}(\theta) e^{im\phi} e^{-i\omega t},$$

该分解包含了自旋加权的球谐函数 ${}_{-2}S_{lm}^{a\omega}$，遵循文献 [62]。其中径向函数满足如下常微分方程：

$$\Delta^2 \frac{\mathrm{d}}{\mathrm{d}r} \left(\frac{1}{\Delta} \frac{\mathrm{d}R_{lm\omega}}{\mathrm{d}r} \right) - V(r) R_{lm\omega} = -\mathcal{T}_{lm\omega}(r), \tag{3.43}$$

这里 $\mathcal{T}_{lm\omega}(r)$ 是源项，和微扰源的能量张量相联系，势函数为

$$V(r) = -\frac{K^2 + 4\mathrm{i}(r - M)K}{\Delta} + 8\mathrm{i}\omega r + \lambda, \tag{3.44}$$

这里 $K = (r^2 + a^2)\omega - ma$, $\lambda = E_{lm} + a^2\omega^2 - 2amw - 2$, 且 $\Delta = r^2 - 2Mr + a^2$.

首先，我们考虑源项为 0 的齐次图科斯基方程。我们可以用解析展开的方法求解[63,64]，在这里对此不深入探讨。齐次图科斯基方程允许有两个独立的解，其一为 $R_{lm\omega}^{\mathrm{H}}$，在视界处是完全向内的，其二为 $R_{lm\omega}^{\infty}$，在无穷远处是完全向外的：

$$R_{lm\omega}^{\mathrm{H}} = B_{lm\omega}^{\mathrm{hole}} \Delta^2 \mathrm{e}^{-\mathrm{i}pr*}, \quad r \to r_+,$$

$$R_{lm\omega}^{\mathrm{H}} = B_{lm\omega}^{\mathrm{out}} r^3 \mathrm{e}^{\mathrm{i}\omega r*} + r^{-1} B_{lm\omega}^{\mathrm{in}} \mathrm{e}^{-\mathrm{i}\omega r*}, \quad r \to \infty, \tag{3.45}$$

$$R_{lm\omega}^{\infty} = D_{lm\omega}^{\mathrm{out}} \mathrm{e}^{\mathrm{i}pr*} + \Delta^2 D_{lm\omega}^{\mathrm{in}} \mathrm{e}^{-\mathrm{i}pr*}, \quad r \to r_+,$$

$$R_{lm\omega}^{\infty} = r^3 D_{lm\omega}^{\infty} \mathrm{e}^{\mathrm{i}\omega r*}, \quad r \to \infty, \tag{3.46}$$

这里 $p = \omega - \frac{ma}{2Mr_+}$, $r_+ = M + \sqrt{M^2 - a^2}$, 且 $r*$ 是有关于 r 的乌龟坐标, 转换关系为 $\mathrm{d}r*/\mathrm{d}r = (r^2 + a^2)/\Delta$。

然后，使用齐次解和合适的边界条件，我们可以构建有源径向图科斯基方程的解。通过采用黑洞边界条件，即波在无穷远处完全向外，在视界处完全向内，径向函数为

$$R_{lm\omega}^{\mathrm{BH}}(r) = \frac{R_{lm\omega}^{\infty}(r)}{2\mathrm{i}\omega B_{lm\omega}^{\mathrm{in}} D_{lm\omega}^{\infty}} \int_{r_+}^{r} \mathrm{d}r' \frac{R_{lm\omega}^{\mathrm{H}}(r') \mathcal{T}_{lm\omega}(r')}{\Delta(r')^2} \tag{3.47}$$

$$+ \frac{R_{lm\omega}^{\mathrm{H}}(r)}{2\mathrm{i}\omega B_{lm\omega}^{\mathrm{in}} D_{lm\omega}^{\infty}} \int_{r}^{\infty} \mathrm{d}r' \frac{R_{lm\omega}^{\infty}(r') \mathcal{T}_{lm\omega}(r')}{\Delta(r')^2}. \tag{3.48}$$

该解在近视界和无穷远处的渐近性态为

$$R_{lm\omega}^{\mathrm{BH}}(r \to \infty) = Z_{lm\omega}^{\mathrm{H}} r^3 \mathrm{e}^{\mathrm{i}\omega r*}, \tag{3.49}$$

$$R_{lm\omega}^{\mathrm{BH}}(r \to r_+) = Z_{lm\omega}^{\infty} \Delta^2 \mathrm{e}^{-\mathrm{i}pr*}. \tag{3.50}$$

通过在 $r \to \infty$ 和 $r \to r_+$ 处取该解的极限 (公式 (3.47))，以及齐次解的渐近性态 (公式 (3.45), (3.46))，就可以求得振幅 $Z_{lm\omega}^{\mathrm{H},\infty}$：

$$Z_{lm\omega}^{\mathrm{H}} = \frac{1}{2\mathrm{i}\omega B_{lm\omega}^{\mathrm{in}}} \int_{r_+}^{r} \mathrm{d}r' \frac{R_{lm\omega}^{\mathrm{H}}(r') \mathcal{T}_{lm\omega}(r')}{\Delta(r')^2}, \tag{3.51}$$

$$Z_{lm\omega}^{\infty} = \frac{B_{lm\omega}^{\mathrm{H}}}{2\mathrm{i}\omega B_{lm\omega}^{\mathrm{in}} D_{lm\omega}^{\infty}} \int_{r}^{\infty} \mathrm{d}r' \frac{R_{lm\omega}^{\infty}(r') \mathcal{T}_{lm\omega}(r')}{\Delta(r')^2}. \tag{3.52}$$

最终，引力波形可以通过如下公式计算[65-68]，

$$h_+ - \mathrm{i}h_\times = \frac{2}{R} \sum_{lmkn} \frac{Z^{\mathrm{H}}_{lmk}}{\omega^2_{mkn}} {}_{-2}S^{a\omega}_{lmkn}(\Theta)\mathrm{e}^{-\mathrm{i}\omega_{mkn}t+\mathrm{i}m\Phi}, \tag{3.53}$$

其中，l, m, k, n 是谐波数，Θ 和 Φ 描述了源的方位，而 R 则是源的距离。ω_{mkn} 可以写为

$$\omega_{mkn} = m\Omega_\phi + k\Omega_r + k\Omega_\theta, \tag{3.54}$$

其中，Ω_r，Ω_θ 和 Ω_ϕ 就是轨道的径向、极向和方位角频率。

对于 EMRI 系统，现在我们可以把 EOB 方法给出动力学轨道作为源项供源给微扰论的方法（图科斯基方程），进而给出数值波形[66-69] 2020CTP，同时图科斯基方程给出的能量可以反作用到 EOB 动力学方程，推动轨道在引力波辐射下的演化。作为例子，我们给出赤道面的轨道演化（图 3.4）和波形（图 3.5）[69]。

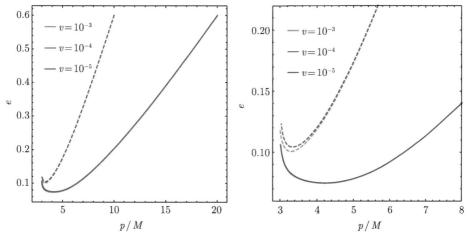

图 3.4　轨道参数的演化，其中实线代表初始参数为 $p = 20M$，$e = 0.6$，虚线代表初始参数为 $p = 10M$，$e = 0.6$，不同颜色代表不同质量比

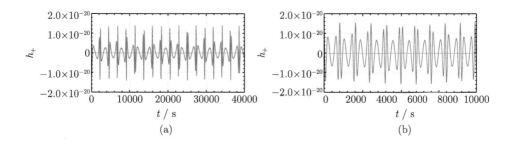

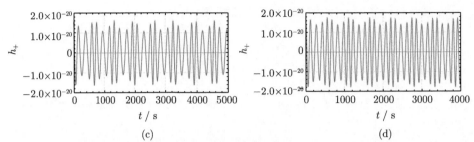

(c)   (d)

图 3.5 (2, 2) 模式波形的四段。这四个波形描述的是同一个 EMRIs 的不同阶段，演化的初始参数为 $a = 0.9, p_0 = 10\,M, e_0 = 0.6$，中心超大质量黑洞为 $10^6 M_\odot$，质量比为 10^{-3}，距离为 1Gpc，并且面向观察者

3.6　小　　结

极端质量比旋近（EMRI）是空间引力波探测器的重要波源，其事件率可达每年几十个，其中信噪比 50 以上可以称为 "golden" EMRIs，能够将中心黑洞的自旋、质量测量到万分之一到 10 万分之一的精度，能够使非常重要的四极矩测量精度达到对可能的 Kerr 黑洞偏离的千分之一[3]。这些高精度的黑洞参数测量是当前任何手段都无法达到的，因此 EMRIs 是测量黑洞本质和精确刻画周围时空的最有力工具。

不过，EMRIs 辐射的引力波相对较弱，轨道一般都带有较大的偏心率和轨道倾角，进而产生强烈的近星点进动和 Lense-Thirring 进动，导致轨道极其复杂，并反映到引力波的成分上。再者，要想获得足够的信噪比，必须有长达一年左右的观测时间。因此，EMRIs 的引力波信号是典型的长弱复杂信号，对波形模板的要求非常高。一般而言，决定其轨道演化的能流相对误差不能超过质量比（如质量比为 10^{-5}，则能流等的误差不能超过这一数值）。这个要求远比当前相当质量比双黑洞的精度高。同时，更多的波形参数和波形时长，导致计算 EMRIs 理论波形不仅需要高精度还需要高效率，这是目前一个亟待解决的重要科学问题。这一问题的成功解决与否，直接决定了能否从探测器数据中提取 EMRIs 信号并进行准确的参数反演。

作 者 简 介

韩文标，现为中国科学院上海天文台研究员，中国科学院大学岗位教授，博士生导师，引力波与相对论基本天文学课题组组长。长期从事极端质量比系统的轨道动力学和引力波模拟，提出的 EOB-Teukolsky 数值框架在极端质量比中得到较广泛的应用。和合作者一起提出 SEOBNRE 模型，是当前精度最高的椭圆双星引力波模板，被 LIGO 多个团队应用到椭圆双星的信号搜索中。和合作者提出 b-EMRI 多波段引力波源，已被列入 LISA 科学白皮书。目前已发表 SCI 论文 60 余篇，专著两部。2021 年入选中国科学院基础研究青年稳定支持团队，2020 ～ 2022 年任 KAGRA 引力波合作组织论文作者列表委员会委员。

参 考 文 献

[1]   Armano M, Audley H, Auger G, et al. Physical Review Letters, 2016, 116(23): 231101.

[2]   Alexander T. Physics Reports, 2005, 419(2-3): 65-142.

[3]   Amaro-Seoane P, Gair J R, Freitag M, et al. Classical and Quantum Gravity, 2007, 24(17): R113.

[4]   Babak S, Gair J, Sesana A, et al. Physical Review D, 2017, 95(10): 103012.

[5]   Berry C P L, Hughes S A, Sopuerta C F, et al. The unique potential of extreme mass-ratio inspirals for gravitational-wave astronomy. arXiv: 1903.03686, 2019.

[6]   Amaro-Seoane P. Living Reviews in Relativity, 2018, 21(1): 1-150.

[7]   Baibhav V, Barack L, Berti E, et al. Experimental astronomy, 2021, 51(3): 1385-1416.

[8]   Baker J, Bellovary J, Bender P L, et al. The laser interferometer space antenna: Unveiling the millihertz gravitational wave sky. arXiv: 1907.06482, 2019.

[9]   Yue X J, Han W B. Physical Review D, 2018, 97(6): 064003.

[10]   Yue X J, Han W B, Chen X. The Astrophysical Journal, 2019, 874(1): 34.

[11]   Hannuksela O A, Ng K C Y, Li T G F. Physical Review D, 2020, 102(10): 103022.

[12]   Schutz B F. Nature, 1986, 323(6086): 310-311.

[13]   Amaro-Seoane P. Physical Review D, 2019, 99(12): 123025.

[14]   Carter B. Physical Review, 1968, 174(5): 1559.

[15]   Misner C W, Thorne K S, Wheeler J A, et al. Gravitation. London: Macmillan, 1973.

[16]   Mathisson M. Acta Phys. Pol., 1937, 6: 163-200.

[17]   Papapetrou A, A S. Mathematical and Physical Sciences, 1951, 209(1097): 248-258.

[18]   Dixon W G. Extended bodies in general relativity. In Isolated Gravitating Systems in General Relativity, 1979.

[19]   Tulczyjew W. Acta Phys. Pol., 1959, 18(393): 94.

[20]   Dixon W G. Il Nuovo Cimento (1955-1965), 1964, 34(2): 317-339.

[21]   Kyrian K, Semerák O. Monthly Notices of the Royal Astronomical Society, 2007, 382(4): 1922-1932.

[22]   Ehlers J, Rudolph E. General Relativity and Gravitation, 1977, 8(3): 197-217.

[23]   Bini D, Geralico A. Physical Review D, 2013, 87(2): 024028.

[24]   Bini D, Faye G, Geralico A. Physical Review D, 2015, 92(10): 104003.

[25]   Vines J, Kunst D, Steinhoff J, et al. Physical Review D, 2016, 93(10): 103008.

[26]   Steinhoff J, Puetzfeld D. Physical Review D, 2012, 86(4): 044033.

[27] Bini D, Geralico A. Classical and Quantum Gravity, 2014, 31(7): 075024.

[28] Kopeikin S. Fronties in Relativistic Celestrial Mechanics. Berlin: de Gruyter, 2014.

[29] Semerak O, Zellerin T, Zacek M. Monthly Notices of the Royal Astronomical Society, 1999, 308(3): 691-704.

[30] Hartl M D. Physical Review D, 2003, 67(2): 024005.

[31] Hartl M D. Physical Review D, 2003, 67(10): 104023.

[32] Han W B. General Relativity and Gravitation, 2008, 40(9): 1831-1847.

[33] Suzuki S, Maeda K. Physical Review D, 1999, 61(2): 024005.

[34] Han W B. Physical Review D, 2010, 82(8): 084013.

[35] Buonanno A, Damour T. Physical Review D, 1999, 59(8): 084006.

[36] Buonanno A, Damour T. Physical Review D, 2000, 62(6): 064015.

[37] Damour T. In General Relativity, Cosmology and Astrophysics, 2014: 111-145. Berlin: Springer.

[38] Damour T, Nagar A, Hannam M, et al. Phys. Rev. D, 2008, 78(4): 044039.

[39] Pan Y, Buonanno A, Boyle M, et al. Phys. Rev. D, 2011, 84(12): 124052.

[40] Damour T. Physical Review D, 2001, 64(12): 124013.

[41] Buonanno A, Chen Y B, Damour T. Physical Review D, 2006, 74(10): 104005.

[42] Taracchini A, Pan Y, Buonanno A, et al. Physical Review D, 2012, 86(2): 24011-24011.

[43] Damour T, Nagar A. Phys. Rev. D, 2014, 90(4): 044018.

[44] Bohé A, Shao L, Taracchini A, et al. Physical Review D, 2017, 95(4): 044028.

[45] Pan Y, Buonanno A, Taracchini A, et al. Physical Review D, 2014, 89(8): 084006.

[46] Bini D, Damour T. Physical Review D, 2012, 86(12): 124012.

[47] Bini D, Damour T. Physical Review D, 2013, 87(12): 121501.

[48] Damour T, Nagar A. Physical Review D, 2007, 76(6): 064028.

[49] Barausse E, Buonanno A, Le Tiec A. Physical Review D, 2012, 85(6): 064010.

[50] Taracchini A, Buonanno A, Pan Y, et al. Physical Review D, 2014, 89(6): 061502.

[51] Damour T. Physical Review D, 2010, 81(2): 024017.

[52] Damour T, Iyer B R, Sathyaprakash B S. Physical Review D, 1998, 57(2): 885.

[53] Damour T, Nagar A. Physical Review D, 2009, 79(8): 081503.

[54] Pan Y, Buonanno A, Fujita R, et al. Physical Review D, 2011, 83(6): 064003.

[55] Damour T, Iyer B R, Nagar A. Physical Review D, 2009, 79(6): 064004.

[56] Mroue A H, Scheel M A, Szilagyi B, et al. Phys. Rev. Lett., 2013, 111(24): 241104.

[57] Boyle M, Buonanno A, Kidder L E, et al. Physical Review D, 2008, 78(10): 104020.

[58] Lovelace G, Boyle M, Scheel M A, et al. Class. Quantum Gravity, 2012, 29(4): 045003.

[59] Damour T, Nagar A, Pollney D, et al. Phys. Rev. Lett., 2012, 108(13): 131101.

[60] Buchman L T, Pfeiffer H P, Scheel M A, et al. Phys. Rev., 2012, 86: 084033.

[61] Nagar A, Damour T, Reisswig C, et al. Phys. Rev. D, 2016, 93(4): 044046.

[62]　Teukolsky S A. Astrophys. J., 1973, 185: 635.

[63]　Sasaki M, Tagoshi H. Living Reviews in Relativity, 2003, 6(1): 6.

[64]　Fujita R, Tagoshi H. Progress of Theoretical Physics, 2004, 112(3): 415-450.

[65]　Han W B. Physical Review D, 2010, 82(8): 084013.

[66]　Han W B, Cao Z J. Physical Review D, 2011, 84(4): 044014.

[67]　Han W B. International Journal of Modern Physics D, 2014, 23(07): 1450064.

[68]　Han W B, Cao Z J, Hu Y M. Classical and Quantum Gravity, 2017, 34(22): 225010.

[69]　Zhang C, Han W B, Yang S C. Communications in Theoretical Physics, 2021, 73(8): 085401.

第四章 广义相对论及其超越理论中黑洞似正规模的分析估值 (Analytic Estimates of Quasi-normal Mode Frequencies for Black Holes in General Relativity and Beyond)

Kent Yagi

4.1 引言 (Introduction)

A post-merger signal of gravitational waves (GWs) from a black hole (BH) coalescence is characterized by a quasi-normal mode (QNM) ringdown [1,2] (see the left panel of Fig. 4.1). Normal modes are a pattern of motion in which all parts of the system oscillate with the same frequency. For example, masses on springs will undergo normal mode oscillations if there is no friction. On the other hand, QNMs are normal modes with damping in a dissipative system. Namely, the oscillation is a sinusoid with its amplitude damping exponentially. If there is friction in the masses on springs mentioned above, they will undergo QNM oscillations. If one perturbs a BH spacetime, GWs would propagate to infinity or get absorbed to the BH. The system is dissipative and hence GWs follow QNM oscillations.

In General Relativity (GR), BHs possess a no-hair property [3,4] and an astrophysical BH is characterized only by its mass and spin. Thus, complex QNM frequencies (or the frequency and damping time) are also characterized by the BH's mass and spin. The dominant GW mode has the harmonic of $(\ell, m) = (2, 2)$. If one can measure the frequency and damping time of this dominant GW mode, one can determine the mass and spin of the remnant BH assuming GR is correct. If one can further measure the frequency or the damping time of a sub-leading mode (higher angular modes or overtones [5]), one can check the consistency of the mass-spin measurement (see the right panel of Fig. 4.1). If all curves in the mass-spin plane cross at a single point (or if there is a region in the parameter space where all curves with measurement errors overlap), the GR assumption is consistent with the observation. This way, one can probe gravity, known as the BH spectroscopy [6]. Such kinds of tests have already been performed with the existing GW events [7-9] (see [10] for some caution on distinguishing overtone signals from noise). In principle, one could coherently stack signals from multiple events to enhance the detectability of the sub-leading modes [11].

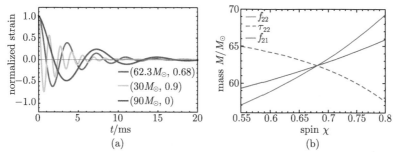

Fig. 4.1 (a) Normalized GW strain of the BH ringdown in GR with $(\ell, m) = (2, 2)$ of the form $h_{22}(t) = e^{-t/\tau_{22}} \cos(2\pi f_{22} t)$ for various BH mass and dimensionless spin combinations. The ringdown frequency f_{22} and damping time τ_{22} are taken from the fit in [26]. (b) Determination of the BH mass and spin from the ringdown frequency and damping time. We used the values of $f_{\ell m}$ and $\tau_{\ell m}$ to be the GR ones with $(M, \chi) = (62.3 M_\odot, 0.68)$ corresponding to GW150914 [27]. GR is consistent if there is an overlap between different curves

Although accurate estimates of the QNM frequencies require numerical calculations, there are a few analytic techniques available to derive approximate QNM frequencies. In this chapter, we focus on the eikonal (or geometric optics) approximation [12, 13] where we assume the harmonic ℓ to be large ($\ell \gg 1$). In this eikonal picture, one can view the fundamental QNM as a wavepacket localized at the peak of the potential of the radial metric perturbation equation. Since the peak location of the potential coincides with the location of the photon ring within this approximation, complex QNM frequencies are associated with certain properties of null geodesics at the photon ring (orbital frequency and Lyapunov exponent) [14-18]. We review how the eikonal calculation can be used to find BH QNM frequencies in GR and beyond [19-21]. As an example of the latter, we consider scalar Gauss-Bonnet (sGB) gravity [22-25], which is a generalization of Einstein-dilaton Gauss-Bonnet (EdGB) gravity motivated by string theory. We use the geometric unit of $c = G = 1$ throughout. A prime of a function means taking the derivative with respect to its argument.

4.2　广义相对论 (General Relativity)

We start by reviewing the black hole perturbation equations and eikonal QNM calculations in GR.

4.2.1　扰动方程 (Perturbation Equation)

We begin by considering a scalar perturbation under the Schwarzschild background following Chapter 12 of [28]. We will then promote the perturbation equation to the tensor perturbation case.

Let us first derive the perturbation equation for the scalar field in real space. The background metric $g_{\mu\nu}^{(B)}$ is given by

$$\mathrm{d}s^2 = g_{\mu\nu}^{(B)}\mathrm{d}x^\mu\mathrm{d}x^\nu = -A_{\mathrm{GR}}(r)\mathrm{d}t^2 + \frac{1}{A_{\mathrm{GR}}(r)}\mathrm{d}r^2 + r^2(\mathrm{d}\theta^2 + r^2\sin^2\theta\mathrm{d}\phi^2)\,, \quad (4.1)$$

where $A_{\mathrm{GR}} = 1 - R_{\mathrm{s}}/r$ with $R_{\mathrm{s}} = 2M$ being the Schwarzschild radius for a BH with mass M. A test scalar field under this background metric follows the Klein-Gordon equation given by

$$\Box\phi = \frac{1}{\sqrt{-g^{(B)}}}\partial_\mu\left(\sqrt{-g^{(B)}}g_{(B)}^{\mu\nu}\partial_\nu\right)\phi = 0\,, \quad (4.2)$$

with $g^{(B)}$ representing the metric determinant. Since the background metric is spherically symmetric, one can expand the scalar field ϕ in terms of the spherical harmonics $Y_{\ell m}$ as

$$\phi(t,r,\theta,\phi) = \frac{1}{r}\sum_{\ell=0}^{\infty}\sum_{m=-\ell}^{\ell}\phi_{\ell m}(t,r)Y_{\ell m}(\theta,\phi)\,. \quad (4.3)$$

Substituting Eq. (4.3) into Eq. (4.2), one finds

$$A_{\mathrm{GR}}\partial_r(A_{\mathrm{GR}}\partial_r\phi_{\ell m}) - \partial_t^2\phi_{\ell m} - V_\ell^\phi(r)\phi_{\ell m} = 0\,, \quad (4.4)$$

with

$$V_\ell^\phi(r) = A_{\mathrm{GR}}(r)\left[\frac{\ell(\ell+1)}{r^2} + \frac{R_2}{r^3}\right]\,. \quad (4.5)$$

We present $V_2^\phi(r)$ in Fig. 4.2. Let us next move to a tortoise coordinate given by

$$x \equiv r + R_{\mathrm{s}}\ln\frac{r - R_{\mathrm{s}}}{R_{\mathrm{s}}}\,. \quad (4.6)$$

$x \to \infty$ corresponds to infinity while $x \to -\infty$ corresponds to the horizon. Using $\partial_x r = A_{\mathrm{GR}}$ and $A_{\mathrm{GR}} \partial_r = \partial_x$, Eq. (4.4) becomes

$$\left[\partial_x^2 - \partial_t^2 - V_\ell^\phi(r) \right] \phi_{\ell m}(t, r) = 0 \,. \tag{4.7}$$

Let us next look at Fourier modes. Substituting

$$\phi_{\ell m}(t, r) = \int_{-\infty}^{\infty} \frac{\mathrm{d}\omega}{\sqrt{2\pi}} \tilde{\phi}_{\ell m}(\omega, r) \mathrm{e}^{-i\omega t} \,, \tag{4.8}$$

to Eq. (4.7), we find

$$\left[-\partial_x^2 + V_\ell^\phi(r) \right] \tilde{\phi}_{\ell m} = \omega^2 \tilde{\phi}_{\ell m} \,. \tag{4.9}$$

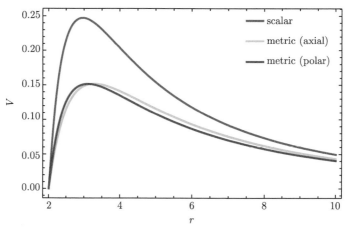

Fig. 4.2 Various potentials in GR with $\ell = 2$ as a function of r in the unit $M = 1$. We show V_2^ϕ (red), V_2^- (green) and V_2^+ (blue)

So far, we have focused on a scalar perturbation (with spin $s = 0$) under a Schwarzschild background, but the structure of the tensor perturbation equation is the same as in Eq. (4.9):

$$\partial_x^2 \psi_\pm + \left(\omega^2 - V_\ell^\pm \right) \psi_\pm = 0 \,, \tag{4.10}$$

where the indices $+$ and $-$ refer to the polar (or even-parity) and axial (odd-parity) modes respectively and we drop the indices ℓm for simplicity. Notice that these two perturbation modes decouple. For axial modes, ψ_- is the Regge-Wheeler function (a linear combination of axial metric perturbation components) and the Regge-Wheeler potential V_ℓ^- is given by

$$V_\ell^-(r) \equiv A_{\text{GR}}(r) \left[\frac{\ell(\ell+1)}{r^2} - 3\frac{R_{\text{s}}}{r^3} \right] . \tag{4.11}$$

On the other hand, for polar modes, ψ_+ is the Zerilli function (a linear combination of polar metric perturbation components) and the Zerilli potential V_ℓ^+ is given by

$$V_\ell^+(r) \equiv A_{\text{GR}}(r) \frac{2\left[\Lambda^2(\Lambda+1)r^3 + 3\Lambda^2 r^2 + 9\Lambda r + 9\right]}{r^3(\Lambda r + 3)^2} , \tag{4.12}$$

with $\Lambda = (\ell-1)(\ell+2)/2$. $V_2^\pm(r)$ are shown in Fig. 4.2. Observe that these potentials for metric perturbations are smaller than that for the scalar perturbation. Notice also that the peak locations are all at around $r = 3M$ which is the location of the photon ring.

We can understand the condition for deriving QNM frequencies by considering a scattering problem of waves under the above potential. The asymptotic behaviors of $\psi_\pm$ is given by

$$\psi_\pm \sim \begin{cases} \mathcal{A}_i(\omega)\mathrm{e}^{+\mathrm{i}\omega x} + \mathcal{A}_r(\omega)\mathrm{e}^{-\mathrm{i}\omega x} & (x \to -\infty), \\ \mathcal{A}_t(\omega)\mathrm{e}^{+\mathrm{i}\omega x} & (x \to +\infty), \end{cases} \tag{4.13} \tag{4.14}$$

where $\mathcal{A}_i$, $\mathcal{A}_r$ and $\mathcal{A}_t$ are the amplitude for the initial, reflected and transmitted waves respectively. The condition to compute QNM is

$$\mathcal{A}_i(\omega) = 0 . \tag{4.15}$$

Namely, we impose the wave to be purely ingoing at the horizon while purely outgoing at infinity. Although the potentials for the axial and polar modes are different, QNM frequencies for these modes are identical. This intriguing property is called isospectrality.

4.2.2 程函近似下的似正规模计算 (Eikonal QNM Calculations)

We now review analytic estimates for QNM frequencies in GR within the eikonal (high frequency) approximation. We refer the readers to e.g. [19] for more details. Given the isospectrality, we focus on the axial modes.

Eikonal approximation begins by making the following ansatz

$$\psi_\pm = \mathcal{A}_\pm(x)\mathrm{e}^{\mathrm{i}S_\pm(x)/\epsilon} , \tag{4.16}$$

for amplitude function $\mathcal{A}_\pm$ and phase function $S_\pm$ with $\epsilon \sim \ell^{-1} \ll 1$. Substituting Eq. (4.16) to Eq. (4.10), we find

$$\partial_x^2 \mathcal{A}_\pm + \frac{i}{\epsilon}[2(\partial_x S_\pm)(\partial_x \mathcal{A}_\pm) + \mathcal{A}_\pm \partial_x^2 S_\pm]$$
$$+ \left\{ \omega^2 - \frac{1}{\epsilon^2}(\partial_x^2 S_\pm)^2 - A_{\mathrm{GR}} \left[\frac{\ell(\ell+1)}{r^2} - 3\frac{R_s}{r^3} \right] \right\} \mathcal{A}_\pm = 0 . \tag{4.17}$$

In the double expansion of $\epsilon \ll 1$ and $\ell \gg 1$, the above equation reduces to

$$-\frac{1}{\epsilon^2}(\partial_x S_\pm)^2 + \omega^2 - \ell^2 U = 0, \tag{4.18}$$

to leading order with $U(r) \equiv A_{\mathrm{GR}}(r)/r^2$. Notice that $\omega = \mathcal{O}(\ell)$ since $\ell \sim 1/\epsilon$.

For QNMs, we want $S_\pm(x) \to +\omega x$ for $x \to +\infty$ and $S_\pm(x) \to -\omega x$ for $x \to -\infty$, and $S_\pm$ to take its minimum value at the peak location $r = r_m = 3M$ at the leading eikonal order for the potential U. To check this, we can take the derivative of Eq. (4.18) with respect to x to yield

$$\frac{2}{\epsilon^2}(\partial_x S_\pm)(\partial_x^2 S_\pm) = -\ell^2 \frac{\mathrm{d}r}{\mathrm{d}x}\frac{\mathrm{d}U}{\mathrm{d}r} . \tag{4.19}$$

Thus, at the potential peak, $(\mathrm{d}U/\mathrm{d}r)_m = 0$ and $(\partial_x S_\pm)_m = 0$ where the subscript m indicates that the quantity is evaluated at $r = r_m$.

Let us now derive the real QNM frequency to leading eikonal order. We evaluate Eq. (4.18) at $r = r_m$ and impose $(\partial_x S_\pm)_m = 0$ to yield

$$\omega_{\mathrm{R}}^{(0)} = \ell\sqrt{U_m} = \frac{\ell}{3\sqrt{3}M} , \tag{4.20}$$

where the superscript (0) indicates that this frequency is the leading eikonal contribution.

As mentioned in Sec. 4.1, there is a correspondence between QNM frequencies and null geodesic properties in GR. For example, the real part of the QNM frequency is approximately related to the orbital angular frequency Ω_{ph} at the photon ring r_{ph} as

$$\omega_{\mathrm{R}} = \ell\,\Omega_{\mathrm{ph}} , \tag{4.21}$$

where

$$\Omega_{\mathrm{ph}} = \frac{\sqrt{A_{\mathrm{GR}}(r_{\mathrm{ph}})}}{r_{\mathrm{ph}}} . \tag{4.22}$$

The photon ring location is obtained by solving

$$2A_{\mathrm{GR}}(r_{\mathrm{ph}}) = r_{\mathrm{ph}}A'_{\mathrm{GR}}(r_{\mathrm{ph}}) \,, \tag{4.23}$$

to yield $r_{\mathrm{ph}} = 3M$ (which coincides with the potential peak location r_m in the eikonal limit). Plugging this into Eq. (4.22), we find $\Omega_{\mathrm{ph}} = 1/(3\sqrt{3}M)$ and Eq. (4.21) agrees with Eq. (4.20).

To find the imaginary QNM frequency, we need to go to the next-to-leading eikonal order. For $\omega = \omega_{\mathrm{R}} + i\omega_{\mathrm{I}}$ with $\omega_{\mathrm{R}}, \omega_{\mathrm{I}} \in \mathbb{R}$, we make the following ansatz:

$$\omega_{\mathrm{R}} = \omega_{\mathrm{R}}^{(0)} + \omega_{\mathrm{R}}^{(1)} + \mathcal{O}(\ell^{-1}) \,, \quad \omega_{\mathrm{I}} = \omega_{\mathrm{I}}^{(1)} + \mathcal{O}(\ell^{-1}) \,, \tag{4.24}$$

where the superscript (N) indicates the quantity to be at Nth order in the eikonal expansion or $\mathcal{O}(\ell^{1-N})$. Substituting this to Eq. (4.17), expand in $\epsilon \ll 1$ and $\ell \gg 1$ and keeping only the contribution at $\mathcal{O}(\ell, \epsilon^{-1})$, we find

$$\frac{2\mathrm{i}}{\epsilon}(\partial_x S_\pm)(\partial_x \mathcal{A}_\pm) + \left(\frac{\mathrm{i}}{\epsilon}\partial_x^2 S_\pm + 2\mathrm{i}\omega_{\mathrm{R}}^{(0)}\omega_{\mathrm{I}}^{(1)} + 2\omega_{\mathrm{R}}^{(0)}\omega_{\mathrm{R}}^{(1)} - \ell U \right)\mathcal{A}_\pm = 0 \,. \tag{4.25}$$

To proceed further, we need $(\partial_x^2 S_\pm)_m$. To find this, we Taylor expand Eq. (4.18) about $r = r_m$ to yield

$$\frac{1}{\epsilon^2}(\partial_x S_\pm)^2 = -\frac{\ell^2}{2}U''_m(r - r_m)^2 \,. \tag{4.26}$$

Taking the positive root for $\partial_x S_\pm$ and differentiate with respect to x, we find

$$\frac{1}{\epsilon}(\partial_x^2 S_\pm) = \frac{\ell}{\sqrt{2}}\frac{\mathrm{d}r}{\mathrm{d}x}\sqrt{|U''_m|} \,. \tag{4.27}$$

We are now ready to evaluate the imaginary QNM frequency and the subleading QNM real frequency. Regarding the former, we take the imaginary part of Eq. (4.25), together with Eqs. (4.20) and (4.27), and evaluate it at r_0 to find

$$\omega_{\mathrm{I}}^{(1)} = -\frac{1}{2\epsilon}\frac{(\partial_x^2 S_\pm)_m}{\omega_{\mathrm{R}}^{(0)}} = -\frac{1}{2}\left(\frac{\mathrm{d}r}{\mathrm{d}x}\right)_m \sqrt{\frac{|U''_m|}{2U_m}} = -\frac{1}{6\sqrt{3}M} \,. \tag{4.28}$$

Regarding the latter, we take the real part of Eq. (4.25) to find

$$\omega_{\mathrm{R}}^{(1)} = \frac{\ell U_m}{2\omega_{\mathrm{R}}^{(0)}} = \frac{1}{2}\sqrt{U_m} = \frac{1}{6\sqrt{3}M} \,. \tag{4.29}$$

Together with $\omega_{\mathrm{R}}^{(0)}$, we find

$$\omega_{\mathrm{R}} = \left(\ell + \frac{1}{2}\right)\sqrt{U_m} = \frac{1}{3\sqrt{3}M}\left(\ell + \frac{1}{2}\right). \tag{4.30}$$

Fig. 4.3 compares the above eikonal results with the numerical values at various ℓ. The leading eikonal results at $\mathcal{O}(\ell)$ agrees with the numerical ones within an error of 4.5%. Interestingly, the agreement becomes worse if we include the next-to-leading contribution at $\mathcal{O}(\ell^0)$. This problem is cured by including the next-to-next-to-leading contribution at $\mathcal{O}(\ell^{-1})$ found in [29] via a WKB approximation. Now the two results agree within an error of 3.4%.

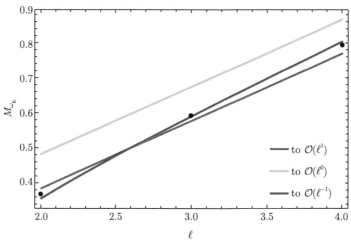

Fig. 4.3   Comparison of the analytic estimate for the real QNM frequency at various ℓ in GR with the numerical values [26] (black dots). For the former, we present the result with the leading eikonal contribution (red), and including the next-to-leading contribution (green) in Eq. (4.30). We also present the result including the next-to-next-to-leading contribution taken from [29] through the WKB approximation

4.3   标量高斯-伯奈特引力 (Scalar-Gauss-Bonnet Gravity)

We now review the application of the eikonal technique to theories beyond GR. We mainly review the work in [21] which applies the eikonal analysis to another higher curvature theory called sGB gravity.

4.3.1 理论及黑洞解 (Theory and Black Hole Solution)

The action for this theory in vacuum is given by [22–25]

$$S = \frac{1}{16\pi} \int \mathrm{d}^4 x \sqrt{-g} \left[R - \frac{1}{2} \partial_\mu \phi \partial^\mu \phi + \alpha f(\phi) \mathcal{G} \right], \qquad (4.31)$$

where ϕ is the scalar (dilaton) field, R is the Ricci scalar, α is the coupling constant, f is an arbitrary function of ϕ and $\mathcal{G}$ is given by

$$\mathcal{G} = R_{\alpha\beta\mu\nu} R^{\alpha\beta\mu\nu} - 4 R_{\alpha\beta} R^{\alpha\beta} + R^2, \qquad (4.32)$$

with $R_{\alpha\beta\mu\nu}$ and $R_{\alpha\beta}$ being the Riemann and Ricci tensors respectively. $f(\phi) \propto \exp(\gamma\phi)$ for a constant γ corresponds to EdGB gravity while $f(\phi) \propto \phi$ corresponds to shift-symmetric sGB gravity. sGB gravity and its extension is motivated also by cosmology, such as inflation [30,31]. The coupling constant α has been constrained by various observations, including low-mass X-ray binaries [23], gravitational waves from binary black holes [32–38] and neutron star observations [39,40].

The field equations are given by

$$\Box \phi = \alpha f'(\phi) \mathcal{G}, \qquad (4.33)$$

$$G_{\alpha\beta} = \frac{1}{2} \partial_\alpha \phi \, \partial_\beta \phi - \frac{1}{4} g_{\alpha\beta} \partial_\mu \phi \, \partial^\mu \phi - \alpha \mathcal{K}_{\alpha\beta}, \qquad (4.34)$$

where $G_{\alpha\beta}$ is the Einstein tensor while $\mathcal{K}_{\alpha\beta}$ is given by

$$\mathcal{K}_{\alpha\beta} = (g_{\alpha\mu} g_{\beta\nu} + g_{\alpha\nu} g_{\beta\mu}) \, \epsilon^{\rho\nu\sigma\kappa} \nabla_\lambda \left[{}^* R^{\mu\lambda}{}_{\sigma\kappa} \partial_\rho f(\phi) \right], \qquad (4.35)$$

with the dual Riemann tensor ${}^* R^{\alpha\beta}{}_{\gamma\delta} = \epsilon^{\alpha\beta\mu\nu} R_{\mu\nu\gamma\delta}$ and $\epsilon^{\alpha\beta\mu\nu}$ representing the Levi-Civita tensor.

In this theory, a non-rotating black hole solution is known analytically within the small coupling approximation ($\alpha \ll M^2$). To $\mathcal{O}(\alpha^2)$, the metric is given by [41–45]

$$\mathrm{d}s^2 = \bar{g}^{(\mathrm{B})}_{\mu\nu} \mathrm{d}x^\mu \mathrm{d}x^\nu = -A(r) \mathrm{d}t^2 + \frac{1}{B(r)} \mathrm{d}r^2 + r^2 (\mathrm{d}\theta^2 + r^2 \sin^2\theta \mathrm{d}\phi^2), \qquad (4.36)$$

with

$$A = 1 - \frac{2M}{r} - \frac{\alpha^2 f_0'^2}{r M^3} \left(\frac{49}{40} - \frac{M^2}{3r^2} - \frac{26M^3}{3r^3} - \frac{22M^4}{5r^4} - \frac{32M^5}{5r^5} + \frac{80M^6}{3r^6} \right), \qquad (4.37)$$

$$B = 1 - \frac{2M}{r} - \frac{\alpha^2 f_0'^2}{rM^3}\left(\frac{49}{40} - \frac{M}{r} - \frac{M^2}{r^2} - \frac{52M^3}{3r^3} - \frac{2M^4}{r^4} - \frac{16M^5}{5r^5} + \frac{368M^6}{3r^6}\right),$$

$$(4.38)$$

and $f_0' \equiv f'(0)$. The background scalar field is given by

$$\phi_0 = \frac{2\alpha f_0'}{rM}\left(1 + \frac{M}{r} + \frac{4M^2}{3r^2}\right)$$

$$+ \frac{\alpha^2 f_0' f_0''}{rM^3}\left(\frac{73}{30} + \frac{73M}{30r} + \frac{146M^2}{45r^2} + \frac{73M^3}{15r^3} + \frac{224M^4}{75r^4} + \frac{16M^5}{9r^5}\right), \quad (4.39)$$

with $f_0'' \equiv f''(0)$. The ADM mass M_* is given in terms of the GR one M as follows:

$$M_* = M\left(1 + \frac{49}{80}\frac{\alpha^2 f_0'^2}{M^4}\right). \tag{4.40}$$

4.3.2 扰动方程 (Perturbation Equation)

Next, we look at black hole perturbation equations in sGB gravity. We perturb both the metric and scalar field as

$$g_{\mu\nu} = \bar{g}^{(\mathrm{B})}_{\mu\nu} + h_{\mu\nu}, \quad \phi = \phi_0 + \delta\phi, \tag{4.41}$$

where $h_{\mu\nu}$ and $\delta\phi$ are the metric and scalar perturbations respectively. As we will see below, $\delta\phi$ is coupled only to the polar sector of the metric perturbation, while the axial part is decoupled.

Let us begin with the axial perturbations. The master perturbation equation is given by [21,46]

$$\partial_{\bar{x}}^2 \bar{\psi}_- + (C_-\omega^2 - \bar{V}_\ell^-)\bar{\psi}_- = 0. \tag{4.42}$$

Here $\bar{x}$ is the tortoise coordinate in sGB gravity that satisfies $\partial_r\bar{x} = 1/\sqrt{AB}$. $\bar{\psi}_-$ is the master variable for axial perturbation in sGB gravity, while $\bar{V}_\ell^-$ is the corresponding potential whose lengthy expression can be found in [21]. The coefficient C_- is given by

$$C_- = \frac{A}{A - 2\alpha BA'\phi_0'f_0'}\left[1 - 2\alpha B'\phi_0'f_0' + 4\alpha B(\phi_0'^2 f_0'' + \phi_0'' f_0')\right]. \tag{4.43}$$

In the limit $\alpha \to 0$, $C_- \to 1$ while $\bar{V}_\ell^- \to V_\ell^-$ and Eq. (4.42) reduces to the GR one in Eq. (4.10). We can further perform a coordinate transformation from $\bar{x}$ to $\tilde{x}$ to remove C_-:

$$\frac{\mathrm{d}\tilde{x}}{\mathrm{d}\bar{x}} = \sqrt{C_-}. \tag{4.44}$$

Eq. (4.42) then becomes

$$\partial_{\bar{x}}^2 \bar{\psi}_- + p_- \partial_{\bar{x}} \bar{\psi}_- + (\omega^2 - \tilde{V}_\ell^-)\bar{\psi}_- = 0 \,, \tag{4.45}$$

where $p_- \equiv \partial_{\bar{x}} C_-/(2C_-)^{3/2}$ and $\tilde{V}_\ell^- \equiv \bar{V}_\ell^-/C_-$.

Next, we look at polar perturbations. The master equations for the metric and scalar perturbations under the small coupling approximation are given by [21]

$$\partial_{\bar{x}}^2 \bar{\psi}_+ + p_+ \partial_{\bar{x}} \bar{\psi}_+ + (C_+ \omega^2 - \bar{V}_\ell^+)\bar{\psi}_+ = a_0 \bar{\phi} + a_1 \partial_{\bar{x}} \bar{\phi} \,, \tag{4.46}$$

$$\partial_{\bar{x}}^2 \bar{\phi} + (\omega^2 - \bar{V}_\ell^\phi)\bar{\phi} = b_0 \bar{\psi}_+ + b_1 \partial_{\bar{x}} \bar{\psi}_+ \,. \tag{4.47}$$

Here $\bar{\psi}_+$ and $\bar{\phi}$ are the master metric and scalar perturbation variables respectively. For example, $\bar{\phi}$ is given by

$$\delta\phi(t,r) = \frac{1}{\sqrt{2\pi}} \int dt\, \frac{\bar{\phi}(\omega,r)}{r} Y_{\ell m}\, e^{-i\omega t} \,. \tag{4.48}$$

The scalar potential is given by [21]

$$\bar{V}_\ell^\phi = V_\ell^\phi - \alpha f_0'' \frac{48 M^2(r - 2M)}{r^7} \,, \tag{4.49}$$

while the polar metric potential $\bar{V}_\ell^+$ and other coefficients in Eqs. (4.46) and (4.47) are given in [21]. Notice that the two perturbation equations are coupled. Fig. 4.4 presents $\bar{V}_2^\phi$ and $\bar{V}_2^+$ for various α. Notice that the potential decreases while the peak location increases as one increases α.

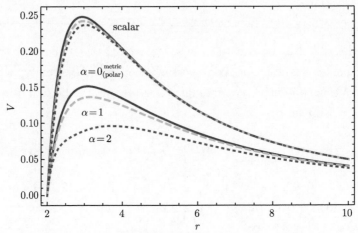

Fig. 4.4   Scalar potential $\bar{V}_2^\phi$ (top) and metric polar potential $\bar{V}_2^+$ (bottom) as a function of r for three different choices of α (in the unit $M = 1$)

4.3.3 程函近似下的似正规模计算 (Eikonal QNM Calculations)

Let us now apply the eikonal technique to find QNM frequencies in sGB gravity [21]. We will look at axial and polar sectors separately.

1. Axial Perturbations

We begin by studying the axial perturbations. The procedure is the same as that in GR described in Sec. 4.2.2. We start by making an ansatz

$$\bar{\psi}_- = \bar{A}_-(\tilde{x})e^{i\bar{S}_-(\tilde{x})/\epsilon} , \tag{4.50}$$

with the amplitude function $\bar{A}_-$ and the phase function $\bar{S}_-$. Substituting this to Eq. (4.45), expand in $\epsilon \ll 1$ and $\ell \gg 1$ and dropping $\partial_{\tilde{x}}\bar{S}_-$, we find

$$\omega_R^{(0)} = \ell\sqrt{\bar{U}_m} = \ell\left[\frac{A - 2\alpha BA'\phi_0'f_0'}{r(r - 4\alpha B\phi_0'f_0')}\right]_m^{1/2} , \tag{4.51}$$

where $\bar{U}$ is given by

$$\bar{V}_\ell^- = \ell^2\bar{U} + \mathcal{O}(\ell) . \tag{4.52}$$

We also need to account for the sGB correction to the peak location of the potential. Solving $\bar{U}' = 0$, we find

$$r_m = 3M + \frac{6577}{19440}\frac{\alpha^2 f_0'^2}{M^3} , \tag{4.53}$$

to $\mathcal{O}(\alpha^2)$. Thus, under the small coupling approximation, we find

$$\omega_R^{(0)} = \frac{\ell}{3\sqrt{3}M}\left(1 - \frac{71987}{174960}\frac{\alpha^2 f_0'^2}{M^4}\right) . \tag{4.54}$$

We comment on the correspondence between QNM and null geodesics. Notice that Eq. (4.51) is different from

$$\omega_R = \ell\frac{\sqrt{A(r_{ph})}}{r_{ph}} \tag{4.55}$$

obtained by combining Eqs. (4.21) and (4.22). In particular, Eq. (4.51) depends on the background scalar field. Thus, the correspondence does not work in non-GR theories in general. However, for sGB gravity up to $\mathcal{O}(\alpha^2)$, the contribution from the background scalar field cancels with the correction to r_{ph} and one does recover Eq. (4.54) by using Eq. (4.55) with $r_{\rm ph} = 3M$. Thus, the null geodesic correspondence still holds, at least up to $\mathcal{O}(\alpha^2)$ in the axial sector.

We now move to finding the sub-leading contribution to the axial QNM frequencies. We make the same ansatz to ω as in Eq. (4.24). The only difference from the GR case is to replace U by $\bar{U}$ and x to $\tilde{x}$. For the real frequency, we find $\omega_{\rm R}^{(1)} = \sqrt{\bar{U}_m}/2$ and

$$
\begin{aligned}
\omega_{\rm R} = \left(\ell + \frac{1}{2}\right)\sqrt{\bar{U}_m} &= \left(\ell + \frac{1}{2}\right)\left[\frac{A - 2\alpha B A' \phi_0' f_0'}{r\left(r - 4\alpha B \phi_0' f_0'\right)}\right]_m^{1/2} \\
&= \frac{1}{3\sqrt{3}M}\left(\ell + \frac{1}{2}\right)\left(1 - \frac{71987}{174960}\frac{\alpha^2 f_0'^2}{M^4}\right).
\end{aligned}
\tag{4.56}
$$

For the imaginary frequency, we find

$$
\omega_{\rm I}^{(1)} = -\frac{1}{2}\left(\frac{{\rm d}r}{{\rm d}\tilde{x}}\right)_m\sqrt{\frac{|\bar{U}_m''|}{2\bar{U}_m}} = -\frac{1}{6\sqrt{3}M}\left(1 - \frac{121907}{174960}\frac{\alpha^2 f_0'^2}{M^4}\right),
\tag{4.57}
$$

under the small coupling approximation.

2. Polar Perturbations

We next turn our attention to the polar sector. This time, the situation is quite different from the GR case as the perturbation equations for the metric and scalar fields are coupled. Our starting point is the same by making the following ansatz:

$$
\bar{\psi}_+ = \bar{A}_+(\tilde{x}) e^{i\bar{S}_+(\tilde{x})/\epsilon}, \quad \bar{\phi} = \bar{A}_\phi(\tilde{x}) e^{i\bar{S}_+(\tilde{x})/\epsilon}.
\tag{4.58}
$$

Notice that the phase functions are common in the two perturbations. Using this, we find that the equation for ω is biquadratic instead of quadratic:

$$
\omega^4 + F(\epsilon, \alpha, \ell, r_m, \bar{S}_{+,m}, \bar{A}_{+,m}, \bar{A}_{\phi,m})\,\omega^2 + G(\epsilon, \alpha, \ell, r_m, \bar{S}_{+,m}, \bar{A}_{+,m}, \bar{A}_{\phi,m}) = 0.
\tag{4.59}
$$

Working in the small coupling assumption of $\alpha \ll \epsilon$ (and setting the book-keeping parameter ϵ to 1), we find the solution to ω^2 as

$$
\omega_\pm^2 = \frac{\ell^2}{27M^2}\left\{1 + \frac{1}{\ell}\left(1 - 27i\frac{S_{+,m}''}{\ell}\right) \pm \frac{8\alpha^2 f_0'^2}{27M^4}\left[\ell^2 + 2\left(\ell - 4iS_{+,m}''\right)\right]\right\},
\tag{4.60}
$$

with

$$
S_{+,m}'' = \frac{\ell}{27M^2}\left(1 - \frac{560}{2187}\frac{\alpha^2 \ell f_0'^2}{M^4}\right).
\tag{4.61}
$$

Notice that there are two solutions for ω^2. The mode with the $+(-)$ sign corresponds to the scalar-led (gravity-led) mode [46]. From the above equations, the leading eikonal contribution to the real and imaginary frequencies are given by

$$\omega_{R\pm} = \frac{\ell}{3\sqrt{3}M}\left(1 \pm \frac{4}{27}\frac{\alpha^2 \ell^4 f_0'^2}{M^4}\right), \tag{4.62}$$

$$\omega_{I\pm} = -\frac{1}{6\sqrt{3}M}\left(1 \pm \frac{44}{729}\frac{\alpha^2 \ell^2 f_0'^2}{M^4}\right). \tag{4.63}$$

Comparing these with the axial results (Eqs. (4.56) and (4.57)), it is clear that the isospectrality is broken in sGB gravity. Moreover, there are three independent QNM frequencies: axial (gravity-led) mode, polar gravity-led mode, and polar scalar-led mode.

4.3.4 光程函数表达式总结 (Summary of Eikonal Expressions)

We end this section by summarizing the eikonal expressions and comparing them with the numerical results in [46]. We convert the expressions in terms of the ADM mass M_* using Eq. (4.40).

1. Axial Perturbations

The axial QNM frequencies are given as follows:

$$\omega_R = \left(\ell + \frac{1}{2}\right)\frac{1}{3\sqrt{3}M_*}\left(1 + \frac{4397}{21870}\frac{\alpha^2 f_0'^2}{M_*^4}\right), \tag{4.64}$$

$$\omega_I = -\frac{1}{6\sqrt{3}M_*}\left(1 - \frac{1843}{21870}\frac{\alpha^2 f_0'^2}{M_*^4}\right). \tag{4.65}$$

2. Polar Perturbations

For polar perturbations, the real frequency of the gravity-led mode is given by

$$\omega_{R-} = \frac{\ell}{3\sqrt{3}M_*}\left(1 - \frac{4}{27}\frac{\alpha^2 \ell^4 f_0'^2}{M_*^4}\right). \tag{4.66}$$

For the scalar-led mode, it turns out that the leading eikonal results are not sufficient to accurately describe the numerical results. For this reason, we include the higher order contributions:

$$\omega_{R+} = \frac{\sqrt{\ell(\ell+1)}}{3\sqrt{3}M_*}\left[1 - \frac{8\alpha}{27\ell(\ell+1)M_*^2}f_0''\right.$$

$$+ \frac{4}{27} \frac{\alpha^2 f_0'^2}{(\ell + 1)M_*^4} \left(\ell^3 + 2\ell^2 + \frac{5249\ell}{960} + \frac{1323}{320} \right) \right] . \tag{4.67}$$

The imaginary frequencies for the gravity-led and scalar-led modes are given by

$$\omega_{\mathrm{I}\pm} = -\frac{1}{6\sqrt{3}M_*} \left(1 \pm \frac{44}{729} \frac{\alpha^2 \ell^2 f_0''}{M_*^4} \right) . \tag{4.68}$$

3. Comparison with Numerical Results

Let us now compare the above eikonal results with the numerical ones. We focus on EdGB gravity with $f = \exp(\phi)/4$ and thus $f_0' = 1/4$. Fig. 4.5 compares the real QNM frequencies of the eikonal results found here with the numerical ones in [46] for the three modes as a function of α. Notice that the eikonal expressions can accurately describe the numerical results when α is small, where the small coupling approximation is valid. On the other hand, the agreement between eikonal and numerical results for the imaginary QNM frequency is not as good as the real frequency case and requires further study [21].

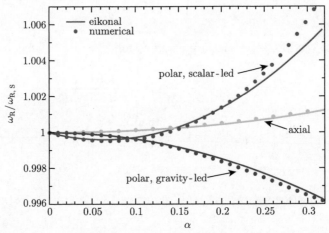

Fig. 4.5　Various $\ell = 2$ real QNM frequencies in EdGB gravity with $f_0' = 1/4$ [21]. We present the frequency normalized by the GR Schwarzschild value ($\omega_{R,S}$) as a function of the coupling constant α (in the unit $M = 1$) for the analytic eikonal (solid curves) and numerical [46] (dots) results. We show the frequencies for axial perturbation (green), polar gravity-led perturbation (blue) and polar scalar-led perturbation (red). The eikonal results are obtained within the small coupling approximation and thus is valid only when α is small

4.4 讨论 (Discussion)

The eikonal method reviewed here can be applied to theories other than GR and sGB gravity. For example, Glampedakis and Silva [19] have applied it to dynamical Chern-Simons gravity [47] which is a parity-violating gravity. In the action, a parity-violating term that is quadratic in curvature (Pontryagin density) is coupled to a pseudoscalar field. QNM frequencies of BHs in this theory have been computed in [48–51]. For non-rotating BHs, the background solution is the same as GR (Schwarzschild) and polar perturbation equations are identical to GR. On the other hand, the axial perturbation is coupled to the scalar perturbation, though the axial perturbation potential is identical to the GR Regge-Wheeler potential. Hence, the analysis is much simpler than the sGB case.

In this chapter, we have focused on non-rotating BHs. A natural extension is to consider rotating BHs. In many theories, analytic BH solutions with arbitrary rotation have not been found yet while slowly-rotating solutions are available. This is indeed the case with sGB gravity [43–45] and dynamical Chern-Simons gravity [43,52–55]. A first attempt on applying the eikonal analysis to slowly-rotating BHs to first order in spin in non-GR theories has been carried out in [20].

致谢 (Acknowledgements)

We thank Kostas Glampedakis and Hector Silva for carefully reading the manuscript. K.Y. acknowledges support from NSF Grant PHY-1806776, NASA Grant 80NSSC20K0523, the Owens Family Foundation, and a Sloan Foundation. K.Y. would like to also acknowledge support by the COST Action GWverse CA16104 and JSPS KAKENHI Grants No. JP17H06358.

作者简介 (About the author)

Kent Yagi, Assistant Professor of Physics at University of Virginia.

参考文献 (References)

[1] Kokkotas K D, Schmidt B G. Living Rev. Rel., 1999, 2: 2.

[2] Berti E, Cardoso V, Starinets A O. Class. Quant. Grav., 2009, 26: 163001.

[3] Israel W. Phys. Rev., 1967, 164: 1776-1779.

[4] Hawking S W. Commun. Math. Phys., 1972, 25: 152-166.

[5] Forteza X. J, Bhagwat S, Pani P, et al. Phys. Rev. D, 2020, 102: 044053.

[6] Dreyer O, Kelly B J, Krishnan B, et al. Class. Quant. Grav., 2004, 21: 787-804.

[7] Isi M, Giesler M, Farr W M, Scheel M A, et al. Phys. Rev. Lett., 2019, 123: 111102.

[8] Abbott R, et al (LIGO Scientific, Virgo). Phys. Rev. D, 2021, 103: 122002.

[9] Capano C D, Cabero M, Westerweck J, et al. Observation of a multimode quasi-normal spectrum from a perturbed black hole. Phys. Rev. Lett., 2023, 131(22): 221402.

[10] Cotesta R, Carullo G, Berti E, et al. On the detection of ringdown overtones in GW150914. Phys. Rev. Lett., 2022, 129(11): 111102.

[11] Yang H, Yagi K, Blackman J, et al. Phys. Rev. Lett., 2017, 118: 161101.

[12] Press W H. Astrophys. J. Lett., 1971, 170: L105-L108.

[13] Goebel C J. Astrophys. J. Lett., 1972, 172: L95.

[14] Ferrari V, Mashhoon B. Phys. Rev. D, 1984, 30: 295-304.

[15] Mashhoon B. Phys. Rev. D, 1985, 31: 290-293.

[16] Cardoso V, Miranda A S, Berti E, et al. Phys. Rev. D, 2009, 79: 064016.

[17] Dolan S R. Phys. Rev. D, 2010, 82: 104003.

[18] Yang H, Nichols D A, Zhang F, et al. Phys. Rev. D, 2012, 86: 104006.

[19] Glampedakis K, Silva H O. Phys. Rev. D, 2019, 100: 044040.

[20] Silva H O, Glampedakis K. Phys. Rev. D, 2020, 101: 044051.

[21] Bryant A, Silva H O, Yagi K, et al. Phys. Rev. D, 2021, 104: 044051.

[22] Nojiri S, Odintsov S D, Sasaki M. Phys. Rev. D, 2005, 71: 123509.

[23] Yagi K. Phys. Rev. D, 2012, 86: 081504.

[24] Antoniou G, Bakopoulos A, Kanti P. Phys. Rev. D, 2018, 97: 084037.

[25] Antoniou G, Bakopoulos A, Kanti P. Physical Review Letters, 2018, 120(13): 131102.

[26] Berti E, Cardoso V, Will C M. Phys. Rev. D, 2006, 73: 064030.

[27] Abbott B P, et al (Virgo, LIGO Scientific). Phys. Rev. Lett., 2016, 116: 061102.

[28] Maggiore M. Gravitational Waves. Vol. 2: Astrophysics and Cosmology. Oxford: Oxford University Press, 2018.

[29] Iyer S. Phys. Rev. D, 1987, 35: 3632.

[30] Oikonomou V K, Fronimos F P. Class. Quant. Grav., 2021, 38: 035013.

[31] Oikonomou V K. Class. Quant. Grav., 2021, 38: 195025.

[32] Nair R, Perkins S, Silva H O, et al. Phys. Rev. Lett., 2019, 123: 191101.

[33] Yamada K, Narikawa T, Tanaka T. PTEP, 2019, 2019(10): 103E01.

[34] Tahura S, Yagi K, Carson Z. Phys. Rev. D, 2019, 100: 104001.

[35] Perkins S E, Nair R, Silva H O, et al. Phys. Rev. D, 2021, 104: 024060.

[36] Wang H T, Tang S P, Li P C, et al. Physical Review D, 2021, 104(2): 024015.

[37] Lyu Z, Jiang N, Yagi K. Constraints on Einstein-dilation-Gauss-Bonnet gravity from black hole-neutron star gravitational wave events. Phys. Rev. D, 2022, 105(6): 064001.

[38] Perkins S, Yunes N. Are parametrized tests of general relativity with gravitational waves robust to unknown higher post-newtonian order effects? Phys. Rev. D, 2022, 105(12): 124047.

[39] Pani P, Berti E, Cardoso V, et al. Phys. Rev. D, 2011, 84: 104035.

[40] Saffer A, Yagi K. Phys. Rev. D, 2021, 104: 124052.

[41] Kanti P, Mavromatos N E, Rizos J, et al. Phys. Rev. D, 1996, 54: 5049-5058.

[42] Yunes N, Stein L C. Phys. Rev. D, 2011, 83: 104002.

[43] Pani P, Macedo C F B, Crispino L C B, et al. Phys. Rev. D, 2011, 84: 087501.

[44] Ayzenberg D, Yunes N. Phys. Rev. D, 2014, 90: 044066

[45] Maselli A, Pani P, Gualtieri L, et al. Phys. Rev. D, 2015, 92: 083014.

[46] Blázquez-Salcedo J L, Macedo C F B, Cardoso V, et al. Phys. Rev. D, 2016, 94: 104024.

[47] Alexander S, Yunes N. Phys. Rept.,2009, 480: 1-55.

[48] Yunes N, Sopuerta C F. Phys. Rev. D, 2008, 77: 064007.

[49] Molina C, Pani P, Cardoso V, et al. Phys. Rev. D, 2010, 81: 124021.

[50] Wagle P, Yunes N, Silva H O. Quasinormal modes of slowly-rotating black holes in dynamical Chern-Simons gravity. Phys. Rev. D, 2022, 105(12): 124003.

[51] Srivastava M, Chen Y, Shankaranarayanan S. Phys. Rev. D, 2021, 104: 064034.

[52] Yunes N, Pretorius F. Phys. Rev. D, 2009, 79: 084043.

[53] Ali-Haimoud Y, Chen Y. Phys. Rev. D, 2011, 84: 124033.

[54] Yagi K, Yunes N, Tanaka T. Phys. Rev. D, 2012, 86: 044037

[55] Maselli A, Pani P, Cotesta R, et al. Astrophys. J, 2017, 843: 25.

第五章　引力波天体波源物理研究现状和展望

陆由俊

5.1　引　　言

2015 年 9 月 14 日美国先进激光干涉引力波天文台（LIGO）在人类历史上首次成功直接探测到来自于一对恒星级质量黑洞并合产生的引力波[1]。这是物理学史上里程碑式的重大事件，其为人类探测宇宙开启了一扇全新窗口，标志着多信使天文学研究进入一个崭新的时代。2017 年 8 月 17 日，LIGO 和欧洲的室女座引力波天文台（Virgo）又联合探测到来自于一对中子星并合发射出的引力波[2]。随后全球众多望远镜开展了其电磁对应体的大联测，并在伽马射线、X 射线、光学、红外直至射电波段探测到了其电磁对应事件，证实了双中子星并合导致短伽马暴和千新星的理论预言[3]，并对中子星物态方程等给出了强限制[4]，实现了利用引力波作为标准汽笛对包括哈勃常数在内的宇宙学参数的独立探测[5]，推动了结合引力波和电磁波的多信使研究的蓬勃发展[6]。

引力波不但使得人们可以精准探测那些利用电磁波难以发现和观测的天体（或系统）与高能现象以及高能天体波源最致密的核心区域，提供关于黑洞和中子星等致密天体的质量、角动量以及距离等信息，帮助揭示极端高温、高密和高压下的极端物理过程；而且也使得人们可以穿透宇宙的黑暗时代（dark age）探测到宇宙中最早时期和离我们最远的部分，帮助揭示宇宙极早期甚至暴胀时刻发生的基本物理过程、解密宇宙和物质的创生[7,8]。引力波天文学的研究方兴未艾，随着引力波探测的深入开展，人们对致密（双）星的形成演化、极端致密物态、黑洞视界形成、超大质量（双）黑洞形成演化及其与星系的协同演化历史，以及引力本质、宇宙创生等基础物理方面的理解必将取得突破性进展。然而，引力波只能提供中等或有限的角分辨率，难以确定波源的准确位置，也无法探测宇宙中大多数的恒星和重子物质成分。电磁波多波段观测则可以提供优异的角分辨率，给出引力波波源速度和红移等的准确测量，尽管其难以探测天体源中心最致密的部分。结合引力波和电磁波等的多信使观测将会综合不同信使的优势，提供了强大的工具以探测宇宙中最剧烈的天体活动和致密天体并合事件，检验包括中子星物态、黑洞性质和引力本质等诸多基本物理理论，同时还为测量宇宙膨胀历史、限定暗物质和暗能量本质提供了独特方法，可为解决当前哈勃常数测量的不一致疑难提供关键依据，推进对宇宙结构和演化的全面理解。

本章将综述引力波和多信使天文学研究现状并展望未来发展，回顾引力波探测取得的重要成果，特别侧重于引力波天体波源物理和相关天文现象。5.2 节将简要介绍作为主要天体引力波源的致密星体（包括白矮星、中子星、黑洞），由致密星组成的双致密星系统及其引力波辐射。5.3 节将概要介绍致密双星系统的形成演化和起源机制，包括孤立双星演化起源、动力学相互作用起源、星系中心超大质量黑洞和活动星系核吸积盘协助起源，以及原初黑洞起源。5.4 节将介绍超大质量双黑洞的形成演化以及电磁波多波段探测搜寻超大质量双黑洞的研究现状。5.5 节将简要介绍极端质量比旋近系统。5.6 节将介绍引力波的引力透镜效应。5.7 节将简要介绍双中子星、中子星–黑洞并合和超大质量双黑洞并合引力波事件的电磁对应体。5.8 节将简要介绍高频地基引力波探测、低频空间引力波探测和甚低频脉冲星测时探测几种不同引力波探测方法。5.9 节总结当前地基引力波探测和脉冲星测时阵引力波探测的主要结果。最后，在 5.10 节中我们展望引力波探测和引力波天文学发展前景。

5.2 主要引力波天体波源：致密双星系统

在广义相对论中，引力波辐射可由天体或天体系统的四极矩变化导致，其强度依赖于天体或天体系统的尺度/致密度和速度。同等质量下越致密、速度越快的天体或天体系统会产生越强的引力波辐射。因此，宇宙中最强的天体引力波源应该是白矮星、中子星和黑洞这些致密天体以及由它们组成的天体系统，比如不同尺度的双黑洞、双中子星、黑洞-中子星双星和双白矮星等。以下我们将分别介绍这些致密星体/系统。

大质量恒星在其燃料耗尽后将会死亡并生成致密天体。一般来说，恒星的初始质量决定了其最终产物的类型和质量。

（1）**白矮星**：质量小于约 9 倍太阳质量（$M_\odot$）的恒星演化最终产物是白矮星，其多由碳或氧原子核构成，所有电子游离在星体中并产生电子简并压支撑白矮星的引力。理论预期白矮星的质量上限为 $1.4M_\odot$（钱德拉赛卡极限（Chandrasekhar limit））[9,10]。观测发现的白矮星最小质量为 $0.1M_\odot$，最大的接近 $1.4M_\odot$，平均质量为 $(0.5 \sim 0.6)M_\odot$[11,12]。星族合成理论预言银河系内存在大量的白矮星。目前，SDSS (Sloan Digital Sky Survey) 已经发现接近 10000 颗光谱证认的白矮星[13]，而 Gaia 则发现了 260000 颗高置信度的白矮星候选体[14]，其有待未来进一步的光谱证认。

（2）**中子星**：质量在 $(9 \sim 25)M_\odot$ 之间的恒星演化最终的产物为中子星，其由大量中子结合在一起，中子间的简并压支撑引力阻止星体坍缩。理论上中子星的质量依赖于其前身星性质和极端致密态下的物态方程。中子星的最大质量依赖于其物态方程，较硬的物态方程对应于较大的中子星质量上限，可达约 $3M_\odot$，较软的物态方程对应于较小的质量上限，可为 $2.1M_\odot$ 甚至更小[15]。理论上，中子星的最小质量可以低至 $(0.6 \sim 0.7)M_\odot$[16]。

目前，电磁观测，特别是射电观测，已经在银河系内发现了超过 4000 颗中子星[17]。观测发现的中子星的质量范围为 $(1.2 \sim 2.2)M_\odot$，且大多数为 $(1.3 \sim 1.4)M_\odot$[18,19]。电磁观测给出的银河系内最大中子星的质量大约为 $2.1M_\odot$[19]①，观测给出的对非转中子星最大质量 M_{TOV} 的限制为 $2.2M_\odot$[21,22]。观测上发现有准确质量测量的中子星的最低质量则为 $1.17M_\odot$[23,24]，不过近来发现了可能具有更低质量的中子星，其质量只有 $0.77^{+0.20}_{-0.17}M_\odot$[25]，当然这个测量还有待未来观测进一步确认。

（3）**黑洞**：质量约在 $25M_\odot$ 之上的恒星演化的最终产物多为黑洞，这些黑洞的质量为 $(5 \sim 60)M_\odot$[26-29]。在较高金属丰度情况下，一般很难产生大于 $(50 \sim 60)M_\odot$ 的黑洞。这主要是因为大质量恒星在演化晚期会产生强烈的星风从而损失质量，且质量为 $(140 \sim 260)M_\odot$ 的恒星在演化晚期会产生脉动对不稳定超新星（pulsational pair instability supernova, PPSN）而损失大部分质量，甚至是产生对不稳定超新星（pair instability supernova, PISN），从而使得恒星整体炸毁消失。如此，由恒星演化形成的黑洞的质量几乎都不会在 $(50/60 \sim 120)M_\odot$ 之间，此被称为恒星级黑洞在高质量段的上质量间隙（pair instability mass gap）[26,27,30-35]。不过，若能抑制星风损失，也可产生 $60M_\odot$ 以上质量的黑洞[36]。另外，极端贫金属的第一代恒星演化的最终产物可以是较大质量的黑洞[37]。不稳定星造成的上质量间隙是理论的直接预言，究竟是否存在还需要观测确认。

理论上预言黑洞的自旋非常困难。一般来说，刚形成时的黑洞自旋及随后的自旋演化受形成和成长过程中诸多因素的影响。单个大质量快速旋转恒星演化形成的黑洞可能因为回落吸积导致自旋快速增加，从而最终形成高自旋为 $s \sim 0.9$ 的黑洞[38]。然而，不同的恒星演化模型因考虑不同的角动量转移过程会得到非常不同的结果。比如，文献 [39] 研究分析了不同恒星演化模型中大质量恒星演化形成的黑洞的自旋及其对金属丰度和 CO 核质量的依赖。他们发现由 Geneva 恒星演化模型[40] 产生的较小黑洞自旋较大（s 为 $0.8 \sim 0.9$），较大质量的黑洞则自旋较小（s 为 $0 \sim 0.3$）；由恒星演化数值模拟模型[41] 产生的黑洞自旋都比较小（$s < 0.2$）。双星系统形成双黑洞过程则涉及更多的物质和角动量交流过程，更加难以准确估计形成的黑洞自旋[39,42]。

---

① 最新的观测已发现更大质量的中子星存在的证据，其可能的质量为 $(2.35 \pm 0.17)M_\odot$[20]。

利用电磁观测对黑洞质量的测量：目前，通过对银河系内一些 X 射线密近双星的长期电磁多波段轨道运动监测，人们已经测定了 20 多个黑洞的质量，其分布在 $(5 \sim 21)M_\odot$ 之间[43,44]，与理论预期基本一致。其中，Cygnus X-1 的质量最大为 $21M_\odot$[45]，而最小的几个黑洞质量约为 $5M_\odot$[43]。电磁观测少有发现质量大于中子星最大质量并介于 $(3 \sim 5)M_\odot$ 间的恒星级黑洞。目前此质量段被称为恒星级黑洞在低质量段的质量间隙（low-mass mass gap，下质量间隙）。下质量间隙可能是观测表观上的，也许是因为探测的选择和偏差造成的，并不一定真实存在[46,47]。下质量间隙存在与否需要更多的质量测量和更大的样本积累。

近年来，人们发展了利用双星轨道运动速度监测发现有较宽轨道的非 X 射线双星的黑洞这一新方法，发现了包括 LB-1（由 LAMOST 发现[48]）、2MASS J05215658 + 4359220[49] 和 V723[50] 等系统，前者质量最初估计值为 $(55 \sim 79)M_\odot$（处于上质量间隙中），后两者质量则分别为 $3.3^{+2.8}_{-0.7}M_\odot$、$3.04 \pm 0.06M_\odot$（处于下质量间隙中）。不过这几个源的质量测量存在一些不确定性和争议，由此激发了广泛的讨论[51-56]。一方面它们的伴星质量的测量可能不准确，另一方面整个系统也可能是由两颗普通恒星组成，其光谱叠在一起看似为一颗恒星。尽管这些争议还有待进一步观测解决，利用双星轨道速度监测搜寻和发现恒星级黑洞显然是非常值得期待的方法，有可能在未来带来更多的宽距黑洞双星测量，对双星演化和黑洞形成理论具有非凡价值。理论也预期，结合诸如 LAMOST 等望远镜的速度监测和 GAIA 等卫星的测光轨迹等方法将发现数以十计甚至更多的恒星级黑洞[57,58]。

利用电磁观测对黑洞自旋的测量：黑洞 X 射线双星的多波段观测，特别是 X 射线谱观测，提供了测定黑洞自旋的重要信息。X 射线段连续谱中由吸积盘反射造成的连续谱成分[59] 和相对论性 Fe $K\alpha$ 发射线轮廓[60] 与吸积盘的内边沿半径有关。此半径在标准吸积盘模型中由黑洞的最小稳定轨道决定，其敏感依赖于黑洞的自旋。截至目前，对二十多个 X 射线双星的细致观测已经得到了其中黑洞的自旋测量，其中大多数都具有较高的自旋[61,62]。

这些恒星级致密天体可以因为多种机制形成致密双星系统，包括双白矮星、白矮星–中子星双星、白矮星–黑洞双星、双中子星、中子星–黑洞双星以及恒星级双黑洞等。电磁多波段观测已经发现了一批双白矮星、白矮星–中子星双星和双中子星等。

（4）**双白矮星**：目前的电磁观测发现了至少数百例的双白矮星系统[63,64]，其中部分周期较短、发射毫赫兹的引力波，且其距离较近引力波辐射信号足够强，可以为未来的引力波探测器探测到。比如，最近发现的一例双白矮星 ZTF J1539+5027 轨道周期只有 6.91min，其发射的引力波频率为 0.005Hz[65]。类似的此类通过电磁观测到的双白矮星还有 SDSS J0651+2844（周期 12.8min）、V407 Vul（周期

9.5min）、HM Cancri（周期 5.4min）、AM CVN（周期 17.1min）等[66]。部分双白矮星间距足够小，以致相接在一起发生洛西瓣物质交流（Roche Lobe overflow），对轨道演化产生显著影响，并产生一系列电磁观测现象[67,68]。双白矮星族群形成演化的模拟预言银河系内存在几千万对双白矮星，而 GAIA 和 LSST 等有望分别探测到几百例和上千例双白矮星[69]。

（5）**白矮星–中子星双星**：电磁观测发现一类极端致密的软 X 射线发射源（ultra-compact X-ray sources），它们可能是相接的白矮星–中子星双星系统。部分这些系统具有较准确的轨道参数测量，且周期只有几十分钟，发射的引力波信号为 $0.01 \sim 0.1$Hz[70]。比如，4U 1820-30 是其中周期最短的一个，其源位于球状星团 NGC 6624 中，周期只有 685s。4U 1820-30 中白矮星和中子星双星相接，两者通过洛希瓣发生物质交流，双星轨道在物质和角动量交流以及引力波辐射共同作用下不断地发生变化[71]。具有不同物理参数的此类致密白矮星–中子星双星系统演化的进程不同，其轨道可能收缩也可能膨胀。大部分可能会因物质交流主导而膨胀以致双星无法并合，但高质量的相接白矮星–中子星双星系统可能会发生非稳定物质交流并直接并合。引力波和电磁波的联合探测将会发现数百例此类系统[71-74]。

（6）**双中子星**：目前，人们已发现的银河系中子星中有 20 多对双中子星系统[23]，它们的总质量集中在 $(2.57 \sim 2.83)M_\odot$ 范围内，还未发现总质量大于 $3M_\odot$ 的双中子星。这些双中子星中包括 PSR J1913+16[75]，其两成分的质量分别为 $1.440M_\odot$ 和 $1.389M_\odot$，轨道周期为 0.323 天[23]。这对双中子星轨道在引力波辐射的作用下不断衰减，观测发现轨道衰减与广义相对论的预言几乎完全吻合，间接地证实了引力波的预言[76]。观测发现最致密的双中子星系统为 PSR J0737-3039，质量分别为 $1.338M_\odot$ 和 $1.249M_\odot$，其周期只有 2.4h，预计将因引力波辐射在 8600 万年后并合。最近，文献 [77] 发现了一例总质量为 $(2.3 \pm 0.3)M_\odot$ 的双中子星，比其他以前发现的所有双中子星的总质量都要小。银河系双中子星观测表明，宇宙中的双中子星的并合比较频繁，可以被引力波探测器探测到。

（7）**中子星–黑洞双星**：电磁观测还没有发现中子星–黑洞双星。当然，并不排除未来通过长期的射电持续观测发现银河系内的脉冲星–黑洞双星系统。

（8）**恒星级双黑洞**：到目前为止，电磁观测还没有发现任何一例恒星级双黑洞系统。在非特殊环境下，恒星级双黑洞系统很可能不会有很强的电磁辐射，因此也很难有有效的方法利用电磁手段直接探测此类双黑洞系统。

致密双星系统的绕转导致四极矩随时间变化，并必然由此产生强烈的引力波辐射。引力波辐射的强度由双星的质量（主星为 m_1，次星为 m_2）、自旋（主星为 s_1，次星为 s_2）、半长轴（a）和椭率（e）决定。在双星相距较远时，可近似为点质量不考虑自旋的影响。若双星处于圆轨道上，在牛顿近似下，引力波辐射强度

为[78,79]

$$h_+(t) = \mathcal{A} \frac{1 + \cos^2\theta}{2} \cos(2\pi f_{\mathrm{GW}} t_{\mathrm{ret}} + 2\phi), \tag{5.1}$$

$$h_\times(t) = \mathcal{A} \cos\theta \sin(2\pi f_{\mathrm{GW}} t_{\mathrm{ret}} + 2\phi), \tag{5.2}$$

$$\mathcal{A} \equiv \frac{4}{d_{\mathrm{L}}} \left(\frac{G\mathcal{M}_{\mathrm{c}}}{c^2}\right)^{5/3} \left(\frac{\pi f_{\mathrm{GW}}}{c}\right)^{2/3}$$

$$\simeq 1.8 \times 10^{-21} \left(\frac{400\,\mathrm{Mpc}}{d_{\mathrm{L}}}\right) \left(\frac{\mathcal{M}_{\mathrm{c}}}{30 M_\odot}\right)^{5/3} \left(\frac{f_{\mathrm{GW}}}{100\,\mathrm{Hz}}\right)^{2/3}. \tag{5.3}$$

这里，h_+ 和 $h_\times$ 为广义相对论中引力波辐射的 "+" 和 "×" 两个模式；$\mathcal{M}_{\mathrm{c}} = \dfrac{m_1^{3/5} m_2^{3/5}}{(m_1 + m_2)^{1/5}}$ 为啁啾质量；$f_{\mathrm{GW}} = \sqrt{G(m_1 + m_2)/a^3}/\pi$ 为引力波辐射的频率，是圆轨道频率的 2 倍；θ 为观测方向与双星轨道平面法向间的夹角；d_{L} 为观测者离双星的光度距离；t_{ret} 为推迟时间。针对圆轨道，引力波辐射频率为轨道频率的 2 倍。若是椭圆轨道，则引力波辐射可以在轨道频率的谐频上存在，椭率越高，引力波辐射峰值在越高阶的谐频上[79,80]。

当双星的半长轴很小时，牛顿近似不再能够给出准确的引力波频率及波幅估计。此时需要采用高阶的后牛顿近似来估计引力波辐射[81]。针对双黑洞系统，人们发展了所谓的等效单体方法（effective-one-body approach）估计其近距离绕转产生的引力波辐射波形[82,83]。等效单体方法将两体的相对论运动映射为一个检验粒子在一个等效外部度规中的运动。该方法以非微扰的办法处理致密双星并合最后阶段的动力学演化，主要针对由引力波辐射造成的双星轨道从旋近阶段演化至最终的插入融合阶段，可以更快速准确地预言系统的引力波信号。在双黑洞（双星）越过最小稳定轨道进入最后插入融合阶段时，因时空高度扭曲，只有利用广义相对论数值模拟才能准确计算引力波的波形[84-86]。将等效单体方法与数值相对论方法相结合则能更准确地预言双黑洞系统并合产生的引力波信号[87]。为适应引力波探测不断发展对快速高精度全空间产生引力波模板库的需求，等效单体方法因其优越性也在不断发展[88,89]。有关引力波波形计算，本章不做深入讨论。

密近致密双星在引力波辐射的作用下，轨道逐渐衰减，将会经历旋近、并合等多个阶段。双中子星、中子星–小质量黑洞双星在并合的最后阶段会撕裂中子星抛射物质产生一系列现象。中子星–大质量黑洞并合和双黑洞并合在两成分融合后还要经历铃宕阶段才能形成最终的黑洞。在这一演化进程中，从旋近到最内稳定圆轨道（innermost stable circular orbit）后即会插入并合。考虑非转的施瓦西黑洞（最内稳定圆轨道 $r_{\text{ISCO}} = 6G(m_1 + m_2)/c^2$），在最内稳定圆轨道处周期运动对应的频率是 $f_{\text{ISCO}} = \dfrac{1}{12\sqrt{6}\pi}\dfrac{c^3}{G(m_1+m_2)} \simeq 2.2\text{kHz}\left(\dfrac{M_\odot}{m_1+m_2}\right)$。如此，两个质量为 $1.4M_\odot$ 的中子星的并合，$f_{\text{ISCO}} \sim 800\text{Hz}$，若其距离我们为 40Mpc，则牛顿近似给出的引力波幅度大约为 10^{-22}；两个质量为 $30M_\odot$ 的恒星级黑洞并合，$f_{\text{ISCO}} \sim 100\,\text{Hz}$，若其距离我们为 $400\,\text{Mpc}$，则其引力波幅度大约为 10^{-21}；两个质量为 $10^6 M_\odot$ 的恒星级黑洞并合，$f_{\text{ISCO}} \sim 10^{-3}\,\text{Hz}$，若其距离我们为 1Gpc，则引力波幅度大约为 10^{-17}。若考虑两个天体半长轴较大时的引力波辐射，比如距离我们为 1 Gpc 的两个质量为 $10^9 M_\odot$ 黑洞的旋近，若其周期为年量级，则其频率为 10^{-8}，引力波幅度为 10^{-16}；又或者距离我们为 400Mpc 的两个质量为 $30M_\odot$、半长轴为 $0.01\,\text{AU}$ 的恒星级双黑洞的引力波辐射频率为 $0.15\,\text{Hz}$，引力波波幅为 1.2×10^{-21}。由此可知，不同的双星系统在不同的演化阶段，引力波的频率和幅度有很大的差异，需要不同探测方法来探测。

以下我们将首先简要介绍各类致密双星系统等天体引力波源的形成演化及相关问题，然后再介绍引力波天体波源的探测方法和探测结果，包括高频地基引力波探测、低频空间引力波探测和甚低频脉冲星测时阵列探测。

5.3　致密双星系统的形成演化

形成能够最终并合的短周期致密双星系统可以有不同的物理机制：①直接由孤立的大质量双星系统演化形成；②由恒星系统中的动力学相互作用辅助形成，此类恒星系统包括球状星团、年轻星团或三体系统等；③由星系中心大质量黑洞及其气体吸积盘协助形成；④由原初黑洞等特殊机制形成等。前三种机制为天体起源致密双星，最后一种机制是宇宙学起源，其种子形成于宇宙早期暴胀等阶段。以下，我们简要介绍形成致密双星系统的前三种天体起源机制。

1. 孤立双星系统形成致密双星

如前所述，不同质量范围内恒星演化的最终产物可以是白矮星、中子星和黑洞等致密天体，在双星系统中亦是如此。因此，不同质量的孤立双星系统演化的最终产物可以是双黑洞、双中子星、中子星–黑洞双星、双白矮星等不同的系统，具体情况不仅依赖于双星系统的初始条件，也依赖于双星演化过程中发生的相互作用过程。尽管形成不同致密双星系统涉及的天体物理过程不尽相同，但为方便起见，我们将双黑洞、双中子星和中子星–黑洞双星以及双白矮星放在一起描述。

几乎所有的大质量恒星都存在于双星中，因此恒星级质量双黑洞、双中子星等可以是大质量双星演化的自然产物。部分由孤立大质量双星演化产生的双黑洞、双中子星等轨道的半长轴较小、周期较短，其引力波辐射导致能量和角动量的持续和不断加快的损失，并最终并合。在这种情况下，双星不与其周围环境发生显著的动力学或其他相互作用。产生有较小半长轴可并合的致密双星，既要避免初始双星的半长轴过小以至于其在演化过程中因外包层膨胀导致两星合并，又要避免初始双星的半长轴过大以至于其在形成过程中因出生踢出（natal kick）而发生双星离解，或形成后的致密双星轨道过宽无法在哈勃时间内并合。如此，一种方式是初始双星的半长轴较大，但在演化后期可因物质交流等造成轨道收缩，此即有物质交流的孤立双星演化；另一种方式是初始双星的半长轴较小，但在演化过程中双星外包层可不膨胀不发生物质交流，通过恒星演化过程中内核和外层有效混合或极端贫金属甚至无金属达成，此即化学均匀的孤立双星演化或星族 III 孤立双星演化。下面我们将对这两种机制分别予以介绍。

1）有物质交流的孤立双星演化

在这种机制下，初始双星的距离既不太大又不太小，从而可以保证它们有充足的空间演化，避免演化过程中直接合并，但其形成的致密双星又可以在哈勃时间内最终并合。双星中，较大质量的主星会首先耗尽用于聚变的核心区氢燃料，在主序末尾阶段氦核收缩、富氢包层膨胀并逐渐充满洛西瓣。在次星的潮汐力作用下，主星的外包层物质会通过拉格朗日点转移到次星导致次星成长，主星变成一个裸露的氦星，并进一步燃烧氦核演化，通过星风损失质量并最终坍缩成为致密星（中子星或黑洞）。在此前，可能会发生星风损失、洛希瓣物质交流等一系列物理过程，影响产生的致密星的性质、次星的质量及其进一步的演化。主星形成致密星过程中的质量损失和由超新星爆发非对称性产生的出生踢出速度（natal kick velocity）可能会造成双星系统离解。若主星演化成为致密星后，双星系统仍可保持，则其进一步演化。增大的次星的质量可能显著大于由主星形成的致密天体的质量，其通过演化也会使得双星系统再一次进入物质交流阶段，甚至因流体不稳定性产生公共包层（common envelop，CE）。双星系统在非共转公共包层内因气体的拖拽损失能量和角动量，轨道逐渐收缩。在轨道收缩几个量级后，轨道收缩释放的部分能量会造成公共包层的抛射[90]，或者双星的角动量损失正比于公共包层演化阶段主星的质量损失[91]。如此，次星损失掉其外部包层后变成一颗裸露的氦星，双星的半长轴也变得非常小。氦星通过星风进一步损失质量，最后也坍缩为一颗致密星。如果次星形成致密星过程中的物质损失和超新星爆发产生踢出速度也不足以离解双星系统，则最终会留下一对在较小的半长轴相互绕转的致密双星系统。其究竟是双黑洞、双中子星、中子星–黑洞双星还是其他类型取决于初始双星的质量、化学丰度和间距等。其中一些致密双星系统会因引力波辐射损失能量和角动量，并在哈勃时标内最终并合，成为引力波天文台的探测目标。图 5.1 示意了一对孤立双星系统演化形成双黑洞的过程（摘自文献 [92]）。

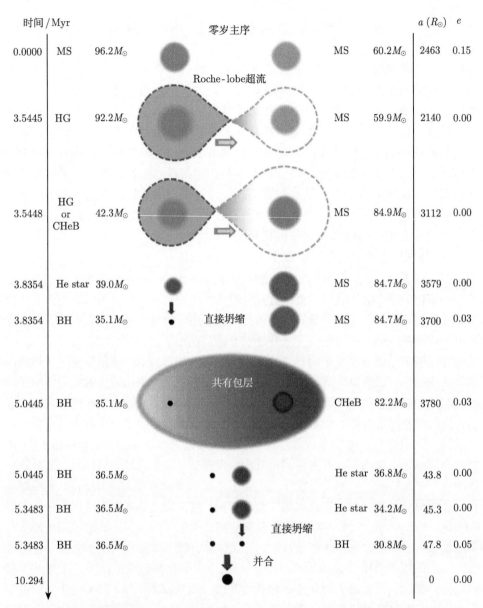

图 5.1　孤立双星演化形成双黑洞过程示意图。摘自文献 [92]，详细见该文中的 Figure 1

有物质交流双星系统的演化相当复杂，其包含了多种不同的天体物理过程，最终究竟可以生成多少致密双星不仅依赖于双星的初始条件也取决于这些物理过程，比如有多大比例的双星可以在主星和次星的超新星爆发及形成致密天体导致的出生踢出后仍可留存，有多大比例的双星可以在公共包层演化后留存，有多大比例的致密双星可因引力波辐射而最终并合等。然而，目前对这些物理过程的理解有相当大的不确定性,特别是公共包层演化和出生踢出速度大小等。在文献中有大量的相关讨论,这些过程的不确定性导致对双黑洞、双中子星、中子星–黑洞双星等并合率的估计误差可以超过若干量级。另外,双星具体的演化路径也并不一定与上一段描述的完全相同。比如,有些双星系统可能在发生第一次物质交流的时候两颗星都已演化为巨星,如此则会产生公共包层,且双星会在公共包层中演化并同时抛射它们的外包层,直至演化为致密双星。至于通过发生物质交流的大质量双星系统演化形成恒星级质量双黑洞、双中子星、中子星–黑洞等致密双星系统的具体细节和不同通道,可以参见文献 [92-96],我们在此就不再赘述了。

2）化学均匀孤立双星演化

假设双星的间距足够小,以至于它们的轨道被潮汐锁定,主星和次星的转动速度可达到与其轨道速度相比拟的程度,且化学丰度足够低以致可显著抑制星风的产生。如此,恒星极向和赤道面上的温度会有显著的差异从而产生环流,外层的氢会填充到内核中,而内核合成的氦会被带到表层,导致内外物质充分和有效地混合,从而使得恒星的化学成分变为均匀演化。在氢充分完全燃烧后,整个恒星直接收缩变为裸露的氦星,避免了后主序阶段的物质交流,并最终坍缩为黑洞或中子星[97-99]。此种机制要求双星的质量较大,因此最终大多数只能形成双黑洞,只有较少的可以形成中子星–黑洞双星。

3）星族 Ⅲ 孤立双星演化

第一代恒星星族 Ⅲ 形成的双星系统中,初始时没有碳、氮、氧等重元素,因而避免了开始时碳氮氧循环过程的发生,核心的反应只能通过 pp 链。当中心部分有了充足的氦后,可以通过三 α 过程产生较重的核并导致碳氮氧循环过程发生,但在氦核外部的氢包层中并不发生此类过程。因此,相对于富金属的恒星来说,星族 Ⅲ 恒星演化过程中径向的膨胀要弱得多,且星风损失也要少得多。如此,星族 Ⅲ 双星的演化过程中可避免前面阐述的富金属双星演化过程中产生的物质交流,并且能够保有其外部氢包层。最终,主星和次星都坍缩演化为致密星[100-102]。一般认为,星族 Ⅲ 大质量双星演化形成的致密双星多为双黑洞。因模型中涉及很多不确定的物理过程,能够通过星族 Ⅲ 双星演化产生多少双黑洞并不确定。

在过去几十年中,有大量的文献研究了由孤立双星演化产生致密双星的过程和星族合成模型,并结合星系和恒星形成的宇宙学演化预言了致密双星并合率及其宇宙学演化[92-106]。针对有物质交流的孤立双星演化,双黑洞的本地并合率为 $1 \sim 6900 \mathrm{Gpc}^{-3} \cdot \mathrm{yr}^{-1}$,双中子星的本地并合率为 $0.4 \sim 8900 \mathrm{Gpc}^{-3} \cdot \mathrm{yr}^{-1}$,中子星–黑洞双星并合率则为 $0.04 \sim 6225 \mathrm{Gpc}^{-3} \cdot \mathrm{yr}^{-1}$;针对化学均匀/星族 Ⅲ 的孤立双星演化,双黑洞的本地并合率为 $0.1 \sim 30 \mathrm{Gpc}^{-3} \cdot \mathrm{yr}^{-1}$(其中由星族 Ⅲ 形成的可能只占 10% 左右),中子星–黑洞双星的并合率为 $0.02 \sim 0.2 \mathrm{Gpc}^{-3} \cdot \mathrm{yr}^{-1}$,双中子星的并合率可忽略不计。在由双星演化形成致密双星的过程中有众多天体物理过程理解上的不确定性，这些过程包括物质交流、角动量转移、公共包层演化、潮汐相互作用、致密星形成时受到的出生踢出速度大小和分布等。尽管有如此多的不确定性，量化的计算结果仍表明有物质交流的孤立双星演化可能主导了可并合双黑洞、双中子星和中子星–黑洞双星的生成，而化学均匀/星族 Ⅲ 孤立双星演化只贡献了有限的一部分。

特别需要注意，孤立双星演化产生的双黑洞系统族群具有几个特别的性质。其一，双黑洞中两成分的质量这一基本物理过程均不会在大质量段的上质量间隙之中，也即 $50/60 M_\odot$ 和 $120 M_\odot$ 间（参见图 5.2）。其二，双黑洞很可能因其物质交流等过程其自旋方向倾向于对齐。其三，双黑洞并合事件发生率与其寄主星系质量密切相关，类银河系星系是双黑洞并合事件寄主星系质量分布的峰值[107,108]。这几个特征也可以用来作为双黑洞孤立双星起源的重要指针。

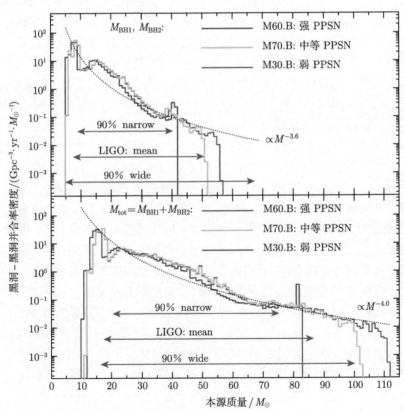

图 5.2　孤立双星演化形成双黑洞的质量分布示意图。图中 M60.B、M70.B 和 M30.B 分别代表强、中等和弱对不稳定脉动超新星模型。上图表示双黑洞两成分质量的分布，下图表示总质量的分布。摘自文献 [36]，详细见该文中的 Figure 13

2. 星团和层级三体系统中的动力学相互作用起源

1）致密星团中的动力学相互作用起源（dynamical origin in dense stellar systems）

球状星团和年轻星团等致密星团中恒星的数密度较高，因而单星、双星甚至是多星系统间会发生频繁的动力学相互作用。致密天体可以由单星首先形成，并不必须一开始就形成于双星之中。致密天体特别是黑洞由于有较大的质量，会因为质量层析效应而落入星团中心。在那里，它们可以通过与双星系统的三体相互作用，替代掉双星系统中较轻的一颗而成为新形成的那对双星的一员。如果新双星的半长轴足够小，轨道速度大于星团内区的弥散速度，它就成为硬双星，其可在与周围其他星体的动力学相互作用中进一步变硬，而不会离解。当然，硬双星也可能在与其他单个致密天体或双致密天体的动力学相互作用过程中交换成员。总的来说，硬双星系统或形成的新致密双星会因这些动力学相互作用损失能量和角动量，进一步变硬，直至引力波辐射导致的轨道收缩变得非常有效，并最终导致双星并合[109-115]。在这种机制下，因黑洞的质量相对于中子星的质量要重得多，因此其最终形成的主要是双黑洞。此种机制的有效性依赖于星团的中心密度，越密的星团越容易通过动力学相互作用产生致密双星系统。图 5.3 示意了星团中动力学相互作用形成较大质量双黑洞并合引力波事件的过程（见文献 [112] 中的 Figure 1）。一般来说，相对于由孤立双星演化产生的并合双黑洞，此类星团中动力学起源产生的并合双黑洞会有更多的大质量系统，且因可以多代并合产生位于上质量间隙中的黑洞（见图 5.4）。因此，并合双黑洞的质量分布可以用来区分孤立双星演化和动力学起源两种不同的双黑洞产生机制。

另外，三体相互作用也会导致较轻的致密天体（包括黑洞）被踢出星团，只有较重的一部分才会留存在星团中心，从而帮助形成双星系统并导致最终的并合。越密的星团可以有越深的势阱，从而阻止致密天体被三体动力学相互作用踢出星团，增加可并合致密双星的形成效率。在较密的星团中，通过动力学相互作用并合后形成的第二代致密天体（主要为黑洞）有可能会被星团的势阱束缚住。在这种情况下，如果它没有因并合产生的出生踢出速度（可高达 $100 \sim 1000 \mathrm{km/s}$）而被踢出星团，则其将再次参与到与其他（双）星的动力学相互作用中去，并形成第二代致密双星。这些第二代致密双星也会经历相同的过程，并可能最终并合。如此这般，会形成多代致密双星（双黑洞）的并合。代数越高，并合的黑洞质量也会越大。

由致密星团中的动力学相互作用形成的双黑洞在近邻宇宙中的并合率为 $0.1 \sim 122 \mathrm{Gpc}^{-3} \cdot \mathrm{yr}^{-1}$，双中子星的并合率为 $0.004 \sim 400 \mathrm{Gpc}^{-3} \cdot \mathrm{yr}^{-1}$，而中子星–黑洞双星的并合率则为 $0.01 \sim 74 \mathrm{Gpc}^{-3} \cdot \mathrm{yr}^{-1}$（总结见文献 [96]）。

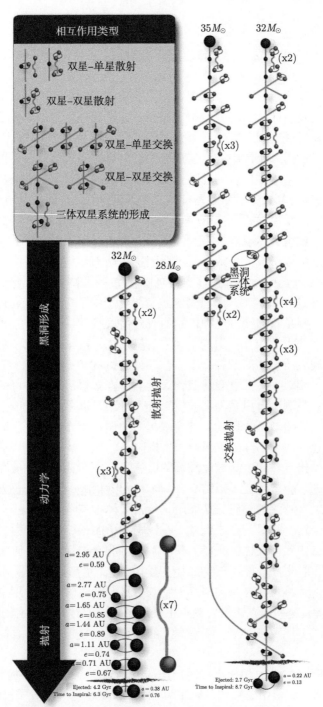

图 5.3　星团中动力学相互作用形成双黑洞过程示意图。摘自文献 [112]，详细见该文中的
Figure 1

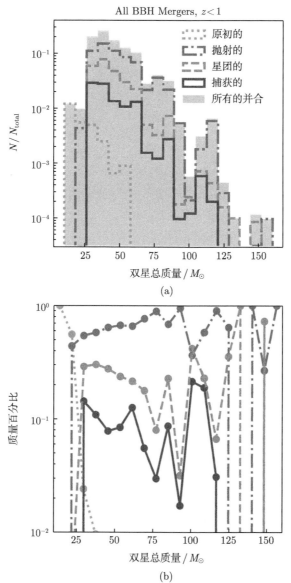

图 5.4 星团中动力学相互作用形成双黑洞质量分布示意图。摘自文献 [116]，详细见该文中的 Figure 1

2）孤立层级三体系统等促成双黑洞并合

在层级三体系统中，外部的第三星可以与内双星（致密双星）发生动力学相互作用造成内双星轨道变化乃至双星并合。一般情况下，距离较远的第三星与内双星间因 vZLK（von Zeipel-Lidov-Kozai）机制[117-119] 可来回转移角动量，造成内双星轨道椭率和倾角的周期性变化。若内双星是致密双星，当其椭率因 vZLK 机制激发到极高值（> 0.9）时，在近心点处的引力波辐射显著增强，使得内双星轨道能量和角动量快速损失。在此 vZLK 效应导致内的周期性变化过程中，内双星轨道持续损失能量和角动量，逐渐收缩圆化并最终并合[120-122]。在这种机制下，内双星不仅可以是双黑洞，也可以是双中子星。vZLK 效应除在孤立的层级三星系统中起到促进内双星并合的作用外，也可在星系核中心由致密双星与大质量黑洞组成的三体系统中发挥作用（如下一条所述）。由层级三星系统机制形成的致密双星并合，在最后的旋近并合阶段可能轨道还没来得及完全圆化，残余的椭率可能被引力波探测器探测到，如此则有别于孤立双星演化机制产生的致密双星并合。由此机制形成的双黑洞在近邻宇宙中的并合率估计为 $0.14 \sim 40 \mathrm{Gpc}^{-3} \cdot \mathrm{yr}^{-1}$，双中子星的并合率为 $0.8 \sim 3793 \mathrm{Gpc}^{-3} \cdot \mathrm{yr}^{-1}$，而中子星–黑洞双星的并合率则为 $1.9 \times 10^{-4} \sim 680 \mathrm{Gpc}^{-3} \cdot \mathrm{yr}^{-1}$[96]。

通过致密星团中的相互作用和层级三体相互作用等产生的致密双星系统，特别是双黑洞系统，具有显著不同于孤立双星演化产生的系统。比如，此类双黑洞可能有较高的椭率[113]，其两成分的自旋指向相对随机分布[43]等。而孤立双星演化产生的双黑洞的轨道在形成时或之后很快就圆化了，没有显著的椭率，其两成分的自旋也或多或少接近于对齐。如此，双黑洞性质分布可以用来将这些动力学起源与孤立双星演化起源区分开来。

3）星系中心超大质量黑洞和活动星系核吸积盘协助形成（MBH/AGN-assisted origin）

星系核中存在由超大质量黑洞（见下文介绍）及其周围的大量星体所组成的核星团（nucleus star cluster），其是有效产生双黑洞并合事件及多代并合事件的理想场所。核星团中恒星密度极高、致密天体类型多样，使得恒星/致密星–双黑洞之间的相互碰撞过程极为频繁，且核星团的速度弥散相对于球状星团和年轻星团更高，三体相互作用并不容易将致密天体踢出星团。一方面，核星团中的双黑洞外轨道将会在两体弛豫（two-body relaxation）[123]、共振弛豫 (resonant relaxation)[124,125] 等物理过程的共同作用下演化。同时，vZKL 机制及超大质量黑洞的潮汐力作用等都会对双黑洞内轨道产生显著影响。在这些机制的共同作用下，双黑洞可以在多种不同于其他环境（如孤立环境、球状/年轻星团等）的独特动力学机制下发生并合。例如，vZKL 共振并合 (如文献 [126-129])、双黑洞通过与第三个天体（如附近的恒星或黑洞等）的近距离引力三体作用发生引力波并合[129-131]、受大质量黑洞的潮汐力作用产生并合 (如文献 [132])、引力波捕获并合（如文献 [133]）等。

在核星团环境中，双黑洞并合后产生的第二代黑洞天体也可以在三体交换作用下与另一个致密双星进行成员交换而重新进入双星系统中，并在上述的机制作用下再次发生并合,产生第三代并合黑洞[134,135]。如此反复。每一代天体的质量都会比前代更高,甚至可能形成数千太阳质量的中等质量黑洞[136]。双黑洞并合时,引力反冲效应[128,137] 可以达到 $100 \sim 1000 \mathrm{km} \cdot \mathrm{s}^{-1}$ 数量级。由于在星系核中心有超大质量黑洞存在,引力势阱更深,可以束缚住这些并合产物,因此对比于球状星团环境[112],或者孤立的三星系统[138] 中,星系核环境中能更有效率地形成第二代甚至多代的并合产物[139]。由动力学形成的双黑洞系统,其自旋和轨道角动量方向应当没有相关性。此外,第二代或多代的黑洞除了质量可以大于 $50/60M_{\odot}$ 并处于黑洞上质量间隙中外,其自旋也会比第一代黑洞要高,呈现出自旋-质量相关性[139]。

活动星系核中大质量黑洞周围的气体吸积盘可能是协助双黑洞等致密双星形成的理想场所[140,141]。一方面,吸积盘上可以直接形成大质量恒星[142,143];另一方面,星系核心的恒星/致密星体也可能因与吸积盘的动力学相互作用损失能量和角动量而被气体盘俘获[144]。这些大质量恒星/致密星与气体盘相互作用并向内迁徙,迁徙过程中发生动力学相互作用形成双星或致密星/双黑洞系统。致密双星/双黑洞系统与周围气体相互作用而致轨道收缩,并最终并合,同时因为吸积周围气体,致密星/黑洞的质量也显著增长[141,145-147]。

星系中心超大质量黑洞和活动星系核吸积盘协助形成的双黑洞在近邻宇宙中的并合率估计为 $0.002 \sim 60 \mathrm{Gpc}^{-3} \cdot \mathrm{yr}^{-1}$,双中子星的并合率为 $0.004 \sim 400 \mathrm{Gpc}^{-3} \cdot \mathrm{yr}^{-1}$,而中子星–黑洞双星的并合率则为 $0.02 \sim 300 \mathrm{Gpc}^{-3} \cdot \mathrm{yr}^{-1}$[96]。

在星系核动力学环境中产生的并合事件也有独特的观测特征。例如,星系核中心的双黑洞并合事件,其在低频和高频引力波探测器中的观测椭率一般显著大于场星或 AGN 盘中产生的双黑洞并合事件的椭率[129,148]。这些高椭率的事件产生的引力波背景能量密度谱指数将在 $1 \mathrm{MHz}$ 以下偏离场星模型预言的正则值 $2/3$,因此未来可以被空间引力波探测器所检验[132,149]。此外,其引力波波形中将含有大质量黑洞产生的额外相位漂移(phase drift)效应或相对论效应[150,151]。例如,对于离中心大质量黑洞较近的双黑洞并合会有明显的多普勒漂移效应[128,132]、引力红移、引力透镜效应等[151-154],且可以被未来低频或中频引力波探测器观测到[132]。前述这些观测特征明显不同于场星或球状星团中并合的引力波事件[112,132,139]。结合空间和地面引力波望远镜在这些特征上的观测,未来有可能将星系核并合这种机制和其他的并合机制产生的事件区分开来。

4)原初黑洞

上面我们讨论的都是天体物理起源的致密双星系统,而未涉及其他起源机制。原则上,恒星级双黑洞系统还可由宇宙早期相变阶段的密度扰动产生的原初黑洞(primordial black holes)形成[155,156]。原初黑洞作为潜在的暗物质候选体已被广泛研究过[157,158]。尽管原初黑洞占暗物质的比例已在很大的参数空间里被各种观测限制到较小的值，但其存在并未被完全排除。如果宇宙早期相变形成了相当数量的质量在几十倍太阳质量左右的原初黑洞，它们在随后漫长的宇宙演化过程中可通过动力学相互作用形成双黑洞，其中部分的双黑洞可最终并合。人们就此种机制开展了大量的研究，并以其来解释诸如 GW 150914 和 GW 190521 等质量较大的双黑洞并合事件[157,159-161]。原初双黑洞的本地并合率估计为 $0.02 \sim 10^5 \mathrm{Gpc}^{-3} \cdot \mathrm{yr}^{-1}$，其依赖于具体的早期宇宙模型以及双黑洞形成天体物理过程，具有非常大的不确定性[96]。本章主要介绍天体起源引力波源，以下将不再对原初黑洞形成双黑洞并合系统这一机制作详细介绍。

综上，任何一种致密双星形成机制都需考虑不同的复杂天体物理过程。尽管可以通过模型给出致密双星并合率的估计，但因缺少观测定标、对具体物理过程理解的欠缺、模型参数的不确定性等，同一种机制不同研究给出的估计有高达多个量级的差异。如此，使得通过并合率鉴别模型变得困难。随着致密双星观测的推进，不同的模型通过与观测对比并反复迭代从而不断精化，加深对不同机制中相关物理过程的理解，限制或揭开致密双星的主导起源机制以及不同机制的贡献。

5.4　超大质量双黑洞

观测表明近邻宇宙中绝大多数星系中心都存在超大质量黑洞[162,163]，其中最著名的例子有银河中心的超大质量黑洞[164,165] 和 M87 星系中心的超大质量黑洞[166,167]。超大质量黑洞的质量（ $M_\bullet$ ）可以通过动力学手段等获得比较准确的测量[168]。对于有较准确质量测量的超大质量黑洞，人们发现其质量与寄主星系的性质（包括椭圆星系或旋涡星系核球的质量 M_b^* 、速度弥散 σ 等）紧致相关，即所谓的 $M_\bullet\text{-}M_b^*$ 关系和 $M_\bullet\text{-}\sigma$ 关系[168-171]。这些关系表明星系中心超大质量黑洞很可能与星系协同演化[172-174]。此外，星系中心的超大质量黑洞在星系并合过程中或富气体环境下吸积气体触发活动星系核和类星体，并通过吸积快速增长。基于 $M_\bullet\text{-}M_b^*$ 关系和 $M_\bullet\text{-}\sigma$ 关系并结合星系分布，可以获得近邻宇宙中超大质量黑洞的质量分布函数和质量密度[175-177]，而活动星系核/类星体光度函数随红移的演化直接给出了超大质量黑洞质量密度因吸积过程随宇宙时间的增长[178]。通过这两种质量密度的比对，人们发现超大质量黑洞的质量成长主要来源于活动星系核/类星体阶段的吸积[175,177]。活动星系核/类星体不仅是导致超大质量黑洞成长的主要过程，其造成的能量和动量反馈也使得超大质量黑洞与星系演化紧密耦合在一起，是 $M_\bullet\text{-}M_b^*$ 关系和 $M_\bullet\text{-}\sigma$ 关系产生的物理缘由[172-174]。近来，人们花费了很大的精力去寻找活动星系核反馈的观测证据，也发现了一些证据和端倪，但目前对活动星系核究竟如何反馈作用于星系中的气体、其细节的物理过程如何作用仍不清楚，需要进行更多观测和理论研究[179,180]。

5.4.1 超大质量双黑洞的形成演化和并合

在标准的冷暗物质宇宙层级结构形成模型下，大星系一般是由较小的星系吸积并合而来[181]。观测中也发现很多的星系对甚至正在并合的星系，为冷暗物质宇宙结构形成模型提供了强证据[182]。在星系并合的过程中，自然地前身星系中的超大质量黑洞也会相互靠近形成超大质量双黑洞（为方便起见，本小节中有时也以双黑洞指代超大质量双黑洞）。此后，双黑洞的主黑洞的质量记为 m_1，次黑洞的质量记为 m_2。超大质量双黑洞的形成过程包含了几个不同的阶段[183,184]（图 5.5）。①动力学摩擦阶段 (dynamical friction stage)[123,185]：在星系并合的早期，中心黑洞及其周围的恒星会在星系势场中通过与星系中其他恒星间的引力相互作用产生动力学摩擦从而损失角动量和能量，逐渐落入星系势场的中心。②非硬双黑洞阶段 (non-hard binary black hole stage)：当前身星系中的两个黑洞靠得足够近时，其相互间的恒星越来越少，因而由恒星提供的引力变弱，而两个黑洞相互间的引力开始主导。当其轨道内包含的恒星质量（$M_*(<a)$）开始小于两个黑洞的总质量（$m_1 + m_2$）时形成引力束缚的双黑洞系统，此时双黑洞轨道半长轴定义为 a_b 并且有 $M_*(<a_b) = m_1 + m_2$。双黑洞继续在动力学摩擦及与周围恒星的相互作用中损失角动量和能量，轨道进一步收缩。③硬双黑洞阶段 (hard binary black hole stage)：当双黑洞的轨道半长轴（a）小于 $a_h = Gm_2/4\sigma_*^2$ 时，这里 σ_* 为并合星系核心的一维恒星速度弥散。在此阶段，动力学摩擦不再有效，双黑洞轨道衰减由双黑洞与进入其周围区域的低角动量恒星间的三体相互作用主导。可定义一临界角动量 J_{lc}，所有角动量小于 J_{lc}（定义为 loss-cone，即损失锥）的恒星几乎都会与中心双黑洞发生三体相互作用获得能量，从而被踢出双黑洞所在区域并不再返回（部分会成为超高速星飞出所在星系[186]），其带走的能量与双黑洞能量的比不依赖于双黑洞的能量[187-189]。④引力波辐射主导阶段 (gravitational wave dominated stage)：当双黑洞的半长轴足够小时，绕转双黑洞的引力波辐射主导了其轨道演化，且轨道衰减时标（τ_{GW}）随半长轴的减小而迅速变短，也即 $\tau_{GW} \propto a^4$。超大质量双黑洞演化的不确定性主要在非硬双黑洞和硬双黑洞阶段（$a_b > a > a_{GW}$），这两个阶段为双黑洞演化瓶颈期，其时间长短由有多少恒星可以进入到双黑洞的邻域与它们产生三体相互作用决定。若超大质量双黑洞质量较大且其周围的恒星分布呈球对称，在低角动量恒星被迅速消耗掉后，两体弛豫无法提供足够多的恒星进入双黑洞邻域（损失锥中）①，导致其在非硬双黑洞和硬双黑洞阶段的时间可能超过哈勃时标，因此在宇宙年龄内不能到达引力波辐射主导轨道的快速衰减阶段，从而难以最终并合（这常被称为超大质量双黑洞演化的"最后秒差距问题"，尽管实际上这个问题的定义可能并不准确，甚至问题本身并

---

① 在非球对称系统中，损失锥变为损失楔（loss-wedge）或损失区（loss-region）[184]。

不存在）。如果星系中心恒星分布是非球对称的，特别是三轴系统中高角动量的恒星会进动到低角动量轨道上与双黑洞发生三体相互作用带走角动量导致轨道收缩，从而最终并合[184,190,191]。同样，双黑洞演化也会受星系核心处的星团、气体甚至是第三个超大质量黑洞的影响[192-196]，从而以更快的速度并合。

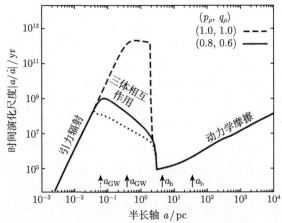

图 5.5　超大质量双黑洞轨道演化示意图。图中实线代表一双黑洞轨道在一个三轴星系（短轴与长轴比 $q_\rho = 0.6$，中轴与长轴比 $p_\rho = 0.8$）中，虚线代表球对称星系中的双黑洞演化，点线代表有气体作用情况下的演化

理论上预言宇宙中超大质量双黑洞的分布和并合历史主要可以通过两种不同的方式。一种是结合观测给出的星系并合率、超大质量黑洞与星系性质间的关系以及双黑洞在并合星系中的动力学演化，从而估计宇宙中双黑洞的演化历史[197-199]，另一种则是利用星系结构形成和活动星系核演化的宇宙学模拟结合简化的双黑洞演化模型获得[200-204]。两者各有优缺点。前者利用了观测对星系性质和星系并合率的限制，并结合双黑洞轨道演化细致模型可以快速有效地给出预测，但其对星系并合的具体物理过程采用了简化的模型（比如利用了动力学摩擦解析公式或数值模拟给出的拟合公式）；后者对星系或暗物质晕并合过程有更多的细节考虑和模拟，但其依赖于具体的模拟，不同的模拟给出的结果差别可能较大。以下我们主要基于文献 [199] 简要地总结模型给出的超大质量双黑洞的性质、并合历史以及它们在宇宙中的分布等预言（其他结果参见文献 [205, 206] 等）。

近邻宇宙中 $1\% \sim 3\%$ 的星系中心存在质量比 $q = m_2/m_1 > 1/3$ 的超大质量双黑洞，大约 10% 的星系中心存在质量比 $q > 0.01$ 的超大质量双黑洞。星系中心质量为 $(10^6 \sim 10^7)M_\odot$ 的黑洞有 $0.5\% \sim 1\%$（或约 2%）存在于质量比 $q > 1/3$ 和周期为 $1 \sim 10\,\mathrm{yr}$（或 $1 \sim 30\,\mathrm{yr}$）的双黑洞系统中。这一双黑洞的比例会随着黑洞质量的增大而减小，大约只有 0.01% 的质量为 $10^9 M_\odot$ 的黑洞存在于双黑洞之中。在红移 $z < 3$ 的情况下，双黑洞的比例随红移的变化并不显著。若取质量比为 > 0.01，则质量为 $(10^6 \sim 10^7)M_\odot$ 的黑洞大约有 10% 存在于周期为 $1 \sim 30\,\mathrm{yr}$ 的双黑洞中，而质量为 $10^9 M_\odot$ 的黑洞则只有 0.6% 存在于同样周期范围的双黑洞中。超大质量双黑洞在红移 $z < 3$ 时并合率大约为 $1\,\mathrm{yr}^{-1}$，但并合率的估计依赖于黑洞质量与寄主星系性质关系以及星系并合率等，不同的选择可以导致接近两个量级的并合率估计差异（$0.1 \sim 10\,\mathrm{yr}^{-1}$）。并合率也依赖于双黑洞的质量和质量比，较大总质量的双黑洞并合率较低，同等总质量情况下质量比 q 较小的并合率较低，总并合率主要由 $(10^5 \sim 10^7)M_\odot$ 的双黑洞贡献。

周期在年左右的超大质量双黑洞会辐射纳赫兹甚低频引力波，同时宇宙中大量的此类引力波波源辐射混叠在一起也会形成纳赫兹引力波背景。超大质量双黑洞系统和由其形成的纳赫兹引力波背景都是下文介绍的脉冲星测时阵探测的主要目标。人们通过超大质量双黑洞的宇宙学族群演化模型对这些波源和引力波信号开展了大量的研究。人们预言由超大质量双黑洞产生的纳赫兹引力波背景在 $f_{\mathrm{GW}} = 1\,\mathrm{yr}^{-1} = 3.2 \times 10^{-8}\,\mathrm{Hz}$ 处的特征应力强度为 $3.7 \times 10^{-17} \sim 1.3 \times 10^{-15}$[199-203,207-209]，其中值为 $(2 \sim 4) \times 10^{-16}$。引力波背景的谱形状在 $f_{\mathrm{GW}} > f_{\mathrm{GW,turn}} \sim 10^{-10} \sim 10^{-9}\,\mathrm{Hz}$ 时为正则幂律谱，即 $\propto f_{\mathrm{GW}}^{-2/3}$，是由引力波辐射主导双黑洞的轨道衰减决定的；在 $f_{\mathrm{GW}} = f_{\mathrm{GW,turn}}$ 时，引力波背景谱达到峰值；在 $f_{\mathrm{GW}} < f_{\mathrm{GW,turn}}$ 时，谱形拐转并随频率下降而下降，此为三体相互作用等天体过程主导轨道衰减而致[199]。如果超大质量双黑洞演化过程可激发高椭率，则 $f_{\mathrm{GW,turn}}$ 可移至更高的频率[210]。在 $f_{\mathrm{GW}} > 10^{-8}\,\mathrm{Hz}$ 时，引力波背景谱会低于正则谱形（$\propto f_{\mathrm{GW}}^{-2/3}$）且开始振荡，这主要是由于高频段辐射的引力波源数目较少。在 f_{GW} 为 $10^{-8} \sim 10^{-7}\,\mathrm{Hz}$ 时，最强的波源为红移 $z < 1$ 的总质量 $> 10^9 M_\odot$ 的超大质量双黑洞，它们应该是被脉冲星测时阵首批探测到的双黑洞个源[199]。

在高红移处，中等质量黑洞是超大质量黑洞的种子。超大质量黑洞可以是从第一代恒星演化形成的较小的恒星级黑洞通过吸积并合成长而来，也可以是从由宇宙早期气体坍缩直接形成的中等质量黑洞通过吸积并合成长而来[211]。尽管天文观测发现在红移 $6 \sim 8$ 之间就已经形成了质量在 $10^9 M_\odot$ 之上的超大质量黑洞，这很可能要求超大质量黑洞的种子为比较大的中等质量黑洞，但还并未排除其从第一代恒星产生的黑洞通过超爱丁顿吸积快速成长形成[212-214]。当前的观测对中等质量黑洞和种子黑洞的大小限制不多，因此对超大质量黑洞的早期成长阶段并不特别清楚。选取不同的种子黑洞模型会得到显著不同的中等质量黑洞并合率[215]。比如，如果种子黑洞是由大质量星直接坍缩形成，其质量比较大，为 $10^4 \sim 10^5 M_\odot$，则产生的中等质量黑洞并合率为 $20 \sim 30\,\mathrm{yr}^{-1}$，且其红移分布峰值为 $z \sim 4$，几乎没有 $10^3 \sim 10^4 M_\odot$ 的双黑洞并合；但若种子黑洞为 $10^2 M_\odot$ 的第一代恒星产物，则其导致的中等质量双黑洞的并合率为 $100\,\mathrm{yr}^{-1}$，$(10^3 \sim 10^5)M_\odot$ 的双黑洞并合占了主要的部分，且其红移集中在高红移，比如 $z > 4$ 处。

超大质量黑洞在通过吸积和并合成长的过程中其自旋也会不断地演化。一般认为，由大质量星坍缩形成的初始种子黑洞的自旋为 $0.7^{[216]}$。黑洞间的主并合可以产生自旋为 $0.7 \sim 0.9$ 的并合黑洞[85, 217-219]，而频繁的随机方向的次并合则可降低并合后黑洞的自旋，甚至导致并合后黑洞的自旋接近于 $0^{[220]}$。黑洞的自旋随着通过吸积盘吸积的质量的增加而快速增长，在吸积一倍多的质量后其可迅速增长至 $0.998^{[221]}$。当然，若考虑磁场和喷流以及混沌吸积的效应，吸积导致的自旋最大值可以比 0.998 小[222-224]。综合种子黑洞模型、吸积和并合等多个物理过程，在文献中有大量关于超大质量黑洞族群自旋演化和分布的研究[224-229]。值得注意的是，在富气体的并合过程中并合前的两个黑洞会因为吸积盘施加的扭矩导致双黑洞自旋方向对齐，而贫气体并合情况下双黑洞的自旋应该是随机分布的[227, 230]。类似于高频地基引力波探测，未来的空间引力波探测也将给出并合前双黑洞的等效自旋和进动自旋等相关信息，从而对双黑洞的形成演化及相关物理过程给出限制。

5.4.2　超大质量双黑洞电磁观测特征及搜寻发现

双黑洞在不同的演化阶段呈现不同的现象，并可能伴随有不同的典型电磁观测特征。首先，它们可以是相距较远（几百 pc 到 kpc 尺度）处于动力学摩擦阶段的黑洞对（supermassive black hole pair，还未形成束缚的双黑洞系统），也可以是间距小于 pc 甚至 mpc 处于硬双黑洞或引力波主导阶段的密近双黑洞（close supermassive binary black holes）。在动力学摩擦阶段，两个黑洞相距较远（$a > a_{\rm b}$），其所在的两个前身星系核仍存在，且可被分辨。此时要确认每个星系核中都存在黑洞并不容易。但若两个前身星系中都存在大量的气体，在此阶段两个黑洞的吸积过程可能均被触发从而形成双活动星系核（dual AGN）现象。如此，观测上就可以通过双窄发射线和硬 X 射线辐射等特征来解析双核，从而确认黑洞对的存在[231-235]。一般来说，一旦探测到硬 X 射线双核，基本上就可以确定其为双活动星系核。然而，通常的硬 X 射线巡天的天区面积不大，也难以发现大量的双活动星系核[234]。SDSS 等大天区光谱巡天等项目发现了大量的具有双峰窄发射线特征的活动星系核，但是绝大部分情况下这些双窄发射线特征都是由单一活动星系核窄线区的外流导致。通过 X 射线观测证认，虽能发现一些双峰窄发射线系统是真正的双活动星系核，但效率并不高。目前，人们已通过此类双窄发射线和硬 X 射线双核特征等发现了至少数十个双活动星系核（或候选体）[236-238]。一个经典的例子是 NGC 6240 中心相距约 1 kpc 的两个黑洞（见图 5.6）。未来的 X 射线巡天等将会发现更多的双活动星系核，获得双活动星系核的核间距分布，从而对双活动星系核的触发机制以及黑洞成长给出限制，并获得双活动星系核系统黑洞质量与星系性质关系变化特性[239-242]。

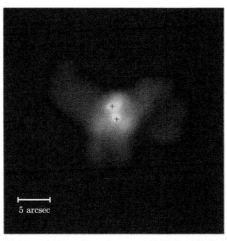

图 5.6　NGC 6240 中心的硬 X 射线双核（由"＋"符号指示其核心位置）(摘自文献 [231])

在引力波辐射主导的密近双黑洞系统中，若两个黑洞潜伏爪牙均不吸积气体发光，则难以直接观测。在此情况下，即使原则上可以利用轨道运动对周围星体的动力学效应对其进行探测[243]，但这需要极高的空间分辨率和灵敏度，很难有高的效率。目前观测上还没有就此类特征展开过系统搜寻，也没有发现任何一例。如果双黑洞系统也吸积气体成为明亮的活动星系核和类星体，则其很可能具有一些显著不同于单黑洞活动星系核和类星体的特征（部分参见文献 [244]）。这些特征可以大略分为以下几类。

（1）**射电辐射双核**：一些密近双黑洞系统的主次黑洞均吸积气体产生喷流，形成射电辐射双核。这样拥有极高分辨率的 VLBI 就有可能探测到[235]。目前，已发现一例这样的系统，也即射电星系 0402+379，其中的两个黑洞的质量为 $1.5 \times 10^9 M_\odot$，间距为 $7.3\,\mathrm{pc}$[245]（见图 5.7）。此系统应该是处于双黑洞轨道演化的瓶颈阶段，引力波辐射比较弱且对轨道演化的影响不大。但是，人们也并不清楚动力学摩擦、双黑洞与周围星体、气体的相互作用能否使得该系统在较短的时间内并合。

（2）**周期性轨道运动**：双黑洞系统中的每一个黑洞都会绕质心做周期性轨道运动。若黑洞吸积发光，高空间分辨率观测就有可能探测到这种轨道运动。文献 [246] 通过 3C 66B 的射电核的高分辨率空间解析，发现其做周期为 (1.05 ± 0.03) yr 的椭圆运动。这可以作为 3C 66B 中存在双黑洞的直接证据。文献 [247] 进一步建议利用 GAIA 对活动星系核进行的 10 年时长的高分辨率测光监测测量光心相对于质心的轨道运动，可以发现约 85 Mpc 双黑洞吸积系统。文献 [248] 则建议利用 VLTI-GRAVITY 的高空间分辨率发现密近双黑洞系统。

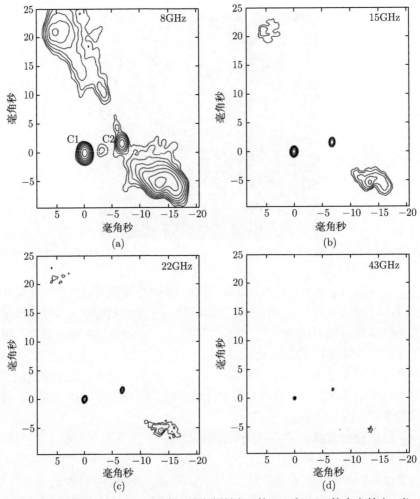

图 5.7　椭圆星系 0402+379 中心的高频射电双核 C1 和 C2 (摘自文献 [245])

（3）X 形射电喷流：双黑洞在并合后其自旋角动量可以主要由并合前的轨道角动量贡献，因此自旋方向显著不同于并合前两个黑洞的自旋。如此，若并合前的某个黑洞吸积造成喷流，且并合黑洞也吸积造成喷流，则并合前喷流与并合后的喷流方向（一般认为与自旋方向一致）可以显著不同，结合在一起形成 X 形的射电喷流。观测中确实存在此类喷流形状，它们被认为可以用双黑洞并合来解释[249]。但是此类射电喷流形状可以很自然地由喷流在非球对称分布星系介质中传播导致的方向变化产生[250]。

（4）**宽发射线双峰或非对称轮廓**：若两个活动黑洞离得很近，比如在 sub-pc 甚至 mpc 尺度上，则可能每个黑洞都带有各自的宽线区绕质心转动。遥远观测者探测到的宽发射线可以呈现为双峰结构，且双峰相对位置因双黑洞及相邻宽线区的轨道运动产生周期性的交替移动[251-253]。人们利用这些宽发射线特征发现了很多超大质量双黑洞的候选体，但是双峰宽发射线轮廓也可以由其他因素造成，比如单黑洞椭圆吸积盘上产生的发射线就是双峰的[254]，因此双峰宽发射线系统也难以直接被确认为双黑洞系统。宽发射线的非对称性和相对于星系系统红移的偏离也可作为搜寻双黑洞系统的判据[255,256]。双黑洞吸积系统也可能像单黑洞吸积系统一样，其内盘区域会发射 Fe Kα 荧光线。在单黑洞吸积系统中这种盘内区发射线会因多普勒效应、引力红移和透镜效应等呈现观测到的红边延展的相对论性双峰轮廓[257,258]。由于双黑洞系统中可能同时具有两组发射线，从而其轮廓显现为多峰，又或者内盘上存在沟壑导致 Fe Kα 发射线，呈现为比较复杂的结构，显著不同于单黑洞系统的双峰轮廓[259,260]。这种发射线特征也可以作为双黑洞存在的判据。

（5）**周期性光变**：超大质量双黑洞吸积系统可以很自然地产生周期性变化的连续谱。数值模拟表明，当活动的双黑洞系统间距较小时，次黑洞将会在吸积盘上开沟或洞，从而形成三盘结构，即环绕双黑洞的共有外盘分别环绕两个黑洞的两个小盘。在双黑洞绕转产生的力矩作用下，外盘物质会落入两个内小盘。次黑洞和主黑洞的吸积率由它们的质量决定[261]。在次黑洞较小的情况下，多数物质会落到次黑洞的吸积盘上[262-266]。一方面，次黑洞携带吸积盘绕质心快速运动，观测者探测到的连续谱辐射会因吸积盘随黑洞轨道运动导致的多普勒增强或减弱效应发生周期性变化；另一方面，数值模拟表明黑洞的吸积率也可能受双黑洞轨道运动的调制发生周期性的变化，从而导致连续谱辐射也发生周期性的变化，此周期可以不同于轨道周期。

人们通过时域长期监测发现超过上百例周期性光变类星体（年量级），并指出这一周期性光变可能是由超大质量双黑洞导致[267,268]。其中，最典型的例子有 OJ287[269] 和 PG1302-102[270]（见图 5.8）。OJ287 有超过 100 年的光学光变观测，其光变曲线存在 12 年的周期性变化，变化模式与一个质量为 $1.5 \times 10^8 M_\odot$ 的次黑洞周期性地冲击穿过一个质量为 $1.8 \times 10^{10} M_\odot$ 主黑洞周围的吸积盘造成的耀发光变相适应[269,271]。针对此系统，双黑洞模型给出了明确的由引力波辐射导致的轨道变化和近心点到达日期的预言，也能给出自旋的准确测量，这些都可以被未来的观测精确检验。PG1302-102 的周期性变化则被解释为次黑洞轨道运动造成的多普勒调制，其不仅可以解释光学光变的周期性，还可以解释紫外光变与光学光变幅度的差异等[272]。然而，若活动星系核和类星体的光学周期性光变探测的时长只有几个周期，并不能排除这种周期性光变可能是随机巧合现象[273]。

即使活动星系核和类星体的光变是随机的，在大样本监测中总会有少数源碰巧在较短时间里显现为周期性变化。要确认这些发现的周期性光变类星体的光变周期是否真实存在，需要更长时间的检测和证认[274]。值得关注的是，最近文献 [275]发现了一例光变周期快速衰减的类星体。此系统有可能是高椭率的超大质量双黑洞，将会在未来几年内并合。若被确认，这类超大质量双黑洞系统将会提供双黑洞并合过程及其与吸积盘和周围环境的相互作用信息，帮助揭示双黑洞演化进程中的关键物理过程。

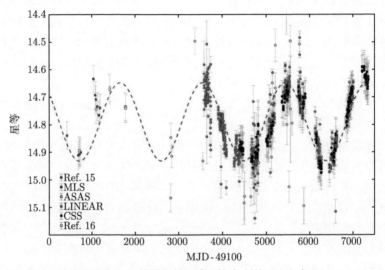

图 5.8　　PG1302-102 的周期性光变 (摘自文献 [270] 中 Figure 2)

　　在双黑洞模型下，不管是吸积率变化还是多普勒调制造成的连续谱周期性变化，都会相应地造成宽发射线轮廓的周期性变化，其与单黑洞系统显著不同。如果结合连续谱的周期性光变和发射线的轮廓变化，则有可能更好地区分单黑洞和双黑洞模型[276-281]。尽管进行长期光谱监测成本很高，系统设计针对性的观测将从多个方面确认部分双黑洞，极大地推动双黑洞研究。

　　（6）光学紫外缺失：对于三盘结构的活动双黑洞系统，长波辐射由双黑洞的共有外盘主导，而短波辐射（比如紫外辐射）则由两个小吸积盘主导，在特殊情况下甚至是次黑洞的小吸积盘主导。这样的吸积盘结构显著不同于单黑洞吸积盘系统。相较于单黑洞系统来说，双黑洞系统辐射的连续谱可能存在紫外缺失或高能 X 射线等的差异。尽管目前的望远镜还无法解析出双黑洞三盘吸积的几何结构，但通过连续谱的特征探测有可能发现这些双黑洞吸积系统。例如，文献 [282]发现 Mrk 231 存在紫外连续谱缺失，他们指出其可能预示 Mrk 231 中心为超大质量双黑洞，其总质量为 $1.5 \times 10^8 M_\odot$，质量比为 0.026，周期约为 1.2年，半长轴为 590 AU。有趣的是 Mrk 231 的光变中似乎也存在 1.2 yr 的周期[283]，与双黑洞解释相适应。当然，也有工作认为 Mrk 231 的紫外连续谱缺失是尘埃吸收造成的[284]。尽管 Mrk 231 中存在超大质量双黑洞与否还需要进一步的证认，类星体连续谱的光学紫外缺失仍可以作为发现双黑洞存在的一个有效探针[285]。

（7）**微引力透镜特征光变曲线**：人们也注意到总有一些类星体的辐射在传播到观测者的路径上碰到其他星系从而产生引力透镜现象[286]。这样的被透镜类星体不同波段的辐射有可能受被透镜星系中的单个恒星的微引力透镜效应影响。因为单个恒星的爱因斯坦半径大约与典型类星体的吸积盘尺度相当，在其相对类星体运动过程中先后分别对吸积盘不同辐射区域产生透镜效应，产生特征明显的光变曲线，从而可以帮助解析吸积盘的尺度和温度分布等[287]。同样，被透镜类星体的微引力透镜效应也可以用于解构双黑洞吸积系统的三盘结构，同时微引力透镜效应产生的光变曲线周期变化行为也显著不同于单黑洞吸积系统[288]。最近，文献 [289] 发现了一例这样的系统，表明了这一方法的潜力。有鉴于未来大样本巡天观测会发现数以万计甚至更多的被透镜类星体，其中小部分可能是双黑洞系统。因此，通过监测被透镜类星体的微引力透镜效应未来有可能成为有效发现超大质量双黑洞的新方法。同时，利用微引力透镜效应发现超大质量双黑洞的相关理论也值得进一步发展。

（8）**潮汐瓦解特征光变曲线**：部分宁静的双黑洞也可能通过潮汐瓦解并吸积进入其潮汐半径内的恒星而变得明亮。双黑洞系统潮汐瓦解事件的光变有可能受双黑洞的轨道运动调制，呈现间歇性的中断[290]。这种现象也可以作为发现双黑洞的探针，且目前已通过这种特征发现了一例双黑洞候选体[291]。随着越来越多的黑洞潮汐瓦解事件探测以及后随的时域和光谱精测，也有可能通过多方面的检验甄别此类候选体是否为双黑洞。

总的来说，天文观测已经发现了很多超大质量双黑洞候选体（其中周期星光变给出的候选体最多，超过 100 例），但是对密近双黑洞系统的确证还有很多的工作要做。单一观测证据往往因为替代解释的存在，难以确证发现的系统为双黑洞。只有结合多条证据，才能够真正确认超大质量双黑洞系统。比如，通过长期时域观测发现周期性光变类星体，同时开展光谱精测揭示宽发射线对连续谱光变的响应，甄别其变化是否同时吻合双黑洞模型等。此外，此领域将会随着超大质量双黑洞的引力波探测的实现取得重大突破、迎来新的时代。比如，纳赫兹的脉冲星测时阵探测到超大质量双黑洞个源再结合电磁观测发现其光谱和光变特征；空间引力波探测器探测到大质量黑洞并合，再结合在并合之前和之后的电磁观测揭示双黑洞的演化和吸积物理过程，或者针对电磁观测发现的超大质量双黑洞候选体搜寻其引力波信号并证认之。两个方向相辅相成，共同推进超大质量双黑洞及其与星系的协同演化的研究。

5.5　极端质量比旋近系统

极端/中等质量比旋近系统（extreme/intermediate mass ratio inspiral, EMRI/IMRI）是空间引力波探测器最主要最有趣的目标天体波源之一。极端/中等质量比旋近是指接近于检验质量的小质量致密天体（黑洞或中子星）旋近超大质量黑洞发射引力波这类事件，其质量比为 $10^{-6} \sim 10^{-2}$。此类事件的旋近运动过程在空间引力波探测频段可以完成高至 $10^3 \sim 10^5$ 个轨道循环。在星系核中，多种物理机制可以形成极端/中等质量比旋近系统，主要的包括：①动力学层析效应和两体弛豫，其可导致部分致密天体损失角动量进入中心超大质量黑洞附近并形成旋近系统[292]；②共振弛豫，中心黑洞附近的致密天体可因共振弛豫激发到高椭率轨道上，并通过引力波辐射损失角动量形成旋近系统[293]；③活动星系核的气体盘协助机制，气体盘也可帮助捕获致密天体并转移其角动量形成旋近系统，增强事件率[294,295]。人们根据不同机制预言了极端/中等质量比旋近事件的发生率，不同工作给出此类事件的空间引力波探测率预言有高达三个量级的差别，但是几乎所有的估计都表明未来的空间引力波探测器等都可以探测到几个甚至大量的极端/中等质量比旋近事件[296,297]。

5.6　引力波的引力透镜

未来引力波探测器将会探测到大量的致密双星并合事件。部分事件的引力波信号在传播过程中可能会被星系或暗物质晕等透镜，产生引力波的引力透镜效应[298-300]。通常探测的目标天体波源的引力波可以是致密双星并合产生的高频引力波（100 Hz），相应波长约为 1000 km；可以超大质量黑洞并合产生的低频引力波（0.01 Hz），相应波长为 10^7 km；也可以是超大质量双黑洞旋近产生的甚低频引力波（10^{-9} Hz），相应的波长约为 10^{14} km。因可探测的引力波波长远远大于通常的射电–伽马射线波段电磁波的波长，引力波的引力透镜效应可以分为以下两种不同情况。

第一种情况是大质量星系对致密双星并合产生的高频引力波或大质量黑洞并合产生的低频引力波的强引力透镜现象，这种情况类似于类星体等的强引力透镜现象满足几何光学极限条件（波长远小于透镜的爱因斯坦半径）。致密双星并合的引力波信号被恰好在其传播路径上的星系透镜后会产生双像或多像，不同像之间有一定的时延，且此时延绝大多数情况下都远大于双星的并合时标（秒级甚至更短），因此不同的像将于先后不同的时间到达引力波探测器，显现为分立的引力波事件[301]。观测上确认多个不同的引力波事件实际上是同一个引力波事件被透镜后的不同像，需要比对这些事件的物理参数和空间方位等。目前，人们已经开展了系列的在 LIGO-Virgo 数据中搜寻引力波引力透镜事件的理论和数据分析研究，甚至已有工作声称发现了引力波引力透镜事件或其候选体[302-305]。同样，人们也就引力波引力透镜事件的探测率开展了大量的工作，发现 LIGO / Virgo / KAGRA 等就有可能探测到几何光学极限下的引力波引力透镜事件，而三代引力波探测器爱因斯坦望远镜和宇宙勘探者则有可能每年发现高达数百例这类引力波引力透镜事件 (参见文献 [301, 306, 307])。

第二种是小质量暗物质晕或原初黑洞对致密双星并合产生的高频引力波的波动光学下的衍射透镜现象，或者是稍大质量的暗物质晕/小星系对更低频率的引力波的衍射透镜现象[308-311]。在此情况下，透镜效应并不能使得引力波信号分裂成多个像，而是使其强度和相位发生变化，从而改变了引力波的探测信号。对于给定的透镜，这种变化是频率依赖的。因此，对于有显著频率变化的引力波事件，被衍射透镜过的引力波信号难以用未被透镜过的引力波模板来准确匹配，从而可以被识别出来。已有相当一些工作对引力波衍射透镜的探测率开展了系列的研究，比如，文献 [312] 预言三代地基引力波探测器以及未来的中频空间引力波探测器可以每年探测若干双黑洞并合为 $10^3 \sim 10^6 M_\odot$ 暗物质晕透镜的引力波事件，当然具体的数值依赖于暗晕的内部密度轮廓和暗物质的性质。值得注意的是，衍射透镜是引力波透镜特有的现象。电磁波的透镜很难产生这种波动光学条件下的可探测的衍射现象。

引力波的引力透镜效应不仅是一类极为有趣的现象，利用其可以帮助检验引力波的波动本质，而且其也有着重要的宇宙学和天体物理应用价值。一方面，光学极限下的引力波引力透镜事件探测能够获得不同透镜像之间的时延间距的精准测量，从而可以用来精确测量哈勃常数以及限制其他宇宙学参数[313,314]。这种对时延的精准测量是类星体强引力透镜系统观测难以获得的，因而利用引力波透镜事件测量哈勃常数具有明显的优越性。另一方面，引力波的衍射透镜效应也可以用来探测利用电磁手段难以探测的小质量暗物质晕和原初黑洞等，帮助限制暗物质的性质和原初黑洞的丰度等[310,312]。此外，引力波的引力透镜也可以如同电磁波透镜一样帮助我们研究星系的内部结构、揭示星系的演化和引力波源的起源[315] 等。同时，引力波引力透镜事件的寄主星系因其电磁透镜信号可以更容易被发现。准确的寄主星系定位使得定点搜寻高红移波源的电磁对应体信号成为可能[316]，从而帮助揭示波源起源并应用此类波源探测宇宙和限制宇宙学参数。

5.7　引力波事件的电磁对应体

致密双星并合可能会伴随有电磁辐射，从而被多波段电磁望远镜探测到。在双中子星、中子星–黑洞（自旋较大、质量较小的黑洞）并合过程中，由于中子星被撕裂，可能以相对性的速度 $(0.1 \sim 0.3c)$ 抛射出大量的中子物质。其中，一部分物质被抛射出去形成动力学抛射物，另一部分物质在并合产物周围形成吸积盘系统，吸积盘中的部分物质会因为中微子或是黏滞的驱动产生盘风（包括中微子驱动风和黏滞驱动风）。这些富含中子的动力学抛射物和盘风在向外运动过程中随引力势场变弱迅速膨胀，并通过快中子过程迅速合成各种重原子核（包括金、铂、镧系元素、锕系元素等）释放大量的能量。这些能量会在抛射物质向外膨胀形成火球的过程中以准黑体辐射的形式释放出去，产生千新星现象[317-321]。抛射物质的密度、速度及由其形成的火球光深等在不同方向上不同。在靠近双星轨道垂向方向，抛射物速度较大且其光深较小，光球层温度相对较高呈现为蓝色（称为蓝千新星成分），而在靠近双星轨道面方向，抛射物质速度相对小点且光深较大，光球层温度相对较低呈现为红色（称为红千新星成分）[322]。还有更细致的考虑，加入紫色千新星成分的。另外，回落吸积以及在并合产物是大质量磁星的情况下也会对抛射物产生额外的加热，从而影响千新星的光变行为，留下不同的光变曲线特征[321,323-325]。图 5.9 展示了双中子星并合喷射物产生千新星结构。尽管千新星辐射红蓝成分都有一定的各向异性，但相对来说较弱，其变化在一个星等左右[321]。因此，千新星的电磁对应体搜寻与其视角关系不大。

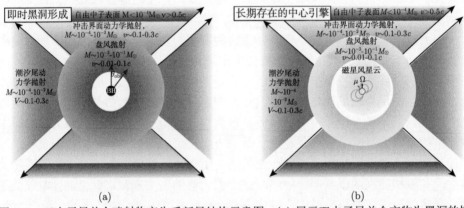

(a)　　　　　　　　　　　　　　(b)

图 5.9　双中子星并合喷射物产生千新星结构示意图。(a) 展示双中子星并合产物为黑洞的情况，(b) 展示并合产物为大质量磁星的情况。摘自文献 [321]，详细介绍见该文献中 Figure 3

　　双中子星、中子星–黑洞并合产物的盘吸积过程会同时产生喷流导致短伽马暴现象。短伽马暴在伽马射线和硬 X 射线段的辐射可以被空间卫星探测到。伽马射线暴在其喷流物质与星周介质的相互作用下随后进一步产生伽马暴余辉（X 射线—光学—红外甚至射电波段），这些余辉可以被 X 射线、光学红外的望远镜探测到[326-328]。伽马暴高能波段和余辉的辐射对观测倾角（定义为视线方向与喷流轴向的夹角）具有很强的依赖性。对已经观测到的伽马暴余辉进行分析, 发现一般伽马暴喷流张角为 $\theta_{jet} \sim 3.27°$ [329]。当观测视角大于 $2\theta_{jet}$ 时, 辐射强度随倾角增加快速减弱。因此, 通过伽马暴余辉搜寻电磁对应体只对少部分的视角小于 $2\theta_{jet}$ 的事件才有效, 而其他视角较大的引力波事件的余辉搜寻则难度非常大。

人们相信短伽马暴是由含中子星的致密双星并合产生, 因此会有相随的千新星辐射。通过对短伽马暴的后续观测和搜寻, 人们已经发现一些短伽马暴光变曲线中显现有千新星的特征, 可以作为千新星的候选体。比如, 文献 [330] 发现 GRB 130603B 的光学和近红外观测数据与千新星模型预言相符。文献 [331] 发现 GRB 050709 也可能具有千新星的特征。文献 [332] 发现 GRB 070809 的光学红外辐射相对于由 X 射线在余辉模型推测的超出很多, 显示与千新星的观测特征相符。文献 [333] 则发现 GRB 200522A 的包括近红外在内的多波段观测, 表明其有可能需要用千新星来解释。这些发现表明未来伽马暴搜寻及其后随红外光学信号的观测将会帮助发现千新星信号, 并进一步帮助限制余辉和千新星模型。

恒星级双黑洞并合一般来说并不会有电磁对应体, 或者即使有也会非常微弱。但是, 也不能排除部分的恒星级双黑洞形成于富气体的特殊环境中。比如, 产生于类星体的吸积盘中的恒星级双黑洞就可能有一些伴随的电磁信号 [334,335]。未来, 大量的此类引力波事件的探测和多信使观测将会进一步推动对其起源的理解。

超大质量双黑洞并合一般也不期望有伴随的电磁对应体。但如前文所述, 若其位于类星体等富气体环境中, 则其电磁对应信号可能变得非常有趣。此类系统在其并合的早期 (也即两个黑洞相距较远, 比如数十个上百个施瓦西半径以上), 两个黑洞可能环绕有公共吸积盘、辐射光学和红外辐射。但内盘部分因与双黑洞的相会作用被部分甚至完全清理掉, 形成沟或洞, 外加分别环绕两个黑洞的小吸积盘系统。在这样的三盘系统中, 紫外至高能辐射部分可能被抑制甚至缺失, 显示出显著不同于单黑洞吸积系统的特性。当双黑洞进入快速并合过程时, 仅由黏滞驱动的外盘吸积物质来不及掉入黑洞附近产生最终的吸积, 因而内区的辐射几乎没有; 在黑洞并合后, 外面的公有吸积盘开始因黏滞转移角动量落入并合黑洞附近并重新构造吸积盘系统。这一过程可能会持续数年, 连续谱也会发生不断的变化, 直至最后显现为单黑洞吸积系统的样子 [266,336-342]。从共有吸积盘重构单黑洞吸积系统提供了一个不同于潮汐撕裂瓦解过程的动态吸积盘构建和演化过程, 此系统具有引力波信号给出的准确的黑洞质量和自旋测量, 可以极大地帮助我们理解吸积物理 [343]。

另外, 并合过程中并合产物还会因引力波辐射的各向异性而获得较大的线性动量, 导致其弹射飞离所在系统, 弹射速度甚至可以高达每小时数千公里 [344-346]。这一弹射速度的大小依赖于双黑洞系统的轨道构形和黑洞的自旋。若弹射速度很大, 则并合后的黑洞会携带其周围的吸积盘飞离星系中心甚至逃逸出整个星系,成为偏核的甚至是裸的超大质量黑洞吸积系统[347]。人们试图通过搜寻寄主星系缺失的活动星系核并且其宽发射线线心相对附近星系红移有较大的偏离来发现这种系统，也找到了一些候选体[348,349]。但要证实其是否一定是由双黑洞并合弹射而成并不容易。另外，双黑洞并合造成的弹射也可能会使得少部分星系中心的超大质量黑洞的缺失。未来关于黑洞的大样本黑洞质量测量和类星体光谱探测将会对此给出有效的限制[350]。

5.8　多波段引力波探测主要方法和目标天体波源

天体波源的引力波辐射横跨纳赫兹至千赫兹频段。不同辐射频率的引力波需要采用不同的探测技术和设备来探测，目前针对天体波源的探测主要包括以下三种[①]。

5.8.1　地基激光干涉仪探测

地基激光引力波天文台一般采用几至几十公里级尺度的法布里–珀罗腔和迈克耳孙激光干涉仪探测微小的时空尺度变化。该类探测器的探测频段一般为$10 \sim 10^3$Hz，主要目标波源为恒星级双黑洞、双中子星、中子星–黑洞等致密双星系统的并合、脉冲星产生的连续引力波辐射以及超新星爆发产生的引力波暴等[351-354]。目前已建成运行的地基引力波天文台包括美国先进激光干涉引力波天文台（LIGO）（包括位于汉福德（Hanford）和利文斯顿（Livingston）的两个探测器）、欧洲室女座引力波天文台（Virgo）、日本的 KAGRA 引力波天文台等，还在建设中的有印度的 India-LIGO（IndiGO）等。其中，LIGO、Virgo 已经成功探测到至少 80 余例双黑洞并合、2 例双中子星并合、3 例黑洞–中子星并合，为致密（双）星的形成演化的研究提供了极为重要的观测资料[355,356]。LIGO-Virgo 已经开展并完成了共三期观测，实现了常态化探测引力波事件。它们将与KAGRA 一起在 2023 年初开展第四期观测，有望探测到更多的引力波事件。另外，国际上也正在积极部署和开展第三代地面引力波探测器的设计及其科学预研，计划中的有欧洲的爱因斯坦望远镜器（Einstein telescope, ET）[357] 和美国的宇宙勘探者（cosmic explorer, CE）[358]。第三代地基引力波探测器的探测距离可达宇宙学尺度（红移 > 2 ~ 3），可以将引力波事件探测率提高三个量级以上。目前，人们也在探索其他不同的地基引力波探测方法，例如采用原子干涉技术的地基引力波探测[359-363]，其中包括我国提出的 ZAIGA（Zhaoshan long-baseline atom interferometer gravitation antenna）[363]。

---

① 通过探测宇宙微波背景辐射光子的极化（B-mode）可以探测宇宙早期暴胀阶段产生的原初引力波。对这种宇宙学起源的引力波探测，本章不作讨论。

5.8.2　空间激光干涉引力波探测

空间引力波探测一般采用十万至百万公里级的无拖曳卫星星间激光干涉技术探测引力波造成的微小的时空尺度变化。该类探测器的探测频段为 $10^{-4} \sim 1\,\mathrm{Hz}$，最主要的天体目标波源包括大质量双黑洞的并合和极端质量比旋近事件以及双白矮星和其他致密双星的旋近等。目前提出的空间引力波探测计划主要有欧美合作的 LISA 项目[364]。LISA 项目将发射三个卫星形成星座，三颗卫星分别位于边长为 250 万公里的等边三角形的顶点上，其中心位于滞后于地球 20° 角的地球绕太阳公转运动的轨道上。三颗卫星通过激光链路两两连接，形成六条干涉链路探测引力波信号通过时空度规的微小变化造成的干涉信号变化，从而探测到超大/中等质量黑洞并合等事件。LISA 已立项并发射了探路者卫星，成功地检验了相关技术[365]，预计其将在 2034 年发射升空。我国也正在开展"太极"（Taiji）[366,367] 和"天琴"（Tianqin）[368] 空间引力波探测器项目的研究，并已于 2020 年成功发射验证星"太极一号"[369] 和"天琴一号"[370]，验证了一些相关技术。"太极"计划采用与 LISA 类似的绕日轨道，其星间间距为 300 万公里，略大于 LISA 的臂长，其中心放置于超前地球 20° 角的地球绕日公转轨道上。太极和 LISA 可以形成探测阵列开展联合探测[371]。"天琴"计划则采用绕地轨道，其三个卫星位于距离地心 10 万公里的绕地轨道上形成边长约为 17 万公里的星座。"太极"和"天琴"预计也将于 2030 年左右发射。这些空间引力波探测器将可直接探测到银河系内的大量双白矮星、远至宇宙早期第一代星系中心的中等/大质量双黑洞并合事件、极端质量比旋进事件、天体起源引力波背景等。LISA、太极和天琴等空间激光干涉引力波探测技术还在发展过程中，其实现要等到 2030 年。以下我们就这些空间引力波的各类天体波源探测预期做简要总结。

（1）**双白矮星**：双白矮星族群形成演化的模拟预言 LISA、太极和天琴等空间引力波探测器可以探测到几万例双白矮星[69]。一些电磁观测已给出较准确系统参数测量的白矮星，可以作为空间引力波探测器的验证源，比如前文提到的 SDSS J0651+2844 和 ZTF J1539+5027 等。空间引力波探测的波源周期在 1h 之下，其主要为氦–氦双白矮星（He-He DWDs）、氦–碳氧双白矮星（He-CO DWDs）等，银河系的厚盘和核球都有显著贡献[372]。另外，大量的不可分辨的双白矮星（数目在 $10^7 \sim 10^8$ 量级[373]）发射的引力波会混叠在一起形成随机引力波前景，成为空间引力波个源探测的噪声[364]。空间引力波探测器的轨道运动会造成引力波探测信号的特征频率和幅度调制，帮助限制双白矮星引力波前景以及白矮星个源的系统参数，高频比低频能够更好地限制。通过探测到的双白矮星的轨道构型、空间和物理参数分布等，结合引力波电磁波多信使数据可以进一步限制相互作用白矮星双星系统中物质交流和角动量转移、潮汐耗散、辐射机制等关键天体物理过程。

（2）**白矮星–中子星双星**：空间引力波探测器可以以较大的信噪比探测到一些已知的致密白矮星–双中子星系统并新发现数百例此类波源，甚至是监测到一些大质量系统的频率和引力波强度的变化，从而揭示其演化。比如，LISA、太极和天琴以较高的信噪比探测到 4U1820-30[71]。未来电磁波和引力波的多信使观测将会一起帮助深化对此类双星演化进程的理解[71-74]。

（3）**恒星级双黑洞**：空间引力波探测器 LISA、太极和天琴等的观测四年可以探测到几十甚至上百例距离较近的恒星级双黑洞，精确测量其质量、质量比等物理参数，它们的距离测量相对精度可以达到 0.05 ~ 0.2，定位精度可以达到 $1° \sim 100°^2$ [374,375]。

（4）**中等/超大质量双黑洞并合**：空间引力波探测器 LISA、太极和天琴等每年可探测到 1 例左右的超大质量双黑洞（$10^5 \sim 10^7 M_\odot$）并合事件、几十至上百例的中等质量双黑洞（$10^3 \sim 10^5 M_\odot$）并合事件[199,215]。这些双黑洞并合事件的红移可以高达 20 以上。红移低于 2 的事件的探测信噪比可以很高，一些黄金事件的信噪比甚至可以高达几千以上。由高信噪比引力波信号可以高精度提取出系统物理参数，包括主次黑洞的质量（精度可达 0.1% ~ 1%）和自旋（精度可达 0.01 ~ 0.1）。值得注意的是，相对于利用电磁波测量自旋，引力波给出的自旋测量更干净，其不依赖于复杂的气体物理和辐射过程。同时，引力波波源的定位精度可以达到 $10 \sim 1000 \deg^2$，光度距离的测量可以达到百分之几到百分之五十的精度[66,364]。未来的空间引力波探测将会通过对超大质量双黑洞并合及其包括质量和自旋等性质分布的探测，帮助甄别不同种子黑洞、双黑洞演化和黑洞成长及其与星系的协同演化模型，也作为标准汽笛帮助探测宇宙。极高信噪比的特殊并合事件也可以用来高精度检验广义相对论和引力理论。

（5）**极端/中等质量比旋近**：低频空间引力波探测将会发现高达数以百计甚至更多红移在 z 为 1 ~ 2 之内的极端/中等质量比旋近事件[364]。此类事件因其探测的轨道循环多提供了一个独特的探针，可以以极高的精度测量黑洞质量和自旋以及系统轨道参量（精度可达万分之一）。波源的光度距离测量可达 5% 的精度，空间定位可以达到几个平方度。高精度的质量和自旋测量使得极端质量比旋近事件成为检验强引力场下的广义相对论、精确测绘黑洞周围的时空性质、理解引力的本质的理想探针；同时，其引力波信号也会反映其复杂的天体物理背景，结合多波段、多信使天文观测，可以提取诸如黑洞分布及黑洞周围的暗物质分布、吸积盘、星团演化、超大质量黑洞起源和成长、并合时刻的非线性特征等天文和物理信息[296,297,376,377]。

另外，人们也提出其他频段的空间引力波探测，包括中频分赫兹引力波探测器和低频微赫兹引力波探测器。中频分赫兹引力波探测器包括 DECIGO (DECihertz Interferometer Gravitational Wave Observatory)[378]、BBO (Big Bang Observer)[379]、AMIGO (Astrodynamical Middle-frequency Interferometric Gravitational Wave Observatory)[380] 等。此类中频空间引力波探测器主要探测中等质量双黑洞的并合和恒星级双黑洞、双中子星和中子星–黑洞双星的旋近等。将原子钟发射到空间形成星座，通过计时差也同样可以探测中频甚至低频引力波信号[381]。低频微赫兹引力波探测器则包括新近提出的下一代 μ-Hz 空间引力波探测器和早年提出的太阳系尺度空间引力波探测概念 ASTROD-GW (Astrodynamical Space Test of Relativity using Optical Devices) 等，其可填补 LISA 与以下介绍的纳赫兹脉冲星测时阵引力波探测间的空白频段[382]。

空间引力波探测器与地基引力波探测器还可以联合开展多波段引力波探测，通过探测致密双星特别是恒星级双黑洞甚至是双中子星的旋近、并合的全过程，提升波源定位精度、波源物理和轨道参数的测量精度，帮助揭示波源起源和搜寻引力波事件的电磁对应体信号，更好地利用波源开展宇宙学和引力检验研究[374,375,383-387]。

空间引力波探测的实现不仅会革新我们对恒星和双星演化、种子黑洞形成、大质量 (双) 黑洞的成长和演化以及大质量黑洞和星系协同演化的理解，而且其获得的极高信噪比黄金探测事件将会在前所未有的精度和尺度上测绘黑洞周围的时空结构，使得精确检验广义相对论、揭示黑洞和引力本质成为可能。

5.8.3 脉冲星测时阵探测

脉冲星测时阵（pulsar timing array，PTA）通过射电望远镜监测和相关分析多个稳定毫秒脉冲星的测时残差来探测甚低频（$10^{-9} \sim 10^{-7}$ Hz）引力波信号，其目标波源是大质量双黑洞绕转所产生的纳赫兹引力波信号及其合成的背景、宇宙弦及宇宙学残余引力波的高频部分。脉冲星是天然的精准时钟，其脉冲信号的顺次到达可以准确记录时间。早在 1979 年，文献 [388] 就提出可以通过监测脉冲星探测纳赫兹引力波。如果有引力波信号通过，其可改变脉冲信号传播路线上的时空度规，造成脉冲信号到达时间的变化。对不同方向的脉冲星，其在受共同的引力波信号影响下脉冲到达时间残差可呈现一定的空间相关性（即所谓的 Hellings-Downs curve[389]）。而由脉冲星红噪声等其他因素造成的脉冲间隔残差会因不同的脉冲星而不同，不应该存在方向相关性。因此，通过长时间监测多个脉冲星的脉冲到达时间，提取到达时间残差间的空间相关性，可以发现和证认引力波信号。

20 世纪 90 年代，人们开始探讨建设脉冲星测时阵探测纳赫兹引力波[390]，并在各百米级射电望远镜的基础上构建了多个脉冲星测时阵。目前国际上正在运行的有开展测时监测超过 10 年的欧洲 EPTA[391]、美国 NANOGrav (Nano-Hertz Gravitational Wave Observatory)[392] 和澳大利亚的 PPTA (Parkes PTA)[393]，以及近期开展基于 FAST 的 CPTA (Chinese PTA) 和印度的 InPTA（Indian-PTA）

等项目。其中 PPTA、EPTA、NanoGRAV 和 InPTA 共享数据联合组成了国际脉冲星测时阵（International PTA, IPTA）[394]。人们还新提出可以利用伽马射线监测毫秒脉冲星探测引力波的新方法，并给出了对引力波背景信号的限制[395]。我国参与的国际合作项目 SKA 望远镜[396] 以及美国的 ngVLA（next generation Very Large Array）[397] 将是未来相当长一段时间国际上最重要的射电望远镜项目。它们也将监测成百上千个稳定脉冲星来直接探测引力波，有望极大地推动脉冲星测时阵探测引力波领域的深入发展。脉冲星测时阵方法很有可能在未来几年取得突破，并探测到超大质量双黑洞绕转产生的纳赫兹低频引力波背景。而通过 FAST、ngVLA 和 SKA 观测，可以发现孤立的超大质量双黑洞绕转产生的引力波信号，为超大质量黑洞和星系的协同演化甚至宇宙学研究提供新的信息。脉冲星计时阵列还可以获得其他引力波探测技术难以测量的引力波偏振和色散等信息，为检验引力理论提供了更丰富的可能性。

5.9　引力波探测结果

5.9.1　地基引力波探测结果

自 2015 年起，LIGO 和 Virgo 分别开展了三期引力波探测，总共发现了至少 90 例致密双星并合（天体起源概率高于 0.5；质量和类别分布见图 5.10）。在首期（O1）观测中发现了 3 例双黑洞并合[398]，二期（O2）观测中发现了 1 例双中子星并合和 10 例双黑洞并合[398]，三期（O3）观测中则发现了 1 例双中子星并合、至少 3 例中子星–黑洞并合以及至少 70 例双黑洞并合，有 2 例因次星质量处于已知中子星最大质量和恒星级黑洞最小质量之间，不能确定究竟是中子星–黑洞并合还是双黑洞并合[356]。在 LIGO 和 Virgo 释放的数据中，人们还发现了更多的信噪比相对较低的致密双星并合候选体[399,400]。下面我们将分别就引力波对致密双星并合的发现历程中的一些重要事件作简要介绍。

1. 恒星级双黑洞

截至 LIGO 和 Virgo 的 O3 观测，引力波探测至少发现了 83 例双黑洞并合事件。这些双黑洞并合提供了大量关于黑洞性质分布、起源和演化等方面的信息。

（1）**GW 150914**：GW 150914 是 LIGO 实现的首次引力波直接探测，是人类发现的第一例引力波事件和第一例双黑洞，其证实了广义相对论关于引力波的预言[1,401]。该事件是由位于 410^{+160}_{-180} Mpc 处的两个黑洞并合产生，其质量分别为 $36^{+5}_{-4} M_\odot$ 和 $29^{+4}_{-4} M_\odot$，并合后形成的黑洞的质量和自旋分别为 $62^{+4}_{-4} M_\odot$ 和 $0.67^{+0.05}_{-0.07} M_\odot$，有 $3^{+0.5}_{-0.5} M_\odot$ 转化为引力波能量辐射出去，其波形与广义相对论的预言完全吻合，具体见图 5.11 中该事件的引力波信号，GW 150914 的探测标志

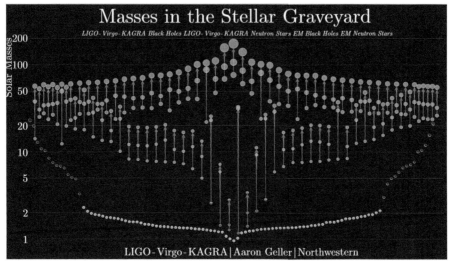

图 5.10 LIGO/Virgo 三期观测引力波事件质量类别分布图。其中蓝色代表引力波探测发现的黑洞，橙色代表引力波发现的中子星，橙蓝各半的不确定究竟是中子星还是黑洞；紫色为电磁波发现的黑洞，黄色为电磁波发现的中子星

(https://www.ligo.caltech.edu/image/ligo20211107a)

着人类正式打开了利用引力波探测宇宙的新窗口，开启了引力波天文学的新时代。GW150914 的质量比电磁观测到的银河系内的 X 射线双星中的黑洞质量要大得多，这一发现激发了大量关于黑洞形成和双黑洞起源的理论研究，革新了对黑洞形成和双星演化的理解，导致了原初黑洞研究的复兴。

（2）**GW170814**：第一个被 LIGO、Virgo 三个天文台都探测到的引力波事件。该事件是由两个黑洞的并合导致，其质量分别为 $30.5^{+5.7}_{-3.0}M_{\odot}$ 和 $25.3^{+2.8}_{-4.2}M_{\odot}$，光度距离为 540^{+130}_{-210} Mpc[402]。因为 Virgo 的加入，波源所在天区范围的限制精度显著提升。若只用 LIGO 数据，天区范围为 1160deg^2，加上 Virgo 数据则被限制到 60deg^2。GW170814 的探测展示了多个引力波天文台的联测对波源空间定位的显著提升。

（3）**GW 190521-030229**：若假设准圆轨道旋进并合，GW 190521 引力波信号表明其是由质量分别为 $95.3^{+28.7}_{-18.9}M_{\odot}$ 和 $69.0^{+22.7}_{-23.1}M_{\odot}$ 的两个黑洞并合形成[403]，具体见图 5.12。GW190521 的主星是目前探测到的最大的恒星级质量黑洞之一，其处于理论预言的对不稳定超新星（PISN）导致的上质量间隙之内[404]，因此难以由孤立双星演化直接形成，而很可能由其他机制形成。并合后的黑洞的质量为 $163.9^{+39.2}_{-23.5}M_{\odot}$，已经在中等质量黑洞的质量范围内。ZTF（Zwicky Transient Factory）发现了一个与 GW 190521-030229 相协的电磁耀发 S190521g [405]，该耀发与活动星系核吸积盘中产生的双黑洞并合图景相一

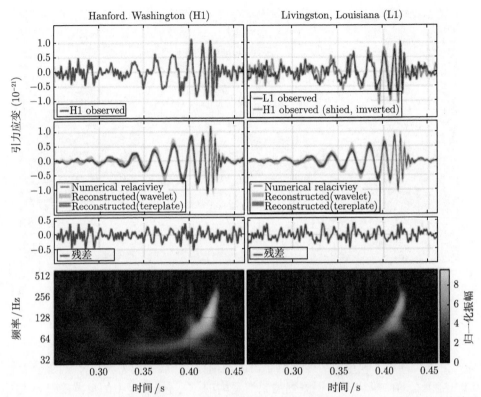

图 5.11　GW150914 引力波信号。上列为时域信号 (以噪声幅度为单位)，中间列为重构波形
及残差，下列为频域信号 (摘自文献 [1])

致[140]。GW190521 极大的质量引起了人们广泛的兴趣。人们提出了各种各样的模型来解释其高质量，包括 GW190521 可能为比较高椭率的并合[406,407]、跨越上质量间隙的两个黑洞[408]、动力学机制产生的多代双黑洞并合产物[409]、活动星系核吸积盘上产生的双黑洞[410]、第一代恒星产生的双黑洞的并合[411]、原初黑洞产生的双黑洞并合[161] 等。

（4）**GW 190814**：LIGO 和 Virgo 三期观测发现的一个致密双星并合引力波源，其次星与主星质量比（~ 0.112）远小于之前发现的其他波源。该波源黑洞主星的质量为 $23.2^{+1.1}_{-1.0}M_\odot$，次星质量为 $2.59^{+0.08}_{-0.09}M_\odot$[412]。次星质量比所有有质量测量的由电磁观测发现的中子星的质量都要大，但又比所有有质量测量的黑洞都要轻，因而难以确定其究竟是中子星还是黑洞。电磁观测没有发现与 GW 190814 相关的电磁辐射，引力波数据中也未发现潮汐形变的证据。

地基引力波探测已经积累了一批致密双星并合事件，获得了具有统计意义的较大探测样本。人们根据这些探测对致密双星的族群开展了统计研究，包括并

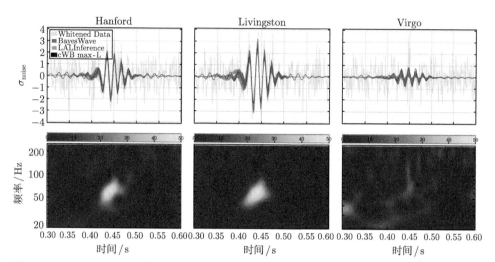

图 5.12　GW 190521 引力波信号。上列为时域信号 (以噪声幅度为单位)，下列为频域信号

(摘自文献 [403])

合率估计、双黑洞质量函数估计、自旋分布性质及其对双黑洞形成机制的限制和鉴别[355,413]，也利用它们检验了引力属性[414]。根据 LIGO 和 Virgo 的前三期测量[356]，人们发现恒星级双黑洞在近邻宇宙 ($z = 0.2$) 的并合率为 $17.3 \sim 45\,\mathrm{Gpc}^{-3} \cdot \mathrm{yr}^{-1}$，且并合率随红移演化，即 $\propto (1+z)^{\kappa}$，$\kappa = 2.7^{+1.8}_{-1.9}$。观测给出的双黑洞啁啾质量分布从 $\mathcal{M}_c$ 为 $5 \sim 6M_\odot$ 一直延伸至 $70M_\odot$，有清晰可见的亚结构，包括 $\mathcal{M}_c < 10M_\odot$ 的小质量集团，峰值分别为 $15M_\odot$ 和 $30M_\odot$ 的另外两个集团。类似地，观测也给出了主黑洞和质量比的分布测量。主黑洞的质量分布可以用指数为 $\alpha = 3.4^{+0.58}_{-0.49}$ 的幂律再叠加上一个峰值在 $34^{+2.3}_{-3.8}$ 的高斯成分很好地拟合 (高斯成分占比为 $0.039^{+0.058}_{-0.026}$)，高质量段截止在 $45^{+11}_{-6.2}M_\odot$ (99% 置信度)。质量比也可以用指数为 $1.1^{+1.8}_{-1.3}$ 的幂律函数很好地拟合，表明相当一部分双黑洞非等质量双黑洞。采用其他模型而非幂律叠加高斯成分会得到略有不同的结果。质量分布函数的结构很可能反映了天体物理的不同起源。

如前所述，恒星演化模型预言了因对不稳定性造成的上质量间隙，即质量在 50^{+20}_{-10} 和 $120M_\odot$ 间的黑洞无法由恒星演化直接产生。GW 190521 的质量很可能位于此上质量间隙内 (也有其他工作认为其主次黑洞均不在上质量间隙内[408,415,416])，包括该事件的分析表明观测上黑洞质量分布一直延伸至 $75M_\odot$，上质量间隙起始质量不会低于此值。当然，GW 190521 也可能是由其他机制产生的。未来引力波观测可能会发现更多的类似于 GW 190521 的事件，将会给出上质量间隙是否存在的关键证据，并帮助鉴别不同的双黑洞形成模型。双黑洞的主次成分也少有位于 $3 \sim 5M_\odot$ 间的，这与电磁观测给出的结论一致[46,417]。不过，最小黑洞质量的确定依赖于是否包括类似于 GW 190814 这样的极端非对称系统，其次星的质量不到 $3M_\odot$，不好确定其是否为黑洞。

引力波观测还可以给出两个黑洞成分自旋及其方向分布的限制，从而为双黑洞的起源提供关键线索。一方面，黑洞自旋方向的分布可以帮助我们区分双黑洞是通过孤立双星演化形成的还是通过动力学机制形成的。如前所述，孤立双星演化形成的双黑洞自旋方向倾向与轨道角动量方向对齐，而动力学机制形成的双黑洞自旋方向为各向同性分布[418]。另一方面，自旋的大小和分布受其前身星演化过程中发生的角动量和质量转移、潮汐过程、双星所在环境等诸多因素的影响。因此，理论上很难准确预测黑洞形成后的自旋大小。

引力波的自旋测量可以对黑洞形成过程中的诸多物理过程给出限制。早在 LIGO/Virgo 二期观测刚开始时，人们就提出并利用最早的几个双黑洞并合事件的等效自旋测量来限制双黑洞的形成机制[418]。等效自旋指的是主次黑洞自旋在双黑洞轨道角动量方向分量的和，也即

$$\chi_{\rm eff} = \frac{(m_1 \boldsymbol{s}_1 + m_2 \boldsymbol{s}_2) \cdot \hat{\boldsymbol{L}}}{m_1 + m_2} = \frac{m_1 s_{z,1} + m_2 s_{z,2}}{m_1 + m_2},$$

这里，$\boldsymbol{s}_1$ 和 $\boldsymbol{s}_2$ 分别为主黑洞和次黑洞的自旋；$\hat{\boldsymbol{L}}$ 为双黑洞轨道角动量的单位方向矢量；$s_{z,1}$ 和 $s_{z,2}$ 为主次黑洞自旋在轨道角动量方向上的平行分量。他们发现那些测量可能倾向于支持双黑洞的自旋随机各向同性分布，表明动力学机制对双黑洞并合事件有显著的贡献。随后，人们就此开展了大量关于双黑洞自旋分布和方向与其形成机制的大量研究[39,419-424]。

LIGO/Virgo 三期观测发现双黑洞等效自旋集中在 $\chi_{\rm eff} \approx 0$ 左右，最大的等效自旋值在 0.6 之下，而且观测到具有负等效自旋的事例。等效自旋的分布在不同的质量范围没有明显的区别。在低质量段（$\mathcal{M}_{\rm c} < 30M_\odot$），平行分量 s_z 的分布接近 0（90% 置信度上 s_z 最大不超过 0.37），而在高质量段 $\mathcal{M}_{\rm c} > 30M_\odot$），$s_z$ 大小分布仍接近于 0（90% 置信度上 s_z 最大不超过 0.51）。这一自旋平行分量的分布与质量分布中的几个峰没有关系，与预期的动力学形成机制主导了高质量段双黑洞的形成相矛盾[356]。黑洞成分的自旋集中分布在 $s < \sim 0.4$ 并可能向高自旋延伸，且两黑洞自旋完全对齐的情况可以排除。数据表明，两黑洞自旋相对方向可能是随机分布的或者有一个较广的分布范围。另外，目前的观测表明等效自旋 $\chi_{\rm eff}$ 和双黑洞质量比 q 反相关，$q \sim 1$ 的双黑洞的等效自旋接近于 0，非等质量比的双黑洞则倾向于有正的等效自旋值。等效进动自旋的测量结果表明其为在 0.2 左右的一个较窄的分布或在 0 左右的一个较宽广的分布。这里进动自旋定义为

$$\chi_{\rm p} = \max\left[s_1 \sin\theta + 1, \left(\frac{3 + 4q}{4 + 3q} q s_2 \sin\theta_2\right)\right]$$

θ_1 和 θ_2 为两个黑洞的自旋方向与轨道角动量方向间的夹角。

在 LIGO 探测到双黑洞之前，多数的大质量双星演化理论预期双黑洞系统两成分均有较大的自旋（例如，$s > 0.5^{[425\text{-}428]}$），由于对齐效应，并合双黑洞系统的等效自旋 χ_{eff} 为 $0.5 \sim 1$，这与 LIGO/Virgo 的引力波观测发现的较小甚至接近于 0 的 χ_{eff} 不一致。于是，人们开始提出各种各样的修改模型，重新考虑双黑洞形成时的自旋。比如，考虑出生踢出速度导致的自旋非对齐效应的影响[429,430]，次星角动量演化与双星间距和并合生成间时延的关系（较大间距较长时延从而更多时间使得次黑洞自旋与主黑洞自旋同步对齐）[431]，超新星爆发后回落吸积对自旋的影响[432]，由恒星辐射区 Taylor-Spruit（磁）发电机过程导致的高效角动量转移[39] 等机制。通过这些修改，大质量双星演化形成双黑洞并合机制也可以产生与 LIGO/Virgo 观测一致的等效角动量分布[39]。未来 LIGO/Virgo 等地基引力波探测器获得的双黑洞系统自旋分布及相关测量将会对黑洞形成的诸多物理过程给出强限制，并区分不同双黑洞形成机制对并合引力波事件的贡献。

2. 双中子星和千新星

2017 年 8 月 17 号，LIGO 在其二期观测中探测到首例双中子星并合事件 GW 170817[2]。几乎同时，从伽马射线到射电的多波段国际联测探测到了与其相随的伽马射线暴和千新星现象[3,433]。引力波信号 GW170817 是由位于 40^{+8}_{-14} Mpc 之外的一对双中子星并合产生，总质量为 $2.74^{+0.04}_{-0.01}M_\odot$，两颗中子星的质量分别为 $(1.36 \sim 1.60)M_\odot$ 和 $(1.17 \sim 1.36)M_\odot$。GW170817 的总质量接近于银河系内射电观测到双中子星的总质量分布峰值。由引力波数据可确定其位于 $28\deg^2$ 天区范围内，较小的天区范围使得其电磁对应体的快速搜寻更容易实现。

Fermi 卫星在引力波暴之后的 1.74s 探测到了伽马射线暴 GRB 170817A[433]，随后多个电磁波时域观测小组在引力波暴发生后的 11h 左右发现了位于 NGC 4933 星系外围的光学瞬变源 AT 2017gfo[3]。这一光学瞬变源的多波段观测数据表明其与由双中子星并合过程抛射出的中子物质中快中子俘获过程（r-process）所致的重核衰变放射性辐射加热产生的千新星现象一致，且伽马射线暴现象也与双中子星并合理论预期一致，由此确立了 GW170817、GRB170817A 和 AT2017gfo 均来自于同一双中子星并合事件。关于 GW170817 及其电磁对应体的多波段观测情况，见图 5.13。GW170817 的多信使探测不仅是首次发现双中子星并合事件，而且也一举证实了双中子星并合产生伽马射线暴和千新星现象的理论预言，开启了多信使天文学新时代。

利用引力波和电磁波的多信使观测数据，结合双黑洞并合的数值相对论模型、千新星和短伽马暴模型，可以对中子星的物态方程、中子星最大质量以及并合产物性质（究竟是稳定中子星、磁星还是黑洞等）给出强限制[21,22,434-438]。GW 170817

光学红外波段的光变曲线与千新星预言基本一致。GW 170817 的余辉和伽马射线暴观测表明其喷流不是均匀的而是结构化的，且观测者相对喷流轴向夹角约为 $22°$。结合 GW170817 的多信使数据以及其他孤立中子星的电磁观测数据，文献 [436] 给出了中子星半径的限制，即 $1.4M_\odot$ 中子星的半径为 $11.75^{+0.81}_{-0.86}$ km，文献 [437] 发展了 NMMA（nuclear-physics and multi-messenger astrophysics）程式，直接从中子星内部结构超核密度物理出发，给出了与文献 [436] 一致的限制，即 $1.4M_\odot$ 中子星的半径为 $11.98^{+0.35}_{-0.40}$ km。结合数值模拟和 GW170817 的电磁对应体观测，文献 [434] 排除了过软和过硬的物态方程，文献 [22] 则给出了非转中子星最大质量 $M_{\rm TOV}$ 不大于 $2.16^{+0.17}_{-0.15}M_\odot$。可以预期，未来大量的双中子星并合多信使测量（包括千赫兹引力波探测）将有望解决中子星物态方程和中子星最大质量以及并合产物性质问题[438,439]。

2019 年 4 月 25 号，LIGO-Livingston 探测到了第二例双中子星并合事件，其信噪比约为 13[440]。这例双中子星的总质量为 $3.4^{+0.3}_{-0.1}M_\odot$，两颗中子星的质量分别为 $(1.60 \sim 2.52)M_\odot$ 和 $(1.12 \sim 1.69)M_\odot$，其光度距离为 $87 \sim 228$ Mpc，定位非常差，其可能存在于一个高达 $8000\,{\rm deg}^2$ 的天区内（90% 置信度）。GW190425 的总质量偏离了银河系内双中子星的质量分布，表明大质量双中子星可能广泛存在。尽管人们针对双中子星并合 GW 190425 开展了大量的后随观测和搜寻，但仍没有探测到其电磁对应体，却给出了在多个波段对应体光度的上限限制[441-443]，这些限制与理论预期并不矛盾。没有探测到 GW 190425 的电磁对应体，一方面可能是因为 GW190425 距离较远星等暗弱，其喷流是偏轴的，另一方面可能是因为 GW 190425 的天区范围过大，以至于未能在其电磁对应体峰值光度时及时搜寻到[441]。若未来能够发现此类大质量双中子星的电磁对应体，其将会对双中子星的形成演化和中子星物态方程给出前所未有的强限制。

3. 中子星–黑洞双星

2020 年 1 月 5 日，LIGO 探测到首例中子星–黑洞双星并合事件 GW 200105。随后，LIGO 与 Virgo 又联合探测到第二例中子星–黑洞并合事件 GW 200115[444]。引力波信号 GW 200105 是由一颗质量为 $8.9^{+1.2}_{-1.5}M_\odot$ 的黑洞与一颗质量为 $1.9^{+0.3}_{-0.2}M_\odot$ 的中子星相互绕转并最终并合产生的，其光度距离约 280^{+110}_{-110} Mpc①；而 GW200115 则来自于光度距离约 300^{+150}_{-100} Mpc 处的中子星–黑洞并合事件，其中黑洞和中子星的质量分别为 $5.7^{+1.8}_{-2.1}M_\odot$ 和 $1.5^{+0.7}_{-0.3}M_\odot$。LIGO-Hanford 和 LIGO-Livingston 两个探测器及 Virgo 均探测到了 GW 200115 信号。三个探测器的数据联合分析发现 GW200115 为中子星–黑洞并合的信噪比（S/N）约为 11，其在天空中的位置可被限定到约 $600\,{\rm deg}^2$ 的范围内。在探测 GW 200105 时，LIGO-Hanford 因关机没有

---

① 注意此次事件在后来的分析中发现其为中子星–黑洞天体并合事件的置信度低于 0.5，见文献 [355]。

观测，Virgo 探测到的信号的 S/N（$= 4.0$）则太低，只有 LIGO-Livingston 以较高的 SNR 有效地探测到了信号。LIGO- Livingston 和 Virgo 联合探测的 S/N 约为 12，但其对 GW 200105 空间位置定位的精度有限，数据表明其可能来自高达 $7200\,\mathrm{deg}^2$ 的天区范围。虽然人们针对这两例事件开展了大量的电磁对应体搜寻工作，但都没有探测到电磁辐射。这有可能是因为其中的黑洞质量较大，同时中子星的质量也不小，中子星未能被撕裂而是被黑洞完整地吞噬，无法产生明显的电磁辐射（例如 GW 200105），也有可能是因为距离较远且天区误差较大，即使有电磁对应信号，也因为过于暗弱难以探测或在搜寻过程中错过了峰值辐射阶段。

另外，GW 190426、GW 190917 和 GW 191219 也可能是由中子星–黑洞双星并合产生。其中，GW 190426 的主星和次星的质量分别为 $5.7^{+3.9}_{-2.3}M_\odot$ 和 $1.5^{+0.8}_{-0.5}M_\odot$，而 GW 190917 的主星和次星的质量分别为 $9.3^{+3.4}_{-4.4}M_\odot$ 和 $2.1^{+1.5}_{-0.5}M_\odot$。这两个并合事件的次星质量有 50% 以上的概率小于由脉冲星测时、中子星的 X 射线观测和引力波观测共同限制的最大中子星质量 $M_{\mathrm{max,TOV}} = 2.21^{+0.31}_{-0.21}M_\odot$[445,446]。GW 191219 的主次星质量分别为 $31.1^{+2.2}_{-2.8}M_\odot$ 和 $1.17^{+0.07}_{-0.06}M_\odot$，其次星的质量与电磁观测发现的最小中子星的质量相当[23,24]。

（1）**中子星等连续引力波源探测**：若脉冲星非球对称或其表面存在很小的山峰，就会发射连续引力波。一些脉冲星的连续引力波辐射在 LIGO/Virgo 的工作频率区间内[447,448]。尽管目前 LIGO/Virgo 还没有探测到脉冲星的连续引力波辐射，但已经对一些脉冲星的椭率给出了很强的限制。例如，文献 [449] 利用 LIGO O3 数据对 20 个已知毫秒脉冲星的连续引力波辐射展开搜索，发现它们的椭率不高于 3.1×10^{-7}（95% 置信度），其中限制最强的 IGRJ 17062-6143 的连续引力波辐射强度低于 4.7×10^{-26}（95% 置信度）。尽管目前还未探测到脉冲星的连续引力波辐射，人们有理由期望其一定会被未来的引力波探测观测到，且此类引力波信号会和电磁信号一起对脉冲星的结构和演化给出强限制。

（2）**高频引力波背景探测**：宇宙中大量致密双星在并合前的旋近阶段发射的引力波信号混叠在一起会形成随机引力波背景，这一随机引力波背景频率横跨 $10^{-3} \sim 10^3$ Hz 区间，是地基引力波和空间引力波探测的重要目标信号[450]。在高频段，致密双星产生的随机引力波背景谱遵从正则的 $-2/3$ 幂律分布（$\propto f^{-2/3}$），且其在 25 Hz 处的能量密度为 1.0×10^{-9}[149,451-453]。人们已经利用 LIGO/Virgo 不同观测季的数据来搜寻随机引力波背景，并对此背景给出了限制[451,454,455]。最新的 LIGO/Virgo O3 数据给出的限制为引力波背景在 25 Hz 处的能量密度在 95% 的置信度上 $< 3.4 \times 10^{-9}$（假设 $-2/3$ 幂律能谱；若假设不同的置信度，则此能量密度值会有所不同）。人们期望高频引力波背景在未来几年内就可能被 LIGO/Virgo/KAGRA 探测到。引力波背景的探测也会帮助限制致密双星的起源、不同形成机制的贡献等[149,453,456]。

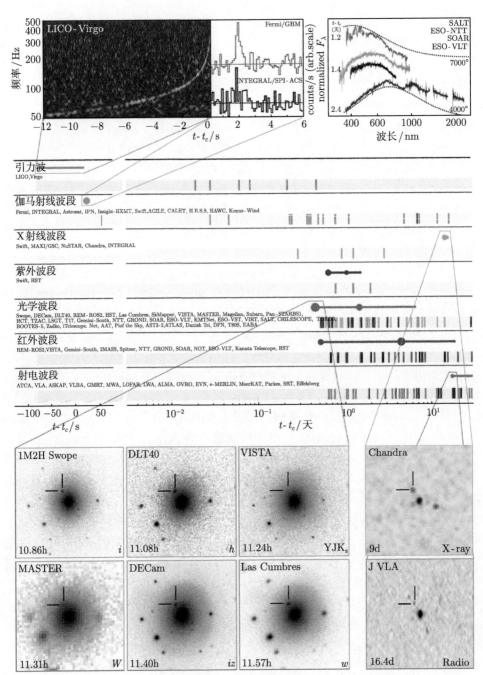

图 5.13　GW 170817 多波段电磁对应体探测 (摘自文献 [403])

（3）**其他引力波源探测**：超新星爆发生成致密星过程等也会发射引力波产生引力波暴[457,458]，是地基引力波探测器的目标波源，但到目前为止还没有被探测到[459]。随着地基引力波探测器灵敏度的不断提高，有理由期望未来也可以探测到大量的此类波源，对理解超新星爆发和致密星形成等过程有深刻的影响。

4. 引力波标准汽笛探测宇宙

引力波探测可以获得波源光度距离的测量，因而可以作为标准汽笛用于测量哈勃常数和限制其他宇宙学参数[460,461]。不同于电磁波的宇宙距离阶梯测量方法，标准汽笛不受消光等因素的影响，相对来说具有很大的优越性。然而，单独通过引力波信号不能同时获得波源距离、红移和波源质量的测量（质量与红移测量简并），因而利用引力波源作为标准汽笛探测宇宙需要通过电磁波等手段获得波源红移信息，比如探测到波源的电磁对应体或者波源寄主星系的红移等。人们通过多波段探测搜寻发现了双中子星并合 GW 170817 相携的千新星和短伽马暴，确定了其寄主星系为 NGC 4993。结合 GW 170817 的引力波和电磁波的多信使数据，人们成功实现了标准汽笛对哈勃常数的测量[5,462]（见图 5.14）。尽管只有这一个源，其已展示了在探测哈勃常数方面无与伦比的优越性。GW 170817 是目前唯一一例探测到电磁对应体的引力波波源，标准汽笛的应用还有待未来的引力波和电磁波多信使探测发现更多的源。

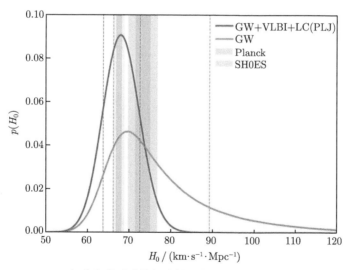

图 5.14　GW 170817 标准汽笛对哈勃阐述的限制（详细见文献 [462] 中的 Figure 2）

人们开展了大量的关于标准汽笛探测哈勃常数的前瞻研究，发现未来的引力波探测和天地一体多波段电磁探测捕获大量的引力波事件及其电磁对应体。只要探测到上百个引力波事件及其电磁对应体，就可以通过标准汽笛实现 $\sim 1\%$ 精度的哈勃常数测量[461,463-468]。在 LIGO/Virgo 的三期观测中，其他波源都没有探测到电磁对应体。对此，人们发展了结合引力波信号给出的波源所在天区内的星系分布和引力波的距离测量的暗汽笛方法来测量哈勃常数，发现通过比较准确定位的大量暗汽笛也可以获得较准确的哈勃常数测量[469-471]。

5.9.2 脉冲星测时阵探测现状

脉冲测时阵 PPTA、EPTA、NANOGrav 等已经积累数据十余年，获得了大量的测时数据。通过对这些数据的持续分析，得到的纳赫兹引力波背景的上限限制在不断地压低。从早期限制给出的频率 $1\,\mathrm{yr}^{-1}$ 处的引力波背景的应力强度 $h_c > 10^{-14}$ 到最近的 $< 2 \sim 3 \times 10^{-15}$（假设 $h_c = A(f/\mathrm{yr}^{-1})^{-2/3}$）[472-480]，已接近理论预期的超大质量双黑洞产生的引力波背景的上限值。近来 NanoGrav、PPTA、EPTA 以及 IPTA 先后分别发表文章报告探测到了一个共同过程信号（common process signal），信号在频率 $1\,\mathrm{yr}^{-1}$ 处的特征强度 h_c 为 $2 \sim 3 \times 10^{-15}$[481-484]（见图 5.15）。这个共同过程信号也有可能是随机引力波背景信号。然而，目前还不能确定该信号是否满足随机引力波背景信号必然存在的 Hellings-Downs 角相关关系。总而言之，脉冲星测时阵列已经接近于探测到引力波背景信号，很有希望在较短时间取得探测纳赫兹引力波的突破。脉冲星测时阵引力波探测的相关理论和分析研究也在不断发展中[312,485,486]。

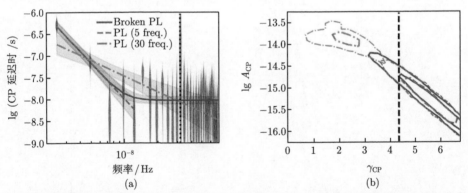

图 5.15　脉冲星测时阵 NanoGrav 发现的公共过程信号。(a) 公共过程在不同频率上的信号大小，不同的线代表不同模型，灰色小提琴图代表 30 个不同频率处；(b) 假设不同的公共过程频谱指数 γ_{CP} 时，不同模型给出的公共过程在频率 $1\mathrm{yr}^{-1}$ 处的信号幅度 (详细见文献 [481] 中的 Figure 1)

文献中有大量工作研究了纳赫兹引力波超大质量双黑洞个源的探测，发现在实现纳赫兹引力波背景探测左右或稍晚也会探测到超大质量双黑洞个

源[199, 203, 487-500]。未来，CPTA、ngVLA 和 SKA 将会探测到大量利用电磁波很
难确证的超大双黑洞个源。结合电磁波多信使数据可以测定它们的轨道和内禀
参数，从而给出超大质量双黑洞内禀性质及外在参数的统计分布。超大质量双
黑洞个源和引力波背景的探测将会一起对超大质量双黑洞的形成演化及其与星
系的协同演化给出强限制。同时，超大质量双黑洞个源的引力波和电磁多信使
探测还可用来限制宇宙学参数[501] 以及揭示引力本质[502] 等。

5.10　展　　望

随着地基引力波探测技术和探测灵敏度的不断发展和提升，引力波探测器将
会进一步升级达到更高的灵敏度，扩展至更低（< 10 Hz）和更高（> 0.1 kHz）的
频率处，致密双星并合事件探测积累也会越来越快，未来十年将会有大量的致密
双星并合引力波探测，必然为致密双星天体波源的形成演化、相关基本天体物理
和基本物理以及宇宙学应用的研究带来多方面的重大突破。脉冲星测时阵探测可
能在未来几年内实现纳赫兹引力波的直接探测，发现随机引力波背景并随后探测
到一批超大质量双黑洞个源。空间引力波探测也将在 21 世纪 30 年代实现毫赫兹
引力波探测，发现超大/中等质量双黑洞并合事件和极端质量比旋近事件。毫赫兹
和纳赫兹引力波探测的实现将必然带来超大质量（双）黑洞研究的蓬勃发展，厘
清超大质量（双）与其周围环境中的恒星、气体间的相互作用过程以及其与星系
的协同演化过程。

未来的全天时域多波段电磁波监测将会为双中子星、中子星–黑洞、多尺度双
黑洞并合等引力波事件提供快速的电磁触发搜寻，并为探测到电磁对应体的波源
提供准确的空间定位。这些项目包括光学的 ZTF、LSST、司天，射电的 SKA，以
及从 keV 直至 TeV 波段的 EP、SVOM、Swift、GECAM、FERMI 等空间高能
望远镜。电磁波段对这些高能波源的观测将获得丰富的信息，特别是关于引力波
源并合过程中发生的相对论性动力学和辐射过程的信息。电磁波和引力波两个信
使的观测互为补充，提供理解它们及相关天体物理和基本物理过程的必要数据。

引力波和电磁波多信使探测的结合将会在天体波源及其应用方面取得突破和
进展，解决了天体物理和宇宙学方面的一系列重大科学问题，带动了引力波天体
波源研究的蓬勃发展。最有可能取得重大突破和重要进展的主要方向简列如下。

（1）引力波探测将会发现数以十万计的双黑洞、双中子星等致密双星的并合，
大量的超大/中等质量双黑洞并合，获得各类波源的性质（包括质量、自旋等物理
参量）的统计分布、并合率及其宇宙学演化以及并合事件的寄主星系性质等。这
些探测将会确定最小黑洞天体质量和天体黑洞大质量段的上质量间隙，揭示对不
稳定性这一基本物理过程在大质量恒星演化晚期的重要作用，帮助理解大质量恒

星和双星的演化并革新相关理论；将会揭示各类致密双星波源的起源和演化以及不同形成机制的贡献占比，回答中等质量黑洞是否存在这一根本性问题，揭示种子黑洞形成机制，限制超大质量双黑洞的形成演化及其与星系的协同演化。

（2）引力波对宽广物理参数空间内分布的中子星并合、中子星–黑洞并合等引力波事件的探测会给出包括质量、自旋和并合产物性质的精准测量，电磁波观测则会给出并合过程中物质抛射、吸积盘等关键物理量的测量和限制。两者结合可以对极端高密高温高压下的中子星物态方程和中子星最大质量给出强限制，深化对中子星内部结构的理解，确定中子星的物态方程，甚至见证黑洞视界的形成过程。

（3）引力波和电磁波的联合探测将会发现大量引力波事件的电磁对应体，包括千新星、短伽马暴、超大质量双黑洞并合前后吸积盘演化和重构等现象。引力波和电磁波的多信使观测将会极大地推动对引力波事件电磁对应体现象的理解，揭示和限制千新星、短伽马射线暴形成机制和相关相对论性动力学和辐射物理过程，并对宇宙中超铁元素的形成机制给出强限制。同时，低频空间引力波探测和电磁观测将会揭示超大质量双黑洞并合前后吸积盘演化等电磁对应体现象中的天体物理和辐射过程，阐明其物理本质。

（4）多信使探测将会测得一批双中子星、中子星–黑洞双星以及超大质量双黑洞并合等的引力波和电磁信号，利用它们作为标准汽笛将会获得包括哈勃常数在内的宇宙基本参数的精确测量，其测量精度可以与其他测量手段相比拟甚至好于其他测量，从而可以帮助揭示暗能量物态方程及其宇宙学演化。另外，对那些没有探测到电磁对应信号的引力波事件，若定位精度足够高，则它们也可以作为暗汽笛结合星系巡天给出的寄主星系分布信息获得对宇宙学参数较精准的测量和限制。

（5）空间引力波和电磁波探测将会发现上万对双白矮星、白矮星–中子星双星系统，并获得其轨道和物理参数的测量结果。引力波和电磁波观测相结合将会帮助揭示双星演化过程中包括物质交流、潮汐相互作用以及吸积等重要物理过程，限定双白矮星并合率以及由双白矮星并合产生 Ia 型超新星和中子星的形成率。另外，引力波探测还将发现由银河系内的双白矮星贡献的引力波前景，其将会和双白星个源观测一起对银河系结构和演化给出限制。

（6）未来的引力波探测也会探测到一些被透镜的引力波事件的信号。这些事件因被其传播路径上遇到的星系、暗物质晕甚至原初黑洞等透镜而产生特征信号。高信噪比引力波引力透镜事件探测可以帮助限定暗物质属性和原初黑洞等，从而揭示暗物质的本质。引力波的引力透镜多像系统可以给出各像间时延的准确测量。未来引力波探测可以利用其获得哈勃常数的精确测量，并限制其他宇宙学参数。

（7）高信噪比的引力波探测，特别是双黑洞并合和极端质量比旋近事件的探测将会精确测绘黑洞时空，检验无毛定律和广义相对论以及强引力场下的引力理论，从而揭示引力的本质。同时，引力波的高精度探测也可以帮助揭示包含轴子场在内的新物理。

在更长远的未来，随着各种类型的引力波探测器的建设，我们有理由期望它们对引力波源的探测将会巨细靡遗、无远弗届，其不仅会发现海量的各种类型的引力波天体波源，也将探测到或准确限制由宇宙极早期相变过程等产生的原初黑洞和宇宙学起源引力波背景等。结合其他信使的观测，引力波天体波源的研究将会进入极端繁荣的时代，终将达成对各类波源本质和相关基本物理的前所未有的全面和深刻理解。

作 者 简 介

陆由俊，1992 年于安徽大学获学士学位，1997 年于中国科学技术大学获理学博士学位，现任中国科学院国家天文台"引力波天体物理"研究团组首席研究员，中国科学院大学岗位教授。主要从事引力波天体物理、黑洞物理、类星体和活动星系核以及星系宇宙学等研究。

参 考 文 献

[1] Abbott B P, Abbott R, Abbott T D, et al. Phys. Rev. Lett., 2016, 116: 061102.

[2] Abbott B P, Abbott R, Abbott T D, et al. Phys. Rev. Lett., 2017, 119: 161101.

[3] Abbott B P, Abbott R, Abbott T D, et al. ApJL, 2017, 848: L12.

[4] Abbott B P, Abbott R, Abbott T D, et al. Phys. Rev. Lett., 2018, 121: 161101.

[5] Abbott B P, Abbott R, Abbott T D, et al. Nature, 2017, 551: 85.

[6] Mészáros P, Fox D B, Hanna C, et al. Nature Reviews Physics, 2019, 1: 585.

[7] Barack L, Cardoso V, Nissanke S, et al. Classical and Quantum Gravity, 2019, 36: 143001.

[8] Bian L, Cai R G, Cao S, et al. Science China Physics, Mechanics, and Astronomy, 2021, 64: 120401.

[9] Chandrasekhar S. ApJ, 1931, 74: 81.

[10] Takahashi K, Yoshida T, Umeda H. ApJ, 2013, 771: 28.

[11] Kepler S O, Kleinman S J, Nitta A, et al. MNRAS, 2007, 375: 1315.

[12] Caiazzo I, Burdge K B, Fuller J, et al. Nature, 2021, 596: E15.

[13] Eisenstein D J, Liebert J, Harris H C, et al. ApJS, 2006, 167: 40.

[14] Gentile Fusillo N P, Tremblay P E, Gänsicke B T, et al. MNRAS, 2019, 482: 4570.

[15] Lattimer J M. Annual Review of Nuclear and Particle Science, 2012, 62: 485.

[16] Burgio G F, Schulze H J. A&A, 2010, 518: A17.

[17]　Manchester R N, Hobbs G B, Teoh A, et al. AJ, 2005, 129: 1993.

[18]　Özel F, Freire P. ARA&A, 2016, 54: 401.

[19]　Cromartie H T, Fonseca E, Ransom S M, et al. Nature Astronomy, 2020, 4: 72.

[20]　Romani R W, Kandel D, Filippenko A V, et al. ApJL, 2022, 934: L18.

[21]　Margalit B, Metzger B D. ApJL, 2017, 850: L19.

[22]　Rezzolla L, Most E R, Weih L R. ApJL, 2018, 852: L25.

[23]　Tauris T M, Kramer M, Freire P C C, et al. ApJ, 2017, 846: 170.

[24]　Suwa Y, Yoshida T, Shibata M, et al. MNRAS, 2018, 481: 3305.

[25]　Doroshenko V, Suleimanov V, Pühlhofer G, et al. Nature Astronomy, 2022. doi: 10.1038/s41550-022-01800-1.

[26]　Heger A, Fryer C L, Woosley S E, et al. ApJ, 2003, 591: 288.

[27]　Spera M, Mapelli M, Bressan A. MNRAS, 2015, 451: 4086.

[28]　Oppenheimer J R, Volkoff G M. Physical Review, 1939, 55: 374.

[29]　Tolman R C. Physical Review, 1939, 55: 364.

[30]　Fowler W A, Hoyle F. ApJS, 1964, 9: 201.

[31]　Belczynski K, Heger A, Gladysz W, et al. A&A, 2016, 594: A97.

[32]　Woosley S E. ApJ, 2017, 836: 244.

[33]　Marchant P, Renzo M, Farmer R, et al. ApJ, 2019, 882: 36.

[34]　Stevenson S, Sampson M, Powell J, et al. ApJ, 2019, 882: 121.

[35]　Woosley S E, Heger A. ApJL, 2021, 912: L31.

[36]　Belczynski K, Hirschi R, Kaiser E A, et al. ApJ, 2020, 890: 113.

[37]　Madau P, Rees M J. ApJL, 2001, 551: L27.

[38]　MacFadyen A I, Woosley S E. ApJ, 1999, 524: 262.

[39]　Belczynski K, Klencki J, Fields C E, et al. A&A, 2020, 636: A104.

[40]　Eggenberger P, Meynet G, Maeder A, et al. ApSS, 2008, 316: 43.

[41]　Paxton B, Bildsten L, Dotter A, et al. ApJS, 2011, 192: 3.

[42]　Qin Y, Fragos T, Meynet G, et al. A&A, 2018, 616: A28.

[43]　Farr W M, Sravan N, Cantrell A, et al. ApJ, 2011, 741: 103.

[44]　Lewin W H G, van der Klis M. Compact Stellar X-ray Sources. Cambridge, UK: Cambridge University Press, 2006.

[45]　Miller-Jones J C A, Bahramian A, Orosz J A, et al. Science, 2021, 371: 1046.

[46]　Kreidberg L, Bailyn C D, Farr W M, et al. ApJ, 2012, 757: 36.

[47]　Wyrzykowski L, Mandel I. A&A, 2020, 636: A20.

[48]　Liu J, Zhang H, Howard A W, et al. Nature, 2019, 575: 618.

[49]　Thompson T A, Kochanek C S, Stanek K Z, et al. Science, 2019, 366: 637.

[50]　Jayasinghe T, Stanek K Z, Thompson T A, et al. MNRAS, 2021, 504: 2577.

[51]　El-Badry K, Quataert E. MNRAS, 2020, 493: L22.

[52]　Abdul-Masih M, Banyard G, Bodensteiner J, et al. Nature, 2020, 580: E11.

[53] Irrgang A, Geier S, Kreuzer S, et al. A&A, 2020, 633: L5.

[54] Liu J, Zheng Z, Soria R, et al. ApJ, 2020, 900: 42.

[55] van den Heuvel E P J, Tauris T M. Science, 2020, 368: eaba3282.

[56] El-Badry K, Seeburger R, Jayasinghe T, et al. MNRAS, 2022, 512: 5620.

[57] Wiktorowicz G, Lu Y, Wyrzykowski Ł, et al. ApJ, 2020, 905: 134.

[58] Shikauchi M, Tanikawa A, Kawanaka N. ApJ, 2022, 928: 13.

[59] Zhang S N, Cui W, Chen W. ApJL, 1997, 482: L155.

[60] Tanaka Y, Nandra K, Fabian A C, et al. Nature, 1995, 375: 659.

[61] McClintock J E, Narayan R, Steiner J F. SSR, 2014, 183: 295.

[62] Bambi C, Brenneman L W, Dauser T, et al. SSR, 2021, 217: 65.

[63] Kupfer T, Korol V, Shah S, et al. MNRAS, 2018, 480: 302.

[64] Brown W R, Kilic M, Kosakowski A, et al. ApJ, 2020, 889: 49.

[65] Burdge K B, Coughlin M W, Fuller J, et al. Nature, 2019, 571: 528.

[66] Amaro-Seoane P, Aoudia S, Babak S, et al. GW Notes, 2013, 6: 4.

[67] Marsh T R, Nelemans G, Steeghs D. MNRAS, 2004, 350: 113.

[68] Ruiter A J, Belczynski K, Benacquista M, et al. ApJ, 2010, 717: 1006.

[69] Korol V, Rossi E M, Groot P J, et al. MNRAS, 2017, 470: 1894.

[70] Nelemans G, Jonker P G. NewAR, 2010, 54: 87.

[71] Yu S, Lu Y, Jeffery C S. MNRAS, 2021, 503: 2776.

[72] Tauris T M. Phys. Rev. Lett., 2018, 121: 131105.

[73] Chen W C, Liu D D, Wang B. ApJL, 2020, 900: L8.

[74] Chen H L, Tauris T M, Han Z, et al. MNRAS, 2021, 503: 3540.

[75] Hulse R A, Taylor J H. ApJL, 1975, 195: L51.

[76] Taylor J H, Weisberg J M. ApJ, 1989, 345: 434.

[77] Swiggum J K, Pleunis Z, Parent E, et al. Astrophys. J, 2023, 944(2):154.

[78] Peters P C. Physical Review, 1964, 136: 1224.

[79] Maggiore M. Gravitational Waves. Volume 1: Theory and Experiments. Oxford: Oxford University Press, 2007.

[80] Peters P C, Mathews J. Physical Review, 1963, 131: 435.

[81] Blanchet L. Living Reviews in Relativity, 2014, 17: 2.

[82] Buonanno A, Damour T. Phys. Rev. D, 1999, 59: 084006.

[83] Damour T. Phys. Rev. D, 2001, 64: 124013.

[84] Pretorius F. Phys. Rev. Lett., 2005, 95: 121101.

[85] Baker J G, Centrella J, Choi D I, et al. Phys. Rev. D, 2006, 73: 104002.

[86] Campanelli M, Lousto C O, Marronetti P, et al. Phys. Rev. Lett., 2006, 96: 111101.

[87] Taracchini A, Buonanno A, Pan Y, et al. Phys. Rev. D, 2014, 89: 061502.

[88] Bohé A, Shao L, Taracchini A, et al. Phys. Rev. D, 2017, 95: 044028.

[89] Cao Z, Han W B. Phys. Rev. D, 2017, 96: 044028.

[90]　Xu X J, Li X D. ApJ, 2010, 716: 114.

[91]　Nelemans G, Tout C A. MNRAS, 2005, 356: 753.

[92]　Belczynski K, Holz D E, Bulik T, et al. Nature, 2016, 534: 512.

[93]　Tutukov A V, Yungelson L R. MNRAS, 1993, 260: 675.

[94]　Belczynski K, Kalogera V, Bulik T. ApJ, 2002, 572: 407.

[95]　Belczynski K, Kalogera V, Rasio F A, et al. ApJS, 2008, 174: 223.

[96]　Mandel I, Broekgaarden F S. Living Reviews in Relativity, 2022, 25: 1.

[97]　de Mink S E, Cantiello M, Langer N, et al. A&A, 2009, 497: 243.

[98]　de Mink S E, Mandel I. MNRAS, 2016, 460: 3545.

[99]　Mandel I, de Mink S E. MNRAS, 2016, 458: 2634.

[100]　Schneider R, Ferrara A, Natarajan P, et al. ApJ, 2002, 571: 30.

[101]　Kinugawa T, Inayoshi K, Hotokezaka K, et al. MNRAS, 2014, 442: 2963.

[102]　Tanikawa A, Susa H, Yoshida T, et al. ApJ, 2021, 910: 30.

[103]　Kalogera V, Belczynski K, Kim C, et al. Phys. Rep., 2007, 442: 75.

[104]　Shao Y, Li X D. ApJ, 2021, 920: 81.

[105]　Chu Q, Yu S, Lu Y. MNRAS, 2022, 509: 1557.

[106]　Mandel I, Farmer A. Phys. Rept., 2022, 955: 1.

[107]　Cao L, Lu Y, Zhao Y. MNRAS, 2018, 474: 4997.

[108]　Artale M C, Mapelli M, Giacobbo N, et al. MNRAS, 2019, 487: 1675.

[109]　Portegies Zwart S F, McMillan S L W. ApJL, 2000, 528: L17.

[110]　O'Leary R M, Rasio F A, Fregeau J M, et al. ApJ, 2006, 637: 937.

[111]　Rodriguez C L, Morscher M, Pattabiraman B, et al. Phys. Rev. Lett., 2015, 115: 051101.

[112]　Rodriguez C L, Haster C J, Chatterjee S, et al. ApJL, 2016, 824: L8.

[113]　Rodriguez C L, Amaro-Seoane P, Chatterjee S, et al. Phys. Rev. Lett., 2018, 120: 151101.

[114]　Di Carlo U N, Mapelli M, Giacobbo N, et al. MNRAS, 2020, 498: 495.

[115]　Banerjee S. MNRAS, 2021, 500: 3002.

[116]　Rodriguez C L, Amaro-Seoane P, Chatterjee S, et al. Phys. Rev. D, 2018, 98: 123005.

[117]　von Zeipel H. Astronomische Nachrichten, 1910, 183: 345.

[118]　Lidov M L. PLANSS, 1962, 9: 719.

[119]　Kozai Y. AJ, 1962, 67: 591.

[120]　Wen L. ApJ, 2003, 598: 419.

[121]　Antognini J M, Shappee B J, Thompson T A, et al. MNRAS, 2014, 439: 1079.

[122]　Antonini F, Murray N, Mikkola S. ApJ, 2014, 781: 45.

[123]　Binney J, Tremaine S. Galactic Dynamics: Second Edition, by James Binney and Scott Tremaine. ISBN 978-0-691-13026-2 (HB). Published by Princeton University Press, Princeton, NJ USA, 2008.

[124] Rauch K P, Tremaine S. New A, 1996, 1: 149.

[125] Hamers A S, Bar-Or B, Petrovich C, et al. ApJ, 2018, 865: 2.

[126] Antonini F, Perets H B. ApJ, 2012, 757: 27.

[127] Fragione G, Grishin E, Leigh N W C, et al. Mon. Not. Roy. Astron. Soc., 2018, 488(1):47-63.

[128] VanLandingham J H, Miller M C, Hamilton D P, et al. ApJ, 2016, 828: 77.

[129] Zhang F, Shao L J, Zhu W S. ApJ, 2019, 877: 87.

[130] Miller M C, Lauburg V M. ApJ, 2009, 692: 917.

[131] Samsing J, MacLeod M, Ramirez-Ruiz E. ApJ, 2014, 784: 71.

[132] Zhang F, Chen X, Shao L J, Inayoshi K. ApJ, 2021, 923: 139.

[133] O'Leary R M, Kocsis B, Loeb A. MNRAS, 2009, 395: 2127.

[134] Arca Sedda M. ApJ, 2020, 891: 47.

[135] Mapelli M, Dall'Amico M, Bouffanais Y, et al. MNRAS, 2021, 505: 339.

[136] Fragione G, et al. Astrophys. J, 2021, 927(2):231.

[137] Varma V, Biscoveanu S, Islam T, et al. Phys. Rev. Lett., 2022, 128(19): 191102.

[138] Vigna-Gómez A, Toonen S, Ramirez-Ruiz E, et al. ApJL, 2021, 907: L19.

[139] Gerosa D, Fishbach M. Nature Astronomy, 2021, 5: 749.

[140] Bartos I, Kocsis B, Haiman Z, et al. ApJ, 2017, 835: 165.

[141] Yang Y, Bartos I, Haiman Z, et al. ApJ, 2019, 876: 122.

[142] Goodman J. MNRAS, 2003, 339: 937.

[143] Levin Y. MNRAS, 2007, 374: 515.

[144] Artymowicz P, Lin D N C, Wampler E J. ApJ, 1993, 409: 592.

[145] McKernan B, Ford K E S, Bellovary J, et al. ApJ, 2018, 866: 66.

[146] Secunda A, Bellovary J, Mac Low M M, et al. ApJ, 2019, 878: 85.

[147] McKernan B, Ford K E S, O'Shaughnessy R. MNRAS, 2020, 498: 4088.

[148] Gondán L, Kocsis B, Raffai P, et al. ApJ, 2018, 860: 5.

[149] Zhao Y, Lu Y. MNRAS, 2021, 500: 1421.

[150] Liu B, Lai D, Wang Y H. ApJL, 2019, 883: L7.

[151] Meiron Y, Kocsis B, Loeb A. 2017, 834: 200.

[152] Inayoshi K, Tamanini N, Caprini C, et al. Phys. Rev. D, 2017, 96: 063014.

[153] Chen X, Han W B. Communications Physics, 2018, 1: 53.

[154] Chen X, Li S, Cao Z. MNRAS, 2019, 485: L141.

[155] Carr B J, Hawking S W. MNRAS, 1974, 168: 399.

[156] Hawking S W. Communications in Mathematical Physics, 1975, 43: 199.

[157] Carr B, Kühnel F, Sandstad M. PRD, 2016, 94: 083504.

[158] Carr B, Kohri K, Sendouda Y, et al. Reports on Progress in Physics, 2021, 84: 116902.

[159] Bird S, Cholis I, Muñoz J B, et al. Phys. Rev. Lett., 2016, 116: 201301.

[160] Sasaki M, Suyama T, Tanaka T, et al. Phys. Rev. Lett., 2016, 117: 061101.

[161] De Luca V, Desjacques V, Franciolini G, et al. Phys. Rev. Lett., 2021, 126: 051101.

[162] Kormendy J, Richstone D. ARA&A, 1995, 33: 581.

[163] Magorrian J, Tremaine S, Richstone D, et al. AJ, 1998, 115: 2285.

[164] Schödel R, Ott T, Genzel R, et al. Nature, 2002, 419: 694.

[165] Ghez A M, Salim S, Weinberg N N, et al. ApJ, 2008, 689: 1044.

[166] Akiyama K, Alberdi A, et al. ApJL, 2019, 875: L1.

[167] Macchetto F, Marconi A, Axon D J, et al. ApJ, 1997, 489: 579.

[168] Kormendy J, Ho L C. ARA&A, 2013, 51: 511.

[169] Ferrarese L, Merritt D. ApJL, 2000, 539: L9.

[170] Gebhardt K, Bender R, Bower G, et al. ApJL, 2000, 539: L13.

[171] Tremaine S, Gebhardt K, Bender R, et al. ApJ, 2002, 574: 740.

[172] Silk J, Rees M J. A&A, 1998, 331: L1.

[173] Di Matteo T, Springel V, Hernquist L. Nature, 2005, 433: 604.

[174] Croton D J, Springel V, White S D M, et al. MNRAS, 2006, 365: 11.

[175] Yu Q, Tremaine S. MNRAS, 2002, 335: 965.

[176] Yu Q, Lu Y. ApJ, 2004, 602: 603.

[177] Marconi A, Risaliti G, Gilli R, et al. MNRAS, 2004, 351: 169.

[178] Soltan A. MNRAS, 1982, 200: 115.

[179] Fabian A C. ARA&A, 2012, 50: 455.

[180] King A, Pounds K. ARA&A, 2015, 53: 115.

[181] Springel V, White S D M, Jenkins A, et al. Nature, 2005, 435: 629.

[182] Jogee S, Miller S H, Penner K, et al. ApJ, 2009, 697: 1971.

[183] Begelman M C, Blandford R D, Rees M J. Nature, 1980, 287: 307.

[184] Yu Q. MNRAS, 2002, 331: 935.

[185] Chandrasekhar S. ApJ, 1943, 97: 255.

[186] Yu Q, Tremaine S. ApJ, 2003, 599: 1129.

[187] Frank J, Rees M J. MNRAS, 1976, 176: 633.

[188] Lightman A P, Shapiro S L. ApJ, 1977, 211: 244.

[189] Quinlan G D. New Astron, 1996, 1: 35.

[190] Berczik P, Merritt D, Spurzem R, et al. ApJL, 2006, 642: L21.

[191] Cui X, Yu Q. MNRAS, 2014, 437: 777.

[192] Perets H B, Hopman C, Alexander T. ApJ, 2007, 656: 709.

[193] Armitage P J, Natarajan P. ApJL, 2002, 567: L9.

[194] Blaes O, Lee M H, Socrates A. ApJ, 2002, 578: 775.

[195] Mayer L, Kazantzidis S, Madau P, et al. Science, 2007, 316: 1874.

[196] Haiman Z, Kocsis B, Menou K. ApJ, 2009, 700: 1952.

[197] Jaffe A H, Backer D C. ApJ, 2003, 583: 616.

[198] McWilliams S T, Ostriker J P, Pretorius F. ApJ, 2014, 789: 156.

[199] Chen Y, Yu Q, Lu Y. ApJ, 2020, 897: 86.

[200] Volonteri M, Haardt F, Madau P. ApJ, 2003, 582: 559.

[201] Wyithe J S B, Loeb A. ApJ, 2003, 595: 614.

[202] Sesana A, Haardt F, Madau P, et al. ApJ, 2004, 611: 623.

[203] Kelley L Z, Blecha L, Hernquist L, et al. MNRAS, 2017, 471: 4508.

[204] Yang Q, Hu B, Li X D. MNRAS, 2019, 483: 503.

[205] Salcido J, Bower R G, Theuns T, et al. MNRAS, 2016, 463: 870.

[206] Katz M L, Kelley L Z, Dosopoulou F, et al. MNRAS, 2020, 491: 2301.

[207] Ravi V, Wyithe J S B, Shannon R M, et al. MNRAS, 2015, 447: 2772.

[208] Roebber E, Holder G, Holz D E, et al. ApJ, 2016, 819: 163.

[209] Sesana A, Shankar F, Bernardi M, et al. MNRAS, 2016, 463: L6.

[210] Chen S, Sesana A, Del Pozzo W. MNRAS, 2017, 470: 1738.

[211] Volonteri M. Science, 2012, 337: 544.

[212] Volonteri M. A&ARv, 2010, 18: 279.

[213] Fan X, Banados E, Simcoe R A. Quasars and the intergalactic medium at cosmic dawn. arXiv:2212.06907, 2022.

[214] Zhang X, Lu Y, Fang T. ApJL, 2020, 903: L18.

[215] Sesana A, Gair J, Berti E, et al. Phys. Rev. D, 2011, 83: 044036.

[216] Shibata M, Shapiro S L. ApJL, 2002, 572: L39.

[217] Marronetti P, Tichy W, Brügmann B, et al. Phys. Rev. D, 2008, 77: 064010.

[218] Rezzolla L, Barausse E, Dorband E N, et al. Phys. Rev. D, 2008, 78: 044002.

[219] Centrella J, Baker J G, Kelly B J, et al. Reviews of Modern Physics, 2010, 82: 3069.

[220] Hughes S A, Blandford R D. ApJL, 2003, 585: L101.

[221] Thorne K S. ApJ, 1974, 191: 507.

[222] Lu Y J, Zhou Y Y, Yu K N, et al. ApJ, 1996, 472: 564.

[223] Moderski R, Sikora M, Lasota J P. MNRAS, 1998, 301: 142.

[224] Gammie C F, Shapiro S L, McKinney J C. ApJL, 2004, 602: 312.

[225] Volonteri M, Madau P, Quataert E, et al. ApJ, 2005, 620: 69.

[226] Shapiro S L. ApJ, 2005, 620: 59.

[227] Dotti M, Volonteri M, Perego A, et al. MNRAS, 2010, 402: 682.

[228] Barausse E. MNRAS, 2012, 423: 2533.

[229] Zhang X, Lu Y. ApJ, 2019, 873: 101.

[230] Bogdanović T, Reynolds C S, Miller M C. ApJL, 2007, 661: L147.

[231] Komossa S, Burwitz V, Hasinger G, et al. ApJL, 2003, 582: L15.

[232] Wang J M, Chen Y M, Hu C, et al. ApJL, 2009, 705: L76.

[233] Liu X, Greene J E, Shen Y, et al. ApJL, 2010, 715: L30.

[234] Koss M, Mushotzky R, Treister E, et al. ApJL, 2012, 746: L22.

[235] D'Orazio D J, Loeb A. Phys. Rev. D, 2020, 101: 083031.

[236] Shen Y, Liu X, Greene J E, et al. ApJ, 2011, 735: 48.

[237] Comerford J M, Pooley D, Barrows R S, et al. ApJ, 2015, 806: 219.

[238] De Rosa A, Vignali C, Bogdanović T, et al. NewAR, 2019, 86: 101525.

[239] Yu Q, Lu Y, Mohayaee R, et al. ApJ, 2011, 738: 92.

[240] Blecha L, Loeb A, Narayan R. MNRAS, 2013, 429: 2594.

[241] Yang C, Ge J, Lu Y. Science China Physics, Mechanics, and Astronomy, 2019, 62: 129511.

[242] Yang C, Ge J Q, Lu Y J. Research in Astronomy and Astrophysics, 2019, 19: 177.

[243] Meiron Y, Laor A. MNRAS, 2013, 433: 2502.

[244] Bogdanović T, Miller M C, Blecha L. Living Reviews in Relativity, 2022, 25: 3.

[245] Rodriguez C, Taylor G B, Zavala R T, et al. ApJ, 2006, 646: 49.

[246] Sudou H, Iguchi S, Murata Y, et al. Science, 2003, 300: 1263.

[247] D'Orazio D J, Loeb A. Phys. Rev. D, 2019, 100: 103016.

[248] Kovačević A B, Songsheng Y Y, Wang J M, et al. A&A, 2022, 663: A99.

[249] Merritt D, Ekers R D. Science, 2002, 297: 1310.

[250] Capetti A, Zamfir S, Rossi P, et al. A&A, 2002, 394: 39.

[251] Boroson T A, Lauer T R. Nature, 2009, 458: 53.

[252] Gaskell C M. ApJL, 1996, 464: L107.

[253] Li Y R, Wang J M, Ho L C, et al. ApJ, 2016, 822: 4.

[254] Chen K, Halpern J P, Filippenko A V. ApJ, 1989, 339: 742.

[255] Shen Y, Liu X, Loeb A, et al. ApJ, 2013, 775: 49.

[256] Liu X, Shen Y, Bian F, et al. ApJ, 2014, 789: 140.

[257] Fabian A C, Rees M J, Stella L, et al. MNRAS, 1989, 238: 729.

[258] Laor A. ApJ, 1991, 376: 90.

[259] Yu Q, Lu Y. A&A, 2001, 377: 17.

[260] McKernan B, Ford K E S, Kocsis B, et al. MNRAS, 2013, 432: 1468.

[261] Duffell P C, D'Orazio D, Derdzinski A, et al. ApJ, 2020, 901: 25.

[262] Artymowicz P, Lubow S H. ApJL, 1996, 467: L77.

[263] Hayasaki K, Mineshige S, Ho L C. ApJ, 2008, 682: 1134.

[264] D'Orazio D J, Haiman Z, MacFadyen A. MNRAS, 2013, 436: 2997.

[265] Shi J M, Krolik J H, Lubow S H, et al. ApJ, 2012, 749: 118.

[266] Noble S C, Mundim B C, Nakano H, et al. ApJ, 2012, 755: 51.

[267] Graham M J, Djorgovski S G, Stern D, et al. MNRAS, 2015, 453: 1562.

[268] Charisi M, Bartos I, Haiman Z, et al. MNRAS, 2016, 463: 2145.

[269] Valtonen M J, Lehto H J, Nilsson K, et al. Nature, 2008, 452: 851.

[270] Graham M J, Djorgovski S G, Stern D, et al. Nature, 2015, 518: 74.

[271] Valtonen M J, Zola S, Ciprini S, et al. ApJL, 2016, 819: L37.

[272] D'Orazio D J, Haiman Z, Schiminovich D. Nature, 2015, 525: 351.

[273] Vaughan S, Uttley P, Markowitz A G, et al. MNRAS, 2016, 461: 3145.

[274] Liu T, Gezari S, Miller M C. ApJL, 2018, 859: L12.

[275] Jiang N, Yang H, Wang T, et al. Tick-tock: The imminent merger of a supermassive black hole binary. arXiv:2201.11633, 2022.

[276] Ji X, Lu Y, Ge J, et al. ApJ, 2021, 910: 101.

[277] Ji X, Ge J Q, Lu Y J, et al. Research in Astronomy and Astrophysics, 2021, 21: 219.

[278] Songsheng Y Y, Xiao M, Wang J M, et al. ApJS, 2020, 247: 3.

[279] Wang J M, Songsheng Y Y, Li Y R, et al. ApJ, 2018, 862: 171.

[280] Song Z, Ge J, Lu Y, et al. MNRAS, 2020, 491: 4023.

[281] Song Z, Ge J, Lu Y, et al. A&A, 2021, 645: A15.

[282] Yan C S, Lu Y, Dai X, et al. ApJ, 2015, 809: 117.

[283] Kovačević A B, Yi T, Dai X, et al. MNRAS, 2020, 494: 4069.

[284] Veilleux S, Meléndez M, Tripp T M, et al. ApJ, 2016, 825: 42.

[285] Zheng Z Y, Butler N R, Shen Y, et al. ApJ, 2016, 827: 56.

[286] Schneider P, Ehlers J, Falco E E. Gravitational Lenses. Berlin, Heidelberg, New York: Springer-Verlag.

[287] Morgan C W, Kochanek C S, Morgan N D, et al. ApJ, 2010, 712: 1129.

[288] Yan C S, Lu Y, Yu Q, et al. ApJ, 2014, 784: 100.

[289] Millon M, Dalang C, Lemon C, et al. Astron. Astrophys., 2022, 668: A77.

[290] Liu F K, Li S, Chen X. ApJL, 2009, 706: L133.

[291] Liu F K, Li S, Komossa S. ApJ, 2014, 786: 103.

[292] Preto M, Amaro-Seoane P. ApJL, 2010, 708: L42.

[293] Hopman C, Alexander T. ApJ, 2006, 645: 1152.

[294] Yunes N, Kocsis B, Loeb A, et al. Phys. Rev. Lett., 2011, 107: 171103.

[295] Pan Z, Yang H. Phys. Rev. D, 2021, 103: 103018.

[296] Babak S, Gair J, Sesana A, et al. phys. Rev. D, 2017, 95: 103012.

[297] Amaro-Seoane P. Living Reviews in Relativity, 2018, 21: 4.

[298] Wang Y, Stebbins A, Turner E L. Phys. Rev. Lett., 1996, 77: 2875.

[299] Nakamura T T. Phys. Rev. Lett. 1998, 80: 1138.

[300] Sereno M, Sesana A, Bleuler A, et al. Phys. Rev. Lett., 2010, 105: 251101.

[301] Li S S, Mao S, Zhao Y, et al. MNRAS, 2018, 476: 2220.

[302] Dai L, Zackay B, Venumadhav T, et al. Search for lensed gravitational waves including morse phase information: An intriguing candidate in O2. arXiv:2007.12709, 2020.

[303] Liu X, Magaña Hernandez I, Creighton J. ApJ, 2021, 908: 97.

[304] Abbott R, Abbott T D, Abraham S, et al. ApJ, 2021, 923: 14.

[305] Kim K, Lee J, Hannuksela O A, et al. ApJ, 2022, 938: 157.

[306] Biesiada M, Ding X, Piórkowska A, et al. JCAP, 2014, 2014: 080.

[307] Liao K, Biesiada M, Zhu Z H. Chinese Physics Letters, 2022, 39: 119801.

[308]　Takahashi R, Nakamura T. ApJ, 2003, 595: 1039.

[309]　Dai L, Li S S, Zackay B, et al. Phys. Rev. D, 2018, 98: 104029.

[310]　Jung S. Shin C S. Phys. Rev. Lett., 2019, 122: 041103.

[311]　Guo X, Lu Y. Phys. Rev. D, 2020, 102: 124076.

[312]　Guo X, Lu Y. Phys. Rev. D, 2022, 106: 023018.

[313]　Liao K, Fan X L, Ding X, et al. Nature Communications, 2017, 8: 1148.

[314]　Hannuksela O A, Collett T E, Çalışkan M, et al. MNRAS, 2020, 498: 3395.

[315]　Chen Z, Lu Y, Zhao Y. ApJ, 2022, 940: 17.

[316]　Ma H, Lu Y, Guo X, et al. MNRAS, 2023, 518: 6183.

[317]　Li L X, Paczyński B. ApJL, 1998, 507: L59.

[318]　Metzger B D, Martínez-Pinedo G, Darbha S, et al. MNRAS, 2010, 406: 2650.

[319]　Kasen D, Badnell N R, Barnes J. ApJ, 2013, 774: 25.

[320]　Yu Y W, Zhang B, Gao H. ApJL, 2013, 776: L40.

[321]　Metzger B D. Living Reviews in Relativity, 2019, 23: 1.

[322]　Kasen D, Metzger B, Barnes J, et al. Nature, 2017, 551: 80.

[323]　Metzger B D, Thompson T A, Quataert E. ApJ, 2018, 856: 101.

[324]　Yu Y W, Liu L D, Dai Z G. ApJ, 2018, 861: 114.

[325]　Wollaeger R T, Fryer C L, Fontes C J, et al. ApJ, 2019, 880: 22.

[326]　Lazzati D, Perna R, Morsony B J, et al. Phys. Rev. Lett., 2018, 120: 241103.

[327]　Resmi L, Schulze S, Ishwara-Chandra C H, et al. ApJ, 2018, 867: 57.

[328]　Lamb G P, Lyman J D, Levan A J, et al. ApJL, 2019, 870: L15.

[329]　Ghirlanda G, Ghisellini G, Salvaterra R, et al. MNRAS, 2013, 428: 1410.

[330]　Tanvir N R, Levan A J, Fruchter A S, et al. Nature, 2013, 500: 547.

[331]　Jin Z P, Hotokezaka K, Li X, et al. Nature Communications, 2016, 7: 12898.

[332]　Jin Z P, Covino S, Liao N H, et al. Nature Astronomy, 2020, 4: 77.

[333]　Fong W, Laskar T, Rastinejad J, et al. ApJ, 2021, 906: 127.

[334]　McKernan B, Ford K E S, Bartos I, et al. ApJL, 2019, 884: L50.

[335]　Wang J M, Liu J R, Ho L C, et al. ApJL, 2021, 916: L17.

[336]　Milosavljević M, Phinney E S. ApJL, 2005, 622: L93.

[337]　Bode T, Haas R, Bogdanović T, et al. ApJ, 2010, 715: 1117.

[338]　Farris B D, Gold R, Paschalidis V, et al. Phys. Rev. Lett., 2012, 109: 221102.

[339]　Farris B D, Duffell P, MacFadyen A I, et al. ApJ, 2014, 783: 134.

[340]　Tang Y, Haiman Z, MacFadyen A. MNRAS, 2018, 476: 2249.

[341]　d'Ascoli S, Noble S C, Bowen D B, et al. ApJ, 2018, 865: 140.

[342]　Cattorini F, Giacomazzo B, Haardt F, et al. Phys. Rev. D, 2021, 103: 103022.

[343]　McGee S, Sesana A, Vecchio A. Nature Astronomy, 2020, 4: 26.

[344]　Campanelli M, Lousto C O, Zlochower Y, et al. Phys. Rev. Letters, 2007, 98: 231102.

[345]　Baker J G, Boggs W D, Centrella J, et al. ApJ, 2007, 668: 1140.

[346] Lousto C O, Zlochower Y, Dotti M, et al. Phys. Rev. D, 2012, 85: 084015.

[347] Bonning E W, Shields G A, Salviander S. ApJL, 2007, 666: L13.

[348] Komossa S, Zhou H, Lu H. ApJL, 2008, 678: L81.

[349] Bogdanović T, Eracleous M, Sigurdsson S. ApJ, 2009, 697: 288.

[350] Volonteri M. ApJL, 2007, 663: L5.

[351] Aasi J, Abbott B P, et al. Classical and Quantum Gravity, 2015, 32: 074001.

[352] Acernese F, Agathos M, Agatsuma K, et al. Classical and Quantum Gravity, 2015, 32: 024001.

[353] Somiya K. Classical and Quantum Gravity, 2012, 29: 124007.

[354] Abbott B P, Abbott R, Abbott T D, et al. Living Reviews in Relativity, 2018, 21: 3.

[355] The LIGO Scientific Collaboration, the Virgo Collaboration, the KAGRA Collaboration, et al. GWTC-3: Compact binary coalescences observed by LIGO and Virgo during the second part of the third observing run. arXiv:2111.03606, 2021.

[356] The LIGO/Virgo/KAGRA collaboration. The population of merging compact binaries inferred using gravitational waves through GWTC-3. arxiv: 2111.03634, 2021.

[357] Punturo M, Abernathy M, Acernese F, et al. Classical and Quantum Gravity, 2010, 27: 194002.

[358] Reitze D, Adhikari R X, Ballmer S, et al. BAAS, 2019.

[359] Dimopoulos S, Graham P W, Hogan J M, et al. Phys. Rev. D, 2008, 78: 122002.

[360] Canuel B, Bertoldi A, Amand L, et al. Scientific Reports, 2018, 8: 14064.

[361] Canuel B, Abend S, Amaro-Seoane P, et al. Classical and Quantum Gravity, 2020, 37: 225017.

[362] Badurina L, Bentine E, Blas D, et al. JCAP, 2020, 2020: 11.

[363] Zhan M S, Wang J, Ni W T, et al. International Journal of Modern Physics D, 2020, 29: 1940005.

[364] Amaro-Seoane P, Audley H, Babak S, et al. Laser interferometer space antenna. arXiv:1702.00786, 2017.

[365] Armano M, Audley H, Auger G, et al. Phys. Rev. Letters, 2016, 116: 231101.

[366] Huang S, Gong X, Xu P, et al. Scientia Sinica Physica, Mechanica & Astronomica, 2017, 47: 010404.

[367] Ruan W H, Guo Z K, Cai R G, et al. International Journal of Modern Physics A, 2020, 35: 2050075.

[368] Luo J, Chen L S, Duan H Z, et al. Classical and Quantum Gravity, 2016, 33: 035010.

[369] Wu Y L, Luo Z R, Wang J Y, et al. International Journal of Modern Physics A, 2021, 36: 2102002.

[370] Luo J, Bai Y Z, Cai L, et al. Classical and Quantum Gravity, 2020, 37: 185013.

[371] Ruan W H, Liu C, Guo Z K, et al. Nature Astronomy, 2020, 4: 108.

[372] Lamberts A, Blunt S, Littenberg T B, et al. MNRAS, 2019, 490: 5888.

[373] Nelemans G, Yungelson L R, Portegies Zwart S F, et al. A&A, 2001, 365: 491.

[374] Sesana A. Phys. Rev. Lett., 2016, 116: 231102.

[375] Chen J, Yan C S, Lu Y J, et al. Research in Astronomy and Astrophysics, 2021, 21: 285.

[376] Amaro-Seoane P, Gair J R, Freitag M, et al. Classical and Quantum Gravity, 2007, 24: R113.

[377] Gair J R, Tang C, Volonteri M P. Phys. Rev. D, 2010, 81: 104014.

[378] Kawamura S, Ando M, Seto N, et al. Classical and Quantum Gravity, 2011, 28: 094011.

[379] Crowder J, Cornish N J. Phys. Rev. D, 2005, 72: 083005.

[380] Ni W T, Wang G, Wu A M. International Journal of Modern Physics D, 2020, 29: 1940007-129.

[381] Tino G M, Bassi A, Bianco G, et al. European Physical Journal D, 2019, 73: 228.

[382] Sesana A, Korsakova N, Arca Sedda M, et al. Experimental Astronomy, 2021, 51: 1333.

[383] Barausse E, Yunes N, Chamberlain K. Phys. Rev. D, 2016, 116: 241104.

[384] Nishizawa A, Berti E, Klein A, et al. Phys. Rev. D, 2016, 94: 064020.

[385] Vitale S. Phys. Rev. Lett., 2016, 117: 051102.

[386] Gupta A, Datta S, Kastha S, et al. Phys. Rev. Lett., 2020, 125: 201101.

[387] Liu L, Yang X Y, Guo Z K, et al. JCAP, 2021, 01: 006.

[388] Detweiler S. ApJ, 1979, 234: 1100.

[389] Hellings R W, Downs G S. ApJL, 1983, 265: L39.

[390] Foster R S, Backer D C. ApJ, 1990, 361: 300.

[391] Kramer M, Champion D J. Classical and Quantum Gravity, 2013, 30: 224009.

[392] Burke-Spolaor S, Taylor S R, Charisi M, et al. A&ARv, 2019, 27: 5.

[393] Manchester R N, Hobbs G, Bailes M, et al. PASA, 2013, 30: e017.

[394] Manchester R N. Classical and Quantum Gravity, 2013, 30: 224010.

[395] Ajello M, Atwood W B, et al. Science, 2022, 376: 521.

[396] Janssen G, Hobbs G, McLaughlin M, et al. Advancing Astrophysics with the Square Kilometre Array (AASKA14), 2015, 37.

[397] Murphy E J, Bolatto A, Chatterjee S, et al. Science with a Next Generation Very Large Array, 2018, 517: 3.

[398] Abbott B P, Abbott R, Abbott T D, et al. Physical Review X, 2019, 9: 031040.

[399] Venumadhav T, Zackay B, Roulet J, et al. Phys. Rev. D, 2020, 101: 083030.

[400] Nitz A H, Capano C D, Kumar S, et al. ApJ, 2021, 922: 76.

[401] Abbott B P, Abbott R, Abbott T D, et al. Phys. Rev. Lett., 2016, 116: 221101.

[402] Abbott B P, Abbott R, Abbott T D, et al. Phys. Rev. Lett., 2017, 119: 141101.

[403] Abbott R, Abbott T D, Abraham S, et al. Phys. Rev. Lett., 2020, 125: 101102.

[404] Abbott R, Abbott T D, Abraham S, et al. ApJL, 2020, 900: L13.

[405] Graham M J, Ford K E S, McKernan B, et al. Phys. Rev. Lett., 2020, 124: 251102.

[406] Romero-Shaw I, Lasky P D, Thrane E, et al. ApJL, 2020, 903: L5.

[407] Gayathri V, Healy J, Lange J, et al. Nature Astronomy, 2022, 6: 344.

[408] Fishbach M, Holz D E. ApJL, 2020, 904: L26.

[409] Fragione G, Loeb A, Rasio F A. ApJL, 2020, 902: L26.

[410] Tagawa H, Kocsis B, Haiman Z, et al. ApJ, 2021, 908: 194.

[411] Farrell E, Groh J H, Hirschi R, et al. MNRAS, 2021, 502: L40.

[412] Abbott R, Abbott T D, Abraham S, et al. ApJL, 2020, 896: L44.

[413] The LIGO Scientific Collaboration, the Virgo Collaboration, the KAGRA Collabora-
tion, et al. The population of merging compact binaries inferred using gravitational
waves through GWTC-3. arXiv:2111.03634, 2021.

[414] The LIGO Scientific Collaboration, the Virgo Collaboration, the KAGRA Collabora-
tion, et al. Tests of general relativity with GWTC-3, arXiv:2112.06861, 2021.

[415] Nitz A H, Capano C D. ApJL, 2021, 907: L9.

[416] Edelman B, Doctor Z, Farr B. ApJL, 2021, 913: L23.

[417] Özel F, Psaltis D, Narayan R, et al. ApJ, 2010, 725: 1918.

[418] Farr W M, Stevenson S, Miller M C, et al. Nature, 2017, 548: 426.

[419] Liu B, Lai D. ApJ, 2018, 863: 68.

[420] Gerosa D, Berti E, O'Shaughnessy R, et al. Phys. Rev. D, 2018, 98: 084036.

[421] Ng K K Y, Vitale S, Zimmerman A, et al. Phys. Rev. D, 2018, 98: 083007.

[422] Bavera S S, Fragos T, Qin Y, et al. A&A, 2020, 635: A97.

[423] Miller S, Callister T A, Farr W M. ApJ, 2020, 895: 128.

[424] Gompertz B P, Nicholl M, Schmidt P, et al. MNRAS, 2022, 511: 1454.

[425] Reisswig C, Ott C D, Abdikamalov E, et al. Phys. Rev. D, 2013, 111: 151101.

[426] Yoon S C, Langer N, Norman C. A&A, 2006, 460: 199.

[427] Marchant P, Langer N, Podsiadlowski P, et al. A&A, 2016, 588: A50.

[428] Perna R, Lazzati D, Giacomazzo B. ApJL, 2016, 821: L18.

[429] Callister T A, Farr W M, Renzo M. ApJ, 2021, 920: 157.

[430] Stevenson S. ApJL, 2022, 926: L32.

[431] Kushnir D, Zaldarriaga M, Kollmeier J A, et al. MNRAS, 2016, 462: 844.

[432] Schrøder S L, Batta A, Ramirez-Ruiz E. ApJL, 2018, 862: L3.

[433] Abbott B P, Abbott R, Abbott T D, et al. ApJL, 2017, 848: L13.

[434] Radice D, Perego A, Zappa F, et al. ApJL, 2018, 852: L29.

[435] Ai S, Gao H, Dai Z G, et al. ApJ, 2018, 860: 57.

[436] Dietrich T, Coughlin M W, Pang P T H, et al. Science, 2020, 370: 1450.

[437] Pang P T H, Dietrich T, Coughlin M W, et al. NMMA: A nuclear-physics and
multi-messenger astrophysics framework to analyze binary neutron star mergers.
arXiv:2205.08513, 2022.

[438] Criswell A W, Miller J, Woldemariam N, et al. Phys. Rev. D, 2022, 107(4): 043021.

[439] Puecher A, Dietrich T, Tsang K W, et al. Unraveling information about supranuclear-dense matter from the complete binary neutron star coalescence process using future gravitational-wave detector networks. arXiv:2210.09259, 2022.

[440] Abbott B P, Abbott R, Abbott T D, et al. ApJL, 2020, 892: L3.

[441] Coughlin M W, Ahumada T, Anand S, et al. ApJL, 2019, 885: L19.

[442] Hosseinzadeh G, Cowperthwaite P S, Gomez S, et al. ApJL, 2019, 880: L4.

[443] Antier S, Agayeva S, Aivazyan V, et al. MNRAS, 2020, 492: 3904.

[444] Abbott R, Abbott T D, Abraham S, et al. ApJL, 2021, 915: L5.

[445] Legred I, Chatziioannou K, Essick R, et al. Phys. Rev. D, 2021, 104: 063003.

[446] Ai S, Gao H, Zhang B. ApJ, 2020, 893: 146.

[447] Jaranowski P, Królak A, Schutz B F. Phys. Rev. D, 1998, 58: 063001.

[448] Bildsten L. ApJL, 1998, 501: L89.

[449] Abbott R, Abbott T D, Acernese F, et al. Phys. Rev. D, 2022, 105: 022002.

[450] Farmer A J, Phinney E S. MNRAS, 2003, 346: 1197.

[451] Abbott B P, Abbott R, Abbott T D, et al. Phys. Rev. D, 2016, 116: 131102.

[452] Dvorkin I, Vangioni E, Silk J, et al. MNRAS, 2016, 461: 3877.

[453] Dvorkin I, Uzan J P, Vangioni E, et al. Phys. Rev. D, 2016, 94: 103011.

[454] Abbott B P, Abbott R, Abbott T D, et al. Phys. Rev. D, 2019, 100: 061101.

[455] Abbott R, Abbott T D, Abraham S, et al. Phys. Rev. D, 2021, 104: 022004.

[456] Wang S, Wang Y F, Huang Q G, et al. Phys. Rev. Lett., 2018, 120: 191102.

[457] Ott C D. Classical and Quantum Gravity, 2009, 26: 063001.

[458] Fryer C L, Holz D E, Hughes S A. ApJ, 2002, 565: 430.

[459] Abbott R, Abbott T D, Acernese F, et al. Phys. Rev. D, 2021, 104: 122004.

[460] Schutz B F. Nature, 1986, 323: 310.

[461] Holz D E, Hughes S A. ApJ, 2005, 629: 15.

[462] Hotokezaka K, Nakar E, Gottlieb O, et al. Nature Astronomy, 2019, 3: 940.

[463] Chen H Y, Fishbach M, Holz D E. Nature, 2018, 562: 545.

[464] Nissanke S, Holz D E, Hughes S A, et al. ApJ, 2010, 725: 496.

[465] Cai R G, Yang T. Phys. Rev. D, 2017, 95: 044024.

[466] Zhang X N, Wang L F, Zhang J F, et al. Phys. Rev. D, 2019, 99: 063510.

[467] Feeney S M, Peiris H V, Williamson A R, et al. Phys. Rev. Lett., 2019, 122: 061105.

[468] Yu J, Wang Y, Zhao W, et al. MNRAS, 2020, 498: 1786.

[469] Soares-Santos M, Palmese A, Hartley W, et al. ApJL, 2019, 876: L7.

[470] Palmese A, Bom C R, Mucesh S, et al. Astrophys. J, 2021, 943(1): 56.

[471] Chen J, Yan C, Lu Y, et al. Research in Astronomy and Astrophysics, 2022, 22: 015020.

[472] Kaspi V M, Taylor J H, Ryba M F. ApJ, 1994, 428: 713.

[473] Lommen A N. Neutron Stars, Pulsars, and Supernova Remnants, 2002, 114.

[474] Jenet F A, Hobbs G B, van Straten W, et al. ApJ, 2006, 653: 1571.

[475] van Haasteren R, Levin Y, Janssen G H, et al. MNRAS, 2011, 414: 3117.

[476] Shannon R M, Ravi V, Coles W A, et al. Science, 2013, 342: 334.

[477] Lentati L, Taylor S R, Mingarelli C M F, et al. MNRAS, 2015, 453: 2576.

[478] Shannon R M, Ravi V, Lentati L T, et al. Science, 2015, 349: 1522.

[479] Desvignes G, Caballero R N, Lentati L, et al. MNRAS, 2016, 458: 3341.

[480] Arzoumanian Z, Baker P T, Brazier A, et al. ApJ, 2018, 859: 47.

[481] Arzoumanian Z, Baker P T, Blumer H, et al. ApJL, 2020, 905: L34.

[482] Goncharov B, Shannon R M, Reardon D J, et al. ApJL, 2021, 917: L19.

[483] Chen S, Caballero R N, Guo Y J, et al. MNRAS, 2021, 508: 4970.

[484] Antoniadis J, Arzoumanian Z, Babak S, et al. MNRAS, 2022, 510: 4873.

[485] Moore C J, Cole R H, Berry C P L. Classical and Quantum Gravity, 2015, 32: 015014.

[486] Bécsy B, Cornish N J, Digman M C. Phys. Rev. D, 2022, 105: 122003.

[487] Lee K J, Wex N, Kramer M, et al. MNRAS, 2011, 414: 3251.

[488] Ellis J A, Siemens X, Creighton J D E. ApJ, 2012, 756: 175.

[489] Zhu X J, Hobbs G, Wen L, et al. MNRAS, 2014, 444: 3709.

[490] Arzoumanian Z, Brazier A, Burke-Spolaor S, et al. ApJ, 2014, 794: 141.

[491] Rosado P A, Sesana A, Gair J. MNRAS, 2015, 451: 2417.

[492] Babak S, Petiteau A, Sesana A, et al. MNRAS, 2016, 455: 1665.

[493] Schutz K. Ma C P. MNRAS, 2016, 459: 1737.

[494] Mingarelli C M F, Lazio T J W, Sesana A, et al. Nature Astronomy, 2017, 1: 886.

[495] Kelley L Z, Blecha L, Hernquist L. MNRAS, 2017, 464: 3131.

[496] Wang Y, Mohanty S D. Phys. Rev. Lett., 2017, 118: 151104.

[497] Sesana A, Haiman Z, Kocsis B, et al. ApJ, 2018, 856: 42.

[498] Feng Y, Li D, Zheng Z, et al. Phys. Rev. D, 2020, 102: 023014.

[499] Arzoumanian Z, Baker P T, Brazier A, et al. ApJ, 2020, 900: 102.

[500] Zhu X J, Thrane E. ApJ, 2020, 900: 117.

[501] Yan C S, Zhao W, Lu Y. ApJ, 2020, 889: 79.

[502] Niu R, Zhao W. Science China Physics, Mechanics, and Astronomy, 2019, 62: 970411.

第六章　引力波标准汽笛及其宇宙学应用

赵文，俞继铭

6.1　引　　言

　　爱因斯坦的广义相对论是目前最成功的引力理论，在其提出后 100 多年里，已经通过了大量的实验检验，包括实验室检验和天文观测检验。基于广义相对论的现代宇宙学与高能天体物理学都取得了巨大的成功，特别是 LCDM 宇宙学模型可以成功解释目前几乎所有的宇宙学观测事实，通常被称为"标准的宇宙学模型"，因此广义相对论已经成为当代天文学和物理学框架中的基本要素。而广义相对论所涉及的关于时间和空间等最基本的概念始终是物理科学的基础和前沿。

　　引力波是引力场波动性的集中体现，也是爱因斯坦构造广义相对论的三大要素之一。但是由于理论的高度非线性，直到广义相对论提出四十多年后，Bondi 等才首次在理论上证明了引力波存在[1]。由于引力相互作用非常微弱，并且要产生引力辐射至少需要质量四极矩的加速运动，因此实验室产生的引力波振幅一般不会大于 10^{-35}，这远远超过了目前所有探测器的探测能力，因此现阶段可观测的引力波信号全部来自天体运动，这意味着引力波研究天生就属于引力波天文学，而非实验室科学。尽管引力波探测最早可以追溯到 20 世纪 60 年代的韦伯棒，但是人类第一次确定探测到的引力波信息来自脉冲双星系统 PSR B1913+16。经过 Arecibo 望远镜对该系统的长期观测，人们发现其公转轨道周期衰减是由于引力波辐射带走了能量和角动量引起的，并且定量地和广义相对论的预言完全相符，因此被认为是首次间接探测到了引力波的信号[2]。而人类第一次直接探测引力波直到最近才取得突破，2016 年 2 月 11 日，LIGO 和 Virgo 合作组宣布首次捕捉到双黑洞并合所产生的引力波爆发信号 GW150914[3]，分析认为该事件中两个黑洞的质量均为 30 个太阳质量左右，而爆发源距离地球约 410Mpc，属于宇宙学尺度。之后，LIGO 和 Virgo 合作组又陆续发现了另外四例双黑洞并合的引力波爆发事件以及一例疑似事件。特别是 2017 年观测到了双中子星并合产生的引力波暴 GW170817，同时在各种电磁波段（包括 γ 射线、X 射线、紫外、可见光、红外及射电）都观测到了该引力波暴的电磁对应体 [4]。这些引力波事件的发现极大地丰富了人们对双中子星以及双黑洞并合事件中各种天体物理过程的理解，标志着引力波天文学时代的来临。

目前，已观测到的致密双星并合的引力波暴都发生在宇宙学尺度。例如，目前观测到的双黑洞并合都发生在红移为 $z \sim (0.1, 0.2)$，而双中子星并合的 GW170817 也发生在 $z \sim 0.01$，而最终的第二代引力波探测器将可以探测到红移范围为 $z \lesssim 0.1$ 的双中子星并合事件。特别是第三代地基引力波探测器，例如欧洲的爱因斯坦望远镜（Einstein telescope，ET）和美国的宇宙勘探者（cosmic explorer，CE），将可以探测到红移为 $z \sim 2$ 甚至更高红移处的引力波暴事件。这使得利用引力波暴作为宇宙探针来研究宇宙学成为可能。

对于致密双星并合的引力波暴，通过对引力波波形的观测可以直接得到波源距离的信息，这是一种全新的宇宙测距方法，成功避免了之前方法中依赖宇宙距离阶梯（cosmic distance ladder）从而带来系统误差的缺陷[5]。如果有方法同时得到引力波源的红移信息，那么该引力波暴就可以作为"标准汽笛"（standard siren）来研究宇宙的膨胀历史，同时帮助确定各种宇宙学参数，包括哈勃常数、暗能量状态参数、宇宙各组分的能量密度，甚至用来区分暗能量和修改引力等。而引力波暴 GW170817 及其电磁对应体的观测已经可以独立得到其光度距离和红移信息，据此人们首次利用标准汽笛对哈勃常数做出了限制，并检验了该方法的可靠性[6]。在本章中，我们将介绍引力波源作为标准汽笛的基本原理，包括利用引力波观测测量距离的方法，确定波源红移的各种方法及其能够达到的精度，同时讨论第二代和第三代地基引力波探测器，以及 LISA 等空间引力波探测器测量宇宙学参数的能力。为了展示标准汽笛方法的基本思想、面临的问题以及未来的发展前景，我们着重讨论三种不同引力波源作为标准汽笛的可能性，分别是双中子星并合的引力波事件及其电磁对应体的探测能力，恒星质量双黑洞并合引力波暴及其宿主星系群的搜寻、超大质量双黑洞旋进引力波事件及其在 SKA 时代的探测能力。我们研究这些不同的波源对距离和红移的不同测量方法，以及其对暗能量状态参数和哈勃常数的限制能力。

6.2　宇宙中的引力波源与引力波探测器

宇宙中存在着各种各样的引力波源，不同的波源产生的引力波的频率和振幅千差万别，因此跟电磁波的探测一样，人们发展出了不同的方法，针对不同频段的引力波信号进行全波段探测。目前，针对高频段的引力波源，国际上主流的方法是利用激光干涉仪引力波探测器进行探测。例如，对于频段为 $10 \sim 10^4$Hz 的引力波源，主要是通过各种地基的激光干涉仪进行探测，包括第一代的探测器，如 LIGO（the laser interferometer gravitational-wave observatory）、Virgo、GEO、TAMA 等，已经结束使命。目前正在运行的是第二代探测器，包括美国的两个 AdvLIGO，欧洲的 AdvVirgo，以及正在建设的包括日本的 KAGRA 和印度的 LIGO-India，预计在未来几年内也会陆续投入使用。正是通过第二代的 AdvLIGO 和 AdvVirgo 的观测，人们首次发现了双黑洞和双中子星并合产生的引力波辐射，从而开启了引力波天文学的新时代。与此同时，国际上第三代地面引力波天文台也在设计之中，预计 2030 年左右可以投入运行。目前主要的两个方案分别是欧洲的 ET[7] 和美国的 CE[8]。其中前者主要由六条臂长为 10km 的迈克耳孙干涉连成两个正三角形结构，因此该方案实际上是由三个探测器组成，其噪声功率预计比二代探测器减小两个量级以上，而且其低频截止频率也将延伸到 1Hz 左右，将大大提高引力波的可探测时标，以及提高探测器的定位能力。而后者将保持探测器的 L 型结构，但是臂长将在第二代探测器的基础上延长到 40km 左右，而噪声也将比 ET 在 100Hz 左右的频段有所提高，但是低频截断只有 5Hz 左右。根据计算，ET 预计能够探测到红移 $z \sim 2$ 的双子星并合事件，CE 的探测深度将更高。而二者对双黑洞并合的探测深度则有可能达到 $z \sim 8$。因此，第三代地基引力波探测器预计将揭开引力波宇宙学的新时代，极大地丰富人们对高红移宇宙的认识。

针对频率略低的引力波源 $10^{-4} \sim 10^{0}$Hz，人们发展了空间的引力波探测器，目前发展比较成熟的是 LISA（laser interferometer space antenna）计划[9]，预计将在 2034 年左右发射。该计划将在地球的绕日轨道上发射三颗卫星，组成三角形结构。卫星之间通过激光来联系组成空间的激光干涉仪引力波天文台。相对于地基的干涉仪，LISA 的臂长将达到百万公里的量级，因此可以探测到更低频的引力波信号。与此同时，我国的天琴计划和太极计划也在顺利实施，预计将于 2030 年左右发射。空间的引力波天文台，其观测对象与地基的完全不同，主要包括大质量双黑洞的并合，极端质量比的双黑洞并合，宇宙弦的引力辐射，早期宇宙相变的引力辐射等。因此，人们期待空间的引力波天文台为我们打开引力波天文学的全新领域。本章中，我们主要关注 LISA 对大质量双黑洞的观测以及宇宙学应用。与此同时，人们还提出了更长远的空间引力波天文台方案，主要包括美国的 BBO（big bang observer）和日本 DECIGO（deci-hertz interferometer gravitational wave observatory），其敏感频段主要在 $10^{-3} \sim 10^{4}$Hz，特别是集中在 $(0.1, 1)$Hz 左右，从而与 LISA 和 LIGO 形成互补。在图 6.1 中，我们画出了第一代（LIGO）、第二代（AdvLIGO）、第三代（ET）的地基引力波探测器，以及空间引力波探测器 LISA 和 BBO 的噪声曲线和敏感频段。作为比较，我们同时做出了作为地基干涉仪和 BBO 等主要观测目标的双中子星并合的引力波振幅。注意，与电磁波观测不同，引力波观测主要是测量引力波的振幅而非能流，因此仪器噪声降低一个量级，可探测的波源数目将增加三个量级。

而对于极低频的引力波信号 $10^{-9} \sim 10^{-7}$Hz，目前人们主要是通过脉冲星计时阵列来探测引力波信号，即通过射电望远镜或者望远镜阵列长期监测一组毫秒脉冲星信号，并得到脉冲星的信号残差随时间的分布，通过关联处于不同空间方位的脉冲星的计时残差来搜寻其中包含的极低频引力波信号。当前正在运行的项目主要有澳大利亚的 PPTA 项目，欧洲的 EPTA 项目，美国的 NANOGrav 项目，以及联合三个项目的 IPTA 项目。目前，经过十余年的累计观测，这几个都在其观测中发现了疑似的低频背景引力波迹象[10-12]。未来，随着观测时间的进一步积累，特别是随着高灵敏度的射电望远镜 FAST 和 SKA 等的加入，有望在短时间内首次发现该频段的引力波信号，从而为引力波探测打开新的观测窗口。在该频段，最主要的引力波源是超大质量双黑洞绕转或者旋进的引力波源，包括孤立的波源和大量波源形成的引力波背景。除此之外，还有宇宙相变形成的宇宙弦在运动、并合、碰撞中形成的引力波信号，以及产生于宇宙极早期的原初引力波信号。

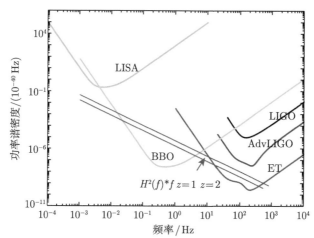

图 6.1 地基的引力波探测器 (LIGO，AdvLIGO，ET) 和空间的引力波探测器（LISA，BBO）的噪声功率谱曲线。作为对比，我们同时画出了红移 $z = 1$ 和 $z = 2$ 处的双中子星并合的引力波辐射的振幅曲线

能够作为"标准汽笛"的引力波源目前主要是致密双星的并合或者旋进的引力波事件，包括双中子星的并合、中子星–黑洞双星的并合、双黑洞的并合，以及超大质量双黑洞的并合或旋进。其中地基的引力波探测器主要通过观测双中子星、太阳质量双黑洞，以及中子星–黑洞双星的并合，空间的 LISA 等主要是通过观测大质量双黑洞的并合，而脉冲星计时阵列则主要通过观测超大质量双黑洞的旋进。对于这类致密双星并合的引力辐射，人们已经发展了各种理论模型来很好地对其进行描述[13]。当双星距离较远时，星体的运动速度未达到相对论速度，双星的公转轨道由于引力波辐射造成的衰减比较慢时，后牛顿近似可以很好地描述其引力辐射，该阶段被称为旋进（inspiral）阶段。但是在绕转阶段的晚期和并合

时期，通常统称为并合（merge）阶段，引力场非常强，这时后牛顿近似失效，因此一般采用数值相对论的方法来求解。在双星最后并合成黑洞之后，需要通过引力辐射将多余的自由度辐射掉而变成一个稳态的黑洞，这个阶段通常被称为铃宕（ringdown）阶段，其辐射的引力波可以用黑洞振荡的准正则模式来解析描述。因此，一个双星并合事件的引力辐射模板是由三部分有效叠加而成的，这对引力波信号的搜寻非常重要。目前，根据 LIGO、VIRGO、KAGRA 的连个观测，人们得到的双黑洞并合的事件率为 $12 - 213\mathrm{Gpc}^{-3} \cdot \mathrm{yr}^{-1}$[14]。根据图 6.2，我们得到在 $z < 0.1$ 的红移区间内，每年的事件率为 $1.0 \times 10^2 \sim 1.5 \times 10^3 \mathrm{yr}^{-1}$，而在 $z < 2$ 的红移区间内，每年的事件率为 $1.8 \times 10^5 \sim 2.7 \times 10^6 \mathrm{yr}^{-1}$。随着观测到的引力波事件逐渐增加，人们对引力波事件率的估计将越来越精确，但与上述估计相比，应该不会有量级上的改变。因此我们发现，考虑第三代引力波探测器，每年的致密双星并合事件预计将达到数十万，甚至百万的量级，这就使得大样本的统计分析成为可能。

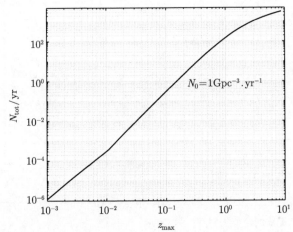

图 6.2　致密双星每年的累计并合率随红移 $z_{\max}$ 的变化关系，注意这里我们选择归一化因子为 $N_0 = 1\mathrm{Gpc}^{-3} \cdot \mathrm{yr}^{-1}$

　　无论从星系形成的理论模型，还是从目前对双黑洞的观测来说，大质量黑洞在宇宙学尺度上的演化与并合都是不可避免的，这是未来的空间引力波探测器（如 LISA 等）和脉冲星计时阵列最主要的观测对象。但是目前对该类并合事件的发生率的估算还有较大的不确定性，这其中涉及很多非常复杂的物理过程。Klein 等[9]通过半解析方法认真研究了在不同的星系演化绘景中大质量双黑洞并合的事件发生率。对于大质量黑洞的形成，考虑三种不同的模型：第一种是"轻种子"模型（即 popIII 模型），认为超大质量黑洞起源于 popIII 恒星演化的遗迹；第二种是"重种子"模型（即 Q3d 模型），认为质量为 $10^5 M_\odot$ 的超大质量黑洞在宇宙早期

($z \approx 15 \sim 20$) 已经形成了，其形成的原因可能是星系碰撞或别的因素，在该模型中考虑到大质量黑洞的并合与星系并合之间的时间延迟效应；而第三种模型（即 Q3nod 模型）与第二种模型几乎一样，但是忽略了所谓的延迟效应。通过半解析计算发现，在 popIII 模型中，对 LISA 来说，在五年的运行时间内，可探测到的大质量黑洞的并合事件为 660 例左右；在 Q3d 模型中总事件率为 40 例；而在 Q3nod 模型中则总事件为 596 例左右。可见，未来 LISA 等空间探测器预计可以探测到几十乃至数百个大质量双黑洞的并合事件，为研究宇宙学特别是高红移宇宙演化提供可贵的观测样本。

6.3 引力波源作为宇宙探针

与 Ia 型超新星（SNIa）可以作为宇宙学标准烛光一样，引力波源要作为"标准汽笛"来研究宇宙膨胀历史，需要能够独立测出该引力波事件的距离和红移信息。为此，人们已经发展出了各种不同的方法来实现对距离和红移的测量。在本章中，我们将分别介绍针对不同引力波事件的距离测量和红移测量方法。

6.3.1 确定波源的距离

1. 利用引力波波形

早在 1986 年，Schutz 就发现[5]：通过观测致密双星并合的引力波波形可以独立测量该引力波爆发源的光度距离。该方法的基本原理如下：引力波振幅依赖于波源的啁啾质量（chirp mass，双星质量的组合）和光度距离。但同时，质量又可以被引力波信号的相位测量精确确定，因而只要同时测量到波源的振幅和相位信息就可以得到波源的光度距离。需要指出的是，这种测距方法成功避免了一般宇宙学测距所依赖的宇宙距离阶梯，从而避免了由此带来的各种系统误差。这是人们目前主要讨论的引力波源测距方法。

数学上，引力波通常用张量 $h_{\alpha\beta}$ 来描述。在广义相对论中，考虑横向无迹规范，引力波包含两个独立的极化分量 h_+ 和 $h_\times$。对于一个引力波探测器，其可观测量是两个极化分量的线性组合，即

$$h(t) = F_+(\theta, \phi, \psi)h_+(t) + F_\times(\theta, \phi, \psi)h_\times(t), \tag{6.1}$$

其中 F_+ 和 $F_\times$ 是探测器的响应函数，依赖于引力波的极化角 ψ 和波源在天球上的方位角 (θ, ϕ)。对于由多个探测器组成的探测器网络，它们还依赖于每个探测器在地球上的位置、指向、两臂之间的张角、事件爆发时刻以及持续时间等，因此一般来说，响应函数还是时间的函数[15]。

考虑一个并合的致密双星系统，其光度距离为 d_L，双星质量分别为 m_1 和 m_2。总质量记为 $M = m_1 + m_2$，质量比为 $\eta = m_1 m_2 / M^2$。我们定义啁啾质量

为 $\mathcal{M}_c = M\eta^{3/5}$。对于宇宙学距离上的波源，进入引力波波形的量是所谓的观测啁啾质量，它跟物理啁啾质量的关系为：$\mathcal{M}_{c,obs} = (1+z)\mathcal{M}_{c,phys}$。下面的讨论中，我们将用 $\mathcal{M}_{c,obs}$ 表示观测啁啾质量。考虑最低阶近似的引力波振幅，在旋进阶段，引力波的两个极化分量可以写为[16]

$$
\begin{aligned}
h_+(t) =& 2\mathcal{M}_c^{5/3}d_L^{-1}(1+\cos^2\iota)\omega^{2/3}(t_0 - t)\\
&\times \cos[2\Phi(t_0 - t; M, \eta) + \Phi_0],
\end{aligned}
\tag{6.2}
$$

$$
\begin{aligned}
h_\times(t) =& 4\mathcal{M}_c^{5/3}d_L^{-1}\cos\iota\,\omega^{2/3}(t_0 - t)\\
&\times \sin[2\Phi(t_0 - t; M, \eta) + \Phi_0],
\end{aligned}
\tag{6.3}
$$

其中，ι 是双星轨道平面相对视线方向倾角；$\omega(t_0 - t)$ 是等效单体系统沿系统质心运动的角速度；$\Phi(t_0; M, \eta)$ 是相应的轨道相位，常数 t_0 和 Φ_0 是双星并合的时间和并合时的相位角。这里未考虑双星自旋的影响，并假设公转轨道是近圆轨道。其中相位角 Φ 可以用后牛顿方法来计算，目前已经计算到了 3.5 阶后牛顿项。在旋进阶段，双星公转周期的变换率是可以忽略的，因此，一般采用稳相近似（stationary phase approximation）对引力波波形进行傅里叶展开，其傅里叶分量为

$$
H(f) = Af^{-\frac{7}{6}}\exp[\mathrm{i}(2\pi ft_0 - \pi/4 + 2\psi(f/2) - \varphi_{(2,0)})],
\tag{6.4}
$$

其中傅里叶振幅为

$$
A = \frac{1}{d_L}\sqrt{F_+^2(1+\cos^2\iota)^2 + F_\times^2\cos^2\iota}\sqrt{\frac{5\pi}{96}}\pi^{\frac{7}{6}}\mathcal{M}_c^{\frac{5}{6}},
\tag{6.5}
$$

而函数 ψ 和 $\varphi_{(2,0)}$ 分别为

$$
\psi(f) = -\psi_0 + \frac{3}{256\eta}\sum_{i=0}^{7}\psi_i(2\pi Mf)^{i/3},
\tag{6.6}
$$

$$
\varphi_{(2,0)} = \arctan\left[-\frac{2\cos\iota F_\times}{(1+\cos^2\iota)F_+}\right].
\tag{6.7}
$$

注意，该近似的高频截断一般选在 $f_{upper} = 2f_{LSO}$，其中最小稳定轨道频率为 $f_{LSO} = 1/(6^{3/2}2\pi M_{obs})$。

从公式（6.4）可以看出，引力波波形 $H(f)$ 依赖于九个独立参数（$\mathcal{M}_c, \eta, d_L, \theta$, $\phi, \psi, \iota, t_0, \psi_0$）。因此，通过分析引力波的九参数模型，如 Fisher 矩阵方法或者蒙

特卡罗方法，可以得到对这九个模型参数的限制。通过边缘化的其他参数可以得到对光度距离 d_L 的限制，这是引力波源可以作为标准汽笛的根本原因。这里需要指出的是，这九个模型参数之间存在着耦合，特别是距离参数 d_L 和倾角参数 ι 之间的耦合比较强，因此如果有别的途径能够预先确定波源的倾角，将大大提高对距离参数 d_L 的限制能力[17,18]。例如，如果能够观测到双中子星并合产生的 γ 射线暴，由于该射线暴一般认为是集中在 ι 很小的范围内，因此不但可以确定波源的方位角 (θ, ϕ)，而且还可以确定另外两个角度 (ι, ψ)，这样就可以大大减小 d_L 的测量误差[18]。

2. 利用强引力透镜效应

最近，Liao 等提出了一种新的方法来对引力波源进行测距[19]。其核心思想如下：假设某个引力波源产生的引力波传播到探测器的途中存在强引力透镜效应（如大质量星系或者星系团作为透镜源），则可以产生多个引力波像，并且不同像之间存在时间延迟。该时间延迟包括两种效应，其一是几何效应，其二是 Shapiro 时间延迟效应。因此，只要能够测量到不同像之间的到达时间差异，就可以反推出引力波源的距离信息，这就提供了一种新的对引力波源进行测距的方法。与其他方法不同，这种方法的优点在于，距离测量不依赖于引力波振幅测量，因此避免了系统校准带来的不确定性问题。该方法不但可以应用到致密双星的并合事件，而且可以应用到诸如超新星爆发等其他的引力波爆发事件。

具体地，根据强引力透镜理论计算可以得到不同像之间的到达时间差异

$$\Delta t_{i,j} = \frac{D_{\Delta t}(1 + z_d)}{c} \Delta \phi_{i,j}, \tag{6.8}$$

其中，$\Delta t_{i,j}$ 是两个像 i 和 j 的到达时间差，$\Delta \phi_{i,j} = [(\tilde{\theta}_i - \beta)^2/2 - \tilde{\psi}(\tilde{\theta}_i) - (\tilde{\theta}_j - \beta)^2/2 + \tilde{\psi}(\tilde{\theta}_j)]$ 是位于不同方位 $\tilde{\theta}_i$ 和 $\tilde{\theta}_j$ 的像的费马势能（Fermat potentials）的差异，而 β 代表波源的空间方位。ψ 表示两维的透镜引力势能，它依赖于临界密度 $\Sigma = c^2 D_s/(4\pi G D_d D_{ds})$，其中 D_s，D_d，D_{ds} 分别是红移为 z_d 的透镜源、红移为 z_s 的引力波源以及二者之间的角半径距离。在实际观测中，对于一个给定的强引力透镜的引力波事件，$\Delta t_{i,j}$，z_s，z_d，$\Delta \phi_{i,j}$ 都可以通过引力波及其电磁对应体观测得到，因此由上述公式可以得到所谓的时间延迟距离 $D_{\Delta t}$。而理论上该量由下式给出

$$D_{\Delta t} = \frac{D_d(z_d) D_s(z_s)}{D_{ds}(z_d, z_s)}. \tag{6.9}$$

因此，对 $D_{\Delta t}$ 的观测实际上就等价于对三个角半径距离组合的观测，从而反过来限制宇宙演化模型，这就是该方法的核心思想。而在文章 [19] 中，作者也对事件率

做出了估计：考虑第三代引力波探测器（如 ET），每年的事件率将达到 $50 \sim 100$ 例，从而可以对哈勃常数等宇宙学参数做出精确限制。据估计，如果能观测到 10 例这样的事件，就可以把哈勃常数限制到 0.7% 的水平，这已经高于目前传统的光学方法的限制水平。

6.3.2　确定波源的红移

作为标准汽笛，必须能够独立测量引力波源的红移信息。但是从上述两种方法来看，后一种方法并不包含独立测量波源红移的机制。前一种方法主要依赖于引力波的波形，但是致密双星的引力波波形并不直接依赖于红移 z，它的信息只是包含在观测啁啾质量 $\mathcal{M}_{c,\mathrm{obs}} = (1+z)\mathcal{M}_{c,\mathrm{phys}}$ 中，因此红移与波源的质量是完全简并的。单纯从引力波观测难以得到波源的红移信息。为了解决这个问题，人们已经发展了各种不同的办法来提取引力波源的红移信息。在本节中，我们将集中介绍下面六种方法。

1. 利用电磁对应体

一般情况下，引力波爆发源的红移信息需要通过对其电磁对应体的观测而得到。例如，对于双中子星并合或者中子星–黑洞并合事件，在引力波爆发的同时或者之后会伴随大量的电磁辐射，如果能够通过对应的电磁手段测量到其中（如 γ 射线余辉中）的原子谱线，就可以确定其红移[20]。例如，引力波事件 GW170817 就是通过光学认证，找到其宿主星系 NGC4993，从而测出了红移（或等效的退行速度）[6]。从 GW170817 的观测来看，该类引力波暴的电磁对应体是非常丰富的，覆盖了从 γ 波段到射电波段的全部电磁波段[21]：在双星并合后 2s，Fermi/GBM 和 INTEGRAL 发现了其 γ 射线暴 GRB170817A。随后在 0.47~18.5 天也在光学、近红外和紫外波段发现了其电磁对应体 SSS17a（又命名为 DLT17ck 或者 AT2017gfo）。在引力波暴后第 9 天发现了 X 射线爆发，16 天后发现了射电爆发。这里我们主要关注光学和近红外的电磁对应体。当两个中子星并合，将有约 $10^{-3} \sim 10^{-2} M_{\odot}$ 的中子星物质被抛射到宇宙空间形成星系介质。在抛射物质中将发生快中子俘获的核合成，即 r-过程，生成放射性重元素。之后，放射性元素衰变产生光学和近红外辐射。该爆发过程通常称为千新星（kilonova 或 macronova）。对 SSS17a 的观测人们发现，在光学和近红外的绝对星等可以达到-15 到-16 星等（AB 星等），其中光学波段辐射衰减得比较快，持续两天左右，而近红外辐射持续时间较长。由于千新星的光学和近红外辐射是近似各向同性的，因此原则上对于临近的事件，都有可能通过光学望远镜对其进行光学认证，并得到其红移信息。第二代引力波望远镜阵列预计可以观测到红移 $z < 0.1$ 的绝大多数双中子星并合的引力辐射，而且其空间的角分辨率预计可以达到 10 平方度的量级，这正好对应着许多下一代光学望远镜的视场大小。这里，我们以 WFST（wide field survey telescope）望远镜为例来简单论述。WFST 是中国科学技术大学和紫金山天文台主导的一台大视场巡天望远镜，口径为 2.5m，具有直径 3° 的大视场（即 7 平方度），用于开展大规模快速图像巡天观测的专用天文望远镜，可以实现 3° 视场均匀高像质成像。其巡天速率为每小时 600 平方度，因此 3 天可以实现对北天区（约 2 万平方度）一次巡天。根据望远镜设计，短曝光（30s）图像的极限星等可以达到 $r \sim 23$，而长曝光可以探测 $r \sim 25$ 的暗天体。考虑到千新星的绝对星等为 -15 至 -16 等，加上 WFST 具有 7 平方度的大视场，因此预计可以捕捉到位于北天区的，并且红移 $z < 0.1$ 的绝大多数双中子星并合的光学对应体。

对于第三代引力波探测器，其探测深度和空间定位能力将大大提高（图 6.3）。例如对于 ET，预计将可以在高置信度上探测到绝大多数红移 $z < 2$ 的双中子星并合事件，因此每年的事件率预计将达到数十万乃至数百万的量级。但是由于 $z > 0.1$ 的千新星比较难以观测，因此对于这一类源，其主要的电磁对应体一般认为是短伽马射线暴（shGRB）及其余辉[20]。其红移信息主要依赖于对其光学余辉中的原子谱线观测。一般认为 shGRB 是高度成束的，因此只有小部分引力波暴对应的 shGRB 可以被观测到，再加上 γ 暴持续时间较短，其光学余辉测量有一定困难等因素。在一般的讨论中，人们作保守估计，即通常假设在三年的观测时间内，预计有约 1000 例双中子星并合可以找到其电磁对应体并确定红移。需要指出的是，对于 BBO 和 DECIGO 等空间探测器，其空间分辨率相对于地面探测器将大大提高，达到 $1 \sim 100$ 角秒^2，预期可以直接找到其宿主星系从而确定红移[22]。如此，可用来作为标准汽笛的引力波源数目将大大提高，达到数百万的量级。

空间的 LISA 主要观测的是大质量双黑洞的并合事件，该事件一般认为会伴随着强烈的电磁爆发，因此预期也应该存在丰富的电磁对应体。但是为了能够成功认证电磁对应体并测出红移，关键在于引力波探测器具有足够灵敏的空间定位能力。如果其分辨率能够达到 10 平方度左右，就可以与 LSST（large synoptic survey telescope）、WFST、ELT（extremely large telescope）、SKA（square kilometre array）等的视场大小达到一个量级，从而使得电磁认证，特别是电磁暂现源认证成为可能。在实际观测中，具体有两种不同的情况来确定红移：其一，如果光学对应体足够亮，可以被 LSST 等光学望远镜直接观测到，则通过直接测量得到引力波源的红移；其二，如果电磁对应体呈现为射电喷流或闪耀，则有可能通过 SKA 探测到其射电信号。通过射电望远镜极高的空间角分辨率锁定其宿主星系，其红移可以通过光学望远镜对星系的光谱或成像观测得到[23]。在文章 [9] 中，作者对可以确定红移的大质量双黑洞并合的事件率作了估计，发现如果考虑 LISA 五年的观测时间，预计可能有 $1 \sim 450$ 例事件，具体数目依赖于 LISA 最终的设计方案和大质量双黑洞的形成机制。

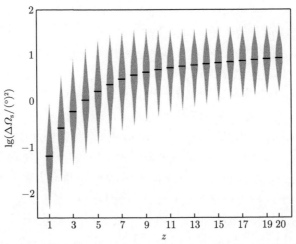

图 6.3　第三代引力波探测器网络（包含三个 ET，分别位于美国、欧洲和澳大利亚）对双中子星并合事件的空间定位能力[15]

2. 利用宿主星系或宿主星系团的红移分布

对于大量的无法通过光学认证来确定红移的引力波源（如太阳质量双黑洞并合，高红移的太阳质量致密双星并合，大质量双黑洞并合等），也可以仅仅通过引力波观测确定其空间方位。在该方位角内可能存在几个，甚至数百个星系或者星系团，每一个星系的红移都可以通过光学观测得到，因此分析这些星系的红移可以得到一个红移分布函数，作为引力波源红移的概率分布。考虑该红移分布，以及引力波观测得到的关于波源距离的限制，该引力波源也可以作为标准汽笛来限制宇宙学。在文献 [24,25] 中，作者发现考虑 LISA 的观测以及宿主星系或宿主星系团的红移分布，可以将哈勃常数限制到 1% 的精度，或者将暗能量的状态参数限制到 4% ∼ 8% 的精度。在文献 [26] 中，作者利用类似的方法考虑二代地基的引力波探测器网络，发现若 50 个引力波事件被探测到，则可以将哈勃常数确定在百分之几的精度。

3. 利用致密双星的红移分布函数

最近，在文章 [27] 中作者提出了一种新的方法。在该方法中，对宇宙学参数的估算只需要考虑引力波源的距离测量及其误差。而波源的红移信息，则考虑星族合成模型计算得到的致密双星在不同红移处的并合率，而得到关于引力波源红移的分布函数。这样，对于第三代引力波探测器，如单个的 ET，即使无法进行波源的定位，也可以用来对宇宙学参数进行限制。同时，该方法与上述第二种方法类似，可以适用于任何类型的引力波源，而不仅仅局限于双中子星并合。因此，每年的事件率在三代探测器时代可以达到 $10^3 \sim 10^7$，而事件红移范围可以达到

$z \sim 17$。

具体地，考虑宇宙学参数 $\boldsymbol{\Omega} = (H_0, \Omega_m)$，其中 H_0 是哈勃常数，Ω_m 是物质密度参数，D_i 代表利用引力波探测器测得的第 i 个引力波源的距离，z_i 表示其红移。则宇宙学参数的概率分布函数可以表示为

$$P(\boldsymbol{\Omega}|\boldsymbol{D}) = \prod_{i=1}^{n} \int_0^{z_{\max}} P(\boldsymbol{\Omega}, z_i|D_i)\mathrm{d}z_i, \tag{6.10}$$

其中，

$$P(\boldsymbol{\Omega}, z_i|D_i) \propto P(D_i|\boldsymbol{\Omega}, z_i)P(z_i|\boldsymbol{\Omega}). \tag{6.11}$$

这里 $P(D_i|\boldsymbol{\Omega}, z_i)$ 是观测数据的似然函数，可以通过理论计算得到，而 $P(z_i|\boldsymbol{\Omega})$ 则是关于波源红移的分布函数，需要理论上作先验假设，在实际计算中可以通过星族合成模型数值计算得到。通过数值模拟，作者发现：考虑 ET 探测器，如果有 10^5 个波源的距离测量达到 10% 的精度，则可以将哈勃常数的误差限制达到 1% 的水平。

4. 利用潮汐效应对引力波相位的修正

引力波波形测量不能得到红移信息的关键在于，无论在振幅还是相位中，红移和波源质量总是以观测质量的形式出现，因此红移与质量是完全简并的。但是对于某一致密双星并合事件，如果其中有一个天体不是黑洞（即它可以是中子星、白矮星，甚至主序星），则在双星距离很近时，潮汐撕裂效应就变得非常明显，因此该天体会发生形变，从而带来新的四极矩。该潮汐效应会改变引力波波形的相位。有趣的是，该修正依赖于星体的物理质量而非观测质量[28]。因此，如果能够观测到该相位修正项，则可以打破红移与物理质量之间的简并，从而得到波源的红移信息。在文章 [29] 中，作者首次对这种确定红移的方法进行了定量分析，而在文章 [30] 中则利用该方法首次对宇宙学参数限制作了预研。该方法的缺点在于，相位的潮汐修正依赖于中子星的物态方程，而目前对该方程还不是非常清楚。

考虑双中子星并合事件，如果不考虑潮汐效应，则傅里叶空间中的波形可以写为公式（6.4）的形式。如果考虑潮汐效应，并且只考虑最低阶近似，则该表达式的相位多出了如下的项：

$$\psi_{\mathrm{tilde}} = \sum_{a=1,2} \frac{3\lambda_a}{128\eta} \left[-\frac{24}{\chi_a}\left(1 + \frac{11\eta}{\chi_a}\right)\frac{x^{5/2}}{\cdot}M^5 - \frac{5}{28\chi_a} \right.$$
$$\left. \times (3179 - 919\chi_a - 2286\chi_a^2 + 260\chi_a^3)\frac{x^{7/2}}{M^5} \right], \tag{6.12}$$

其中后牛顿参数 $x = (\pi M f)^{2/3}$，$a = 1, 2$ 分别代表两个中子星，而 $\chi_a = m_a/M$。参数 $\lambda = (2/3)R_{\rm ns}^5 k_2$ 描述了外部潮汐场引起的四极矩的强度，它依赖于中子星半径 $R_{\rm sn}$ 和中子星物态方程的潮汐勒夫数 (love number)k_2。注意，这里的质量 m_a 和 M 都指的是物理质量而非观测质量。因此，如果考虑潮汐效应对相位的修正，可以打破质量与红移的简并而单独利用引力波观测确定波源的红移。虽然该效应属于五阶后牛顿修正，但是由于其系数比较大，对于中子星约为 $O(R_{\rm sn}/M)^5 \sim 10^5$，因此修正项的大小可以达到一般 3.5 阶甚至 3 阶后牛顿修正项的量级。在文章 [29] 中，作者发现对于红移 $z < 1$ 的波源，利用该方法，ET 探测器可以将波源红移限制到 $8\% \sim 40\%$ 的精度，而对 $1 < z < 4$ 的波源，其红移精度则为 $9\% \sim 65\%$。该方法的主要不确定性在于，中子星的潮汐形变依赖于中子星的物态方程，但是该物态方程目前是未知的，因此该不确定度极大地限制了该方法的使用。最近，我们发现，如果能够结合低红移处的引力波电磁对应体观测，则可以通过对低红移的引力波及其千新星等光学对应体联合观测，实现对中子星物态方程的严格限制。如果把该限制推广到高红移，则可用于标准汽笛的引力波源将提高 3 个量级以上，因此可以极大地改进标准汽笛方法对暗能量等宇宙学参数的限制能力，并有可能成为未来暗能量探测的主要方法之一 [31]。

利用潮汐效应打破质量与红移之间的简并，也可以应用到双星并合后铃宕阶段的引力波波形，该想法最近在文献 [32] 中被详细讨论。其基本想法如下：当两个中子星并合后在很短时间内形成一个超重中子星（hypermassive neutron star）。该中子星发生条形形变并持续不到 1s 的时间，然后坍塌形成黑洞，同时辐射具有特征频段的引力波。该特征频率依赖于系统总的物理质量。在文章中，通过数值模拟，作者发现该频率可以近似用关于物理质量的多项式函数拟合，因此可以打破质量与红移之间的简并。通过模拟 ET 的观测数据发现，对于红移 $z < 0.04$ 的引力波源，该方法可以将波源的红移限制在 $10\% \sim 20\%$ 的精度。

5. 利用中子星质量分布函数

对于双中子星并合系统，如果预先知道中子星物理质量，则可以直接通过引力波观测得到的观测质量和物理质量的差别得到引力波源的红移信息。那么，目前中子星的理论和观测是否能够提供关于中子星质量的确定信息呢？近年来，大量近邻的中子星质量被观测得到，发现呈现多峰分布，这反映了中子星不同形成机制带来的差别。但是，针对双中子星系统，观测表明其中子星质量呈近似高斯分布，如文献 [33] 中作者发现双中子星系统中中子星的质量平均值为 $1.34M_\odot$，方差为 $0.06M_\odot$，即呈现出尖峰分布结构。另外，从理论角度来看，星族合成理论也预言，位于双中子星系统中的中子星质量呈尖峰分布，其峰值应该在 $1.3M_\odot$ 左右，该分布可以用高斯函数来近似。而如果考虑宇宙学红移，则通过引力波波形分析测量到的中子星质量必然偏离高斯分布，因此与物理质量分布是有明显区别的。在文献 [34] 中，作者假设中子星质量满足某个高斯分布，将其分布的峰值和方差设为可变量，通过贝叶斯分析，可以同时限制宇宙学参数和中子星的质量分布函数。这种方法也避免了测量到双中子星并合所需的电磁对应体观测。分析发现，对于第二代引力波探测器，如果能够观测到 100 例双中子星并合事件，则可以将哈勃常数限制到 10% 的精度，同时将中子星质量分布的峰值误差限制到 $0.012 M_\odot$，而高斯分布的高斯偏差的精度则可以达到 $0.07 M_\odot$。如果考虑第三代引力波探测器 ET，在文献 [35] 中，作者考虑 10^5 个引力波事件，发现对暗能量的探测能力将可以达到与未来光学方法一样的精度。需要指出，该方法的应用依赖于对中子星质量分布的预先假设，但是随着中子星的发现以及引力波事件的增加，传统的高斯分布可能会出现较大的改变，这为该方法的应用带来了一定的不确定度。

6. 利用宇宙演化导致的引力波相位修正

对于致密双星并合的引力辐射，如前所述，其引力波的傅里叶分量可以表示为公式（6.4）的形式。在该近似中未考虑宇宙加（减）速膨胀所带来的高阶修正。事实上，在标准宇宙学模型中计算光子或引力子在宇宙中的传播方程并考虑到二阶项，则同一事件的时间间隔 Δt_e 和观测到的时间间隔 Δt_o 之间的关系为[36]

$$\Delta t_o = \Delta T + X(z)\Delta T, \tag{6.13}$$

其中 z 为事件发生时的宇宙学红移，$\Delta T = (1+z)\Delta t_e$，而

$$X(z) = \frac{1}{2}\left[H_0 - \frac{H(z)}{1+z}\right], \tag{6.14}$$

这里 H_0 为哈勃常数，而 $H(z)$ 为红移 z 处的哈勃参数。可见，函数关系 $X(z)$ 直接依赖于宇宙学模型。

如果考虑到该效应，则公式（6.4）的相位将带来新的修正项，被称为宇宙加速膨胀带来的引力波相位调制[36]

$$\psi_{\text{acc}} = -\frac{25}{32768}X(z)M(\pi M f)^{-13/3}. \tag{6.15}$$

注意，这里的质量 M 仍然是观测总质量。因此，对于某一双星并合的引力波爆发事件，原则上通过观测引力波波形可以独立得到该波源的光度距离 d_L 和函数 $X(z)$。因此，可以利用 d_L-X 关系，而非 d_L-z 关系，来限制宇宙学模型。

从表达式（6.15）可以看出，该效应属于 4 阶后牛顿修正，因此观测起来比较困难，只有当信噪比较高、引力波暴数目比较大时才可以作为比较好的宇宙探针。

因此，一般认为该方法并不适用于地面激光干涉仪（如 LIGO）和类似于 LISA 这样的空间激光干涉仪。在文献 [36,37] 中，讨论了 BBO 和 DECIGO 等空间的激光干涉仪，针对 10^6 个双子星并合的引力波事件，作者发现可以将暗能量的状态参数限制到 10% 的精度。

6.4　宇宙学参数限制

本章将介绍致密双星并合的引力波源作为"标准汽笛"，对宇宙学参数的限制能力。我们分别讨论地基的激光干涉仪引力波天文台（包括第二代和第三代探测器）和空间的激光干涉仪引力波探测器（包括 LISA、BBO、DECIGO 等）对哈勃常数、暗能量、修改引力等的限制能力，并与传统的电磁方法进行比较。

6.4.1　地基的激光干涉仪阵列

1. 第二代地基引力波探测器时代

第二代地基的引力波探测器主要包括目前正在运行的 AdvLIGO 两个探测器和 AdvVirgo 探测器，以及未来准备运行的 KAGRA 和 LIGO-India，五个探测器组成的探测器网络。针对双中子星并合的引力波事件，这些探测器能够探测到红移 $z \lesssim 0.1$ 的临近波源。由于双中子星并合以及中子星–黑洞并合伴随着丰富的电磁辐射，而且对于这些临近源，其电磁（特别是可见光波段）的辐射完全可以被目前以及未来的望远镜观测到，因而可以作为"标准汽笛"来研究宇宙膨胀历史。在该红移范围内，描述宇宙学红移和光度距离关系的哈勃定律近似成立，因此这部分引力波源的观测提供了新的途径来测量哈勃常数。需要指出的是，目前一般的测量哈勃常数的方法大致分为两类：一类是利用临近的 SNIa，例如分析 SHoES 中超新星的观测数据得到的关于哈勃常数的限制为 $H_0 = (73.24 \pm 1.74)\text{km} \cdot \text{s}^{-1} \cdot \text{Mpc}^{-1}$，该方法的特点在于，测量不依赖于其他宇宙学参数的选择，而是直接拟合哈勃定律，但是有可能受到各种系统误差的影响；另一类是利用宇宙微波背景辐射（CMB）中温度和极化的扰动功率谱来联合限制宇宙学参数，包括哈勃常数。例如，最近对 Planck 卫星观测数据的拟合得到的哈勃常数为 $H_0 = (67.74 \pm 0.46)\text{km} \cdot \text{s}^{-1} \cdot \text{Mpc}^{-1}$。这种方法的系统误差相对较少，但缺点是对哈勃常数的限制依赖于宇宙学模型的选择。目前两种方法得到的结果有超过 3σ 的偏差，这是目前宇宙学面临的难题之一。造成这种不一致性可能有两种原因：其一，有可能是上述两种测量方法中至少一种方法存在未知的系统误差导致测量结果有较大偏差；其二，可能是由未知的新物理导致的，如演化的暗能量模型，或者惰性中微子等。因此，引力波对哈勃常数的观测在未来有可能提供新的途径来解决这种不一致性问题。

下面，我们以 GW170817 事件为例来介绍第二代引力波探测器对哈勃常数的探测能力[6]。如前所述，在近邻宇宙中哈勃定律是满足的，即距离 $d_{\rm L}$ 和哈勃速度（Hubble flow velocity，或称退行速度）$v_{\rm H}$ 满足线性关系：

$$v_{\rm H} = H_0 d_{\rm L}, \tag{6.16}$$

其比例系数 H_0 即为哈勃常数。注意，退行速度 $v_{\rm H}$ 与宇宙学红移的关系为 $z = v_{\rm H}/c$。因此，只要测到 $v_{\rm H}$ 和 $d_{\rm L}$，即可得到对哈勃常数的限制。对于 GW170817 引力波爆发事件，其退行速度是通过对宿主星系 NGC4993 的测量得到的。由于引力波爆发不久，人们就通过可见光观测认证了其宿主星系，该星系相对于 CMB 静止参考系的运动速度为 $(3327 \pm 72){\rm km \cdot s^{-1}}$，考虑星系本动速度的影响，得到的星系退行速度为 $v_{\rm H} = (3017 \pm 166){\rm km \cdot s^{-1}}$，等价于宇宙学红移 $z = 0.01006 \pm 0.00055$。对光度距离 $d_{\rm L}$ 的测量来自于分析引力波数据，在模板拟合中，除了 $d_{\rm L}$，还有多个模型参数（如中子星质量、初始相位、并合时间、系统倾角等），通过边缘化其他参数得到的距离限制为 $d_{\rm L} = 43.8^{+2.9}_{-6.9}{\rm Mpc}$，该误差包含了测量的统计误差、仪器系统误差、距离和倾角之间的耦合。结合二者可以得到对哈勃常数 H_0 的限制 $H_0 = 70.0^{+12.0}_{-8.0}{\rm km \cdot s^{-1} \cdot Mpc^{-1}}$。如图 6.4 所示，该结果与目前的 CMB 和 SNIa 的测量结果都是吻合的，初次显示了引力波源作为标准汽笛来研究宇宙学的可行性。但是由于引力波事例较少，因此对哈勃常数的限制仍然比较弱，目前尚无法达到传统方法的测量精度。

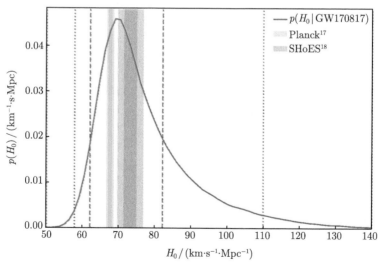

图 6.4 分析 GW170817 得到的哈勃常数的限制与 CMB 和超新星的结果进行比较[6]

在最近的文章 [38] 中，作者系统分析了二代引力波探测器对哈勃常数的限制能力，同时考虑了双中子星并合和双黑洞并合两类引力波事件。为了测量波源的红移，作者考虑了两种途径，一种是电磁对应体方法，与 GW170817 类似；另一种是利用宿主星系或宿主星系团的红移分布（如第五章所述）。分析发现，如果 10/60/200 例双中子星并合事件及其电磁对应体被观测到，则可以将哈勃常数限制到 4%/2%/1% 的精度。考虑到事件率，作者认为如果第二代探测器达到设计灵敏度并成功运行两年，有可能将哈勃常数限制到 1% 的精度，这已经达到甚至超过了目前传统方法的限制水平。

2. 第三代地基引力波探测器时代

第三代引力波探测器网络，相对于第二代来说，其对于近邻的引力波源的定位能力和对距离的限制能力都将大大提高，前者有利于找到电磁对应体，而后者则将直接提高对哈勃常数的限制能力。在文章 [15] 中，作者详细讨论了各种可能的三代探测器网络对双中子星并合以及中子星–黑洞并合事例的限制能力。例如，考虑三个分别位于美国、欧洲和澳大利亚的 ET 组成的探测器网络，则对 $z = 0.1$ 的双中子星并合事件的距离测量则可以达到 $10\% \sim 1\%$ 的精度（见图 6.5）。考虑该红移处 100 个事例被观测到电磁对应体，则可以将哈勃常数限制到 0.3% 的精度。

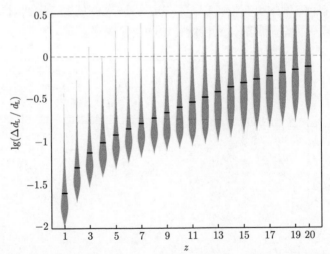

图 6.5　第三代引力波探测器网络（包含三个 ET，分别位于美国、欧洲和澳大利亚）对双中子星并合事件距离测量能力[15]

更重要的是，三代引力波探测器可以探测到更高红移的引力波爆发事件。例如对于 ET 来说，对于 $z < 1$ 的大多数事例的距离测量精度将达到 10% 以上，而二维空间定位也将小于 10 平方度（图 6.3），因此通过对这些源及其电磁对应体

的观测，可以研究高红移宇宙学：除了限制哈勃常数之外，还可以用来研究暗能量的性质，这也是目前宇宙学研究最重要的课题之一。如前所述，对于 $z > 0.1$ 的引力波源，可观测的电磁对应体预计主要是束状辐射的 γ 射线暴及其余辉。因此，只有极少部分引力波源可以找到其电磁对应体并确定红移。但是，对于某个波源，一旦确认其电磁对应体，则该源的空间方位、轨道倾角、极化角则亦可以确定，因此引力波观测对距离的测量能力将大大提高。注意，对于这些较高红移的引力波源，其距离误差除了来自仪器噪声带来测量误差，弱引力透镜带来的测量误差也是不可忽略的，对于 $z = 1$ 的源，弱引力透镜约带来 5% 的距离测量误差[39]。在图 6.6 中，我们模拟了 1000 个红移 $z \in (0.1, 2.0)$ 之间的双中子星并合引力波源的光度距离及其误差分布，这里考虑的第三代引力波探测器包括美国的 CE 和欧洲的 ET，并假设引力波源在三维宇宙空间中均匀分布。

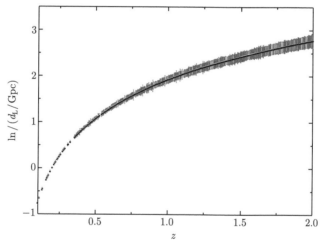

图 6.6　数值模拟得到的 1000 个双中子星并合引力波暴的光度距离及其误差分布，这里我们考虑了 ET 和 CE 构成的三代探测器网络

　　下面，我们讨论这些波源对于宇宙学参数的限制。考虑 Robertson-Walker 宇宙包含尘埃物质和暗能量。暗能量的状态参数采用如下形式：

$$w(z) = w_0 + w_a \frac{z}{1+z}, \tag{6.17}$$

其中，w_0 是现在的状态参数，w_a 描述了状态参数随红移的演化。对于宇宙学常数模型，我们有 $w_0 = -1$ 和 $w_a = 0$。该模型包括五个参数，分别是 w_0，w_a，H_0，Ω_m 和 Ω_k，其中后两个参数分别为尘埃物质和宇宙曲率等效的能量密度参数。对给定红移 z，光度距离 d_L 是这五个参数的函数，即

$$d_L(z) = d_L(w_0, w_a, H_0, \Omega_m, \Omega_k; z). \tag{6.18}$$

原则上，通过 1000 个标准汽笛的距离和红移观测可以同时限制这五个宇宙学参数。但实际上，在文章 [16] 中作者发现，仅仅依靠引力波及其电磁对应体观测无法对任何一个参数进行限制，其原因在于背景宇宙学参数 $(H_0, \Omega_m, \Omega_k)$ 和暗能量参数 (w_0, w_a) 之间存在着很强的简并，这种简并关系必须依靠其他的观测来打破。值得指出的是，该问题对于其他的宇宙学参数限制，如 SNIa 和重子声波振荡（BAO），也是同样存在的。在一般的宇宙学研究中，通常考虑 CMB 数据来打破这种简并。文章 [16] 发现：如果考虑联合 CMB 数据和引力波数据限制宇宙学参数，实际上近似等价于利用 CMB 数据来确定背景宇宙学参数 $(H_0, \Omega_m, \Omega_k)$，而单独用引力波数据来限制暗能量参数 (w_0, w_a)。因此，在数据模拟中，我们只需要考虑利用引力波数据来限制暗能量参数 (w_0, w_a) 即可。

在文章 [15] 中，作者考虑了各种三代引力波探测器网络对暗能量参数的限制能力。例如，考虑 ET 和 CE 构成的探测器网络，1000 个双中子星并合事例可以得到如下限制：

$$\Delta w_0 = 0.048, \quad \Delta w_a = 0.28. \tag{6.19}$$

在图 6.7 中，我们给出了不同的三代探测器网络对暗能量参数的限制能力，并且跟未来的 SNIa 方法和 BAO 方法的限制能力作了对比。注意，这里的模拟 SNIa 数据考虑了未来的 SNAP（supernova/acceleration probe）计划，而模拟 BAO 数据则考虑了未来的 JDEM（joint dark energy mission）计划。从图中我们发现，未来的引力波方法对暗能量的限制能力可以达到甚至超过传统的光学方法。在文章 [40] 中则采用重构暗能量参数方法研究了引力波标准汽笛对暗能量的限制能力并得到了类似的结论。

6.4.2　空间的激光干涉仪

1. LISA 时代

与地基的引力波探测器不同，空间的 LISA 等引力波探测器，包括我国的天琴和太极计划等，主要的探测目标是大质量双黑洞的并合。正因为如此，利用这些引力波源作为标准汽笛具有如下几个特点：①波源可以延伸到较高红移处，最高红移可以达到 $z \sim 7$ 甚至以上，因此为研究高红移处宇宙的演化提供了可能[9,23]；②相对地基的探测器，该类波源数目较少，往往只有几十个，特别是红移小于 2 的事件率较低，如果单独依赖该类引力波探测，对宇宙学参数（特别是暗能量参数）的限制能力非常有限，因此往往需要考虑跟其他宇宙学探针联合使用[23]；③由于该类波源的质量较大，因此高阶后牛顿项的影响非常明显，考虑这些修正项可以大大提高对引力波参数的限制能力[41]；④由于引力波信号的信噪比往往较高，最终对波源距离的测量误差往往取决于弱引力透镜带来的误差，而非仪器噪声带来的测量误差，因此重构宇宙密度场进而消除弱引力透镜的影响至关重要[42]。

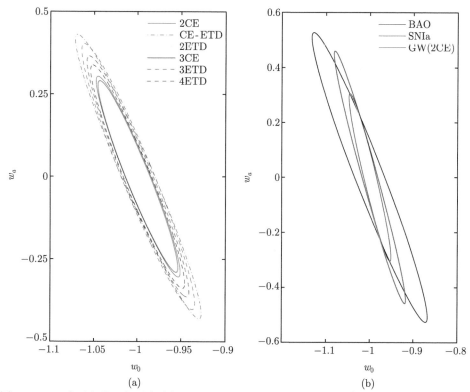

图 6.7 (a) 表示各类三代引力波探测器对暗能量参数的限制能力, (b) 比较了引力波方法和其他传统方法 (SNIa 和 BAO) 对暗能量的限制能力。注意, 对于引力波探测器, 我们都假设了 1000 个引力波源 (详情见参考文献 [15])

目前, LISA 探测器的设计方案还没有最终确定 (关于最近的有关 LISA 的设计方案和噪声曲线可以参考文献 [43,44])。在文献 [23] 中, 作者详细讨论了各种不同的设计方案对宇宙学参数的限制能力, 并考虑了各种大质量黑洞形成理论模型的影响。我们在这里以其中一种比较理想的设计方案为例来介绍: 假设探测器臂长为 5×10^9m; 低频噪声可以达到探路者噪声水平; 考虑拥有六个探测臂, 等效于两个独立的迈克耳孙干涉仪, 并假设卫星寿命为五年; 该方案被命名为 N2A5M5L6[9]。对于给定的引力波源, 光度距离的误差来自三个方面, 分别是仪器噪声带来的测量误差, 弱引力透镜和星系本动速度带来的误差。对于红移测量, 作者假定对于信噪比大于 8, 并且二维空间分辨率小于 10 平方度的源, 可以通过 LSST 或者 SKA 等望远镜来认证其电磁对应体并确定红移, 并将红移可能的测量误差折算到光度距离的测量误差。三种不同的大质量双黑洞形成模型, 即 popIII、Q3d 和 Q3nod, 理论计算得到可测量的波源数目分别为 42 例、15 例和 32 例。如果考虑部分消除引力透镜影响并考虑并合和并合后铃宕阶段引力波的贡献（文中被称为"理想情况"），则波源数可以提高到 46 例、31 例和 50 例。

利用 Fisher 矩阵分析，得到的宇宙学参数限制如下：如果只考虑对哈勃常数的限制，其他宇宙学参数固定不变，则得到 $\Delta h = 0.00712$ (popIII)，0.00996 (Q3d)，0.00531 (Q3nod)，这里 $h = H_0/(100\mathrm{km} \cdot \mathrm{s}^{-1} \cdot \mathrm{Mpc}^{-1})$；在理想情况下，该限制可以略微提高，即 $\Delta h = 0.00412$ (popIII)，0.00446 (Q3d)，0.00307 (Q3nod)。另一方面，如果假设其他宇宙学参数不变，而只限制暗能量参数，则得到 $\Delta w_0 = 0.253$，$\Delta w_a = 1.32$ (popIII)，$\Delta w_0 = 0.584, \Delta w_a = 2.78$ (Q3d)，$\Delta w_0 = 0.176$，$\Delta w_a = 1.00$ (Q3nod)；在理想情况下，上述结果分别为 $\Delta w_0 = 0.149, \Delta w_a = 0.798$ (popIII)，$\Delta w_0 = 0.241, \Delta w_a = 1.14$ (Q3d)，$\Delta w_0 = 0.101, \Delta w_a = 0.544$ (Q3nod)。可见，相对于三代的地面引力波探测器来说，LISA 对暗能量的限制较弱。在文章 [53] 中，作者发现利用 LISA 的数据将可以重构暗物质和暗能量的相互作用随红移的演化行为，即在红移 $z \in (1,3)$ 范围内可以对相互作用做出比较好的限制。因此，LISA 数据提供了研究高红移宇宙学的可靠途径。

2. 后 LISA 时代

第二代的空间引力波探测器，目前讨论较多的包括两个：分别是美国的 BBO 和日本的 DECIGO。以 BBO 为例，它的敏感频段在 $0.03 \sim 3\mathrm{Hz}$，其主要探测目标是在该频段的宇宙原初引力波，同时通过对该频段恒星质量致密双星并合的观测，也可以对宇宙学参数进行精确限制。在之前的文章 [22,36,37] 中，作者详细讨论了采用不同的探测方法，这类探测器对宇宙学参数（包括哈勃常数、暗能量等）的探测能力。下面，我们以文章 [22] 为例来对其进行介绍。

对于双中子星并合事件，如果探测器的低频截断为 f_{low}，则该事件从被探测器探测到直到双星并合，其持续的时长为

$$t = 0.86\mathrm{day} \times (2\mathrm{Hz}/f_{\mathrm{low}})^{8/3}. \tag{6.20}$$

可见，对于某一双中子星并合事件，原则上 BBO 可探测的时长可以达到数年，乃至数十年。考虑探测器的运动在仪器相应函数上的效应，可以对引力波源进行精确定位，因而预计可以通过与星系样本的光学认证找到其宿主星系并得到其红移信息。因而，对该类探测器来说，可以作为标准汽笛的引力波源数目将大大增加，达到 10^6 的量级，而且由于较低的仪器噪声和较长的积分时间，可探测波源的红移分布也将大大拓展，最高可以探测到 $z \sim 5$ 甚至更高红移，因此可以极大提高对各种宇宙学参数的探测能力。在文章 [22] 中，作者认为 BBO 预计可以使哈勃常数的限制达到 0.1% 的精度，而对暗能量参数的限制，则可以达到 $\Delta w_0 \sim 0.01$ 和 $\Delta w_a \sim 0.1$。

6.5 标准汽笛举例

在本章中,我们着重讨论比较重要的三类引力波源作为标准汽笛的方法,这些方法面临的主要问题,以及对宇宙学参数的限制能力。

6.5.1 双中子星并合引力波源及其电磁对应体观测

如前所述,最适合作为标准汽笛的引力波源是双中子星并合,或者中子星–黑洞并合引力波事件。由于中子星的存在,该类事件通常伴随着多波段电磁波辐射。目前,通过对 GW170817 的电磁对应体观测,人们已经确信该类引力波爆发伴随着接近各向同性的千新星爆发,以及短伽马射线暴与其光学和射电余辉。同时,有些理论和观测还认为,该类源还有可能伴随着各向同性的 X 射线平台。因此,对于该类波源,我们可以通过引力波和多波段电磁波的联合观测来实现对其光度距离和红移的同时测量,从而将其作为标准汽笛。由于中子星–黑洞引力波事件的电磁对应体模型目前还没有很好地建立起来,而且其辐射强度依赖于很多因素,例如黑洞的质量与自旋,中子星的物态方程等。因此,在本章中,我们只讨论双中子星并合的引力波源。

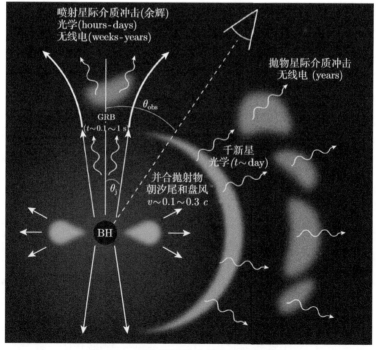

图 6.8 双中子星并合的电磁辐射模型

对于其电磁对应体观测，可以大致分为两类。对于红移小于 0.1 的较近的波源，其千新星辐射预计可以被近期的光学望远镜（包括 LSST、WFST、ZTP 等）直接观测到。通过其光学对应体，人们可以通过星表直接确认其宿主星系，从而直接测量其红移。对于这种情况，由于千新星辐射几乎是各向同性的，因此绝大多数事件的电磁对应体都有可能被直接探测到。根据其特点，这些临近的波源可以用来精确测量哈勃常数，并有望解决当前观测中发现的哈勃常数测量危机。但是对于较远的波源，由于千新星的辐射强度较弱，很难被直接观测到，因此人们期待的主要电磁对应体是短伽马暴及其余辉辐射。由于伽马暴和余辉辐射的都比较强，因此有可能探测到非常遥远的电磁辐射，非常适合于测量宇宙暗能量的状态方程及其演化行为。但是其缺点也是显而易见的。当前的观测认为伽马暴和余辉都是束状辐射，其辐射张角大约是 5°，因此，只有几乎正对着观测者的波源才有可能观测到其电磁对应体，这部分波源只占所有波源的很小一部分。在本章中，我们着重讨论后一种情况，分析在第三代引力波探测器时代，通过单个探测器或者多个探测器组成的网络对波源的探测能力，以及伴随着这些波源的伽马暴及其光学余辉被探测到的可能性及其空间分布。最后，我们讨论基于这些波源对暗能量参数的限制能力。本节内容主要参考文献 [45]。

1. 双中子星样本及其引力波探测

双中子星并合的事件率随红移的演化观测可以用如下公式来计算：

$$N(z)\mathrm{d}z = \frac{R_{\mathrm{BNSmergers},0} \times f(z)}{1+z}\frac{\mathrm{d}V(z)}{\mathrm{d}z}\mathrm{d}z, \tag{6.21}$$

其中 $R_{\mathrm{BNSmergers},0}$ 是临近宇宙中的事件率，观测给出的结果为 $R_{\mathrm{BNSmergers},0} = 80 \sim 810\mathrm{Gpc}^{-3} \cdot \mathrm{yr}^{-1}$，$f(z)$ 是随红移的演化函数，而 $\mathrm{d}V(z)/\mathrm{d}z$ 是微分共动体积。函数 $f(z)$ 依赖于双中子星的初始分布和并合延迟事件。这里，我们假设其初始分布函数示踪于恒星形成率，它可以表示为

$$\mathrm{SFR}(z) \propto \left[(1+z)^{3.4\eta} + \left(\frac{1+z}{5000}\right)^{-0.3\eta} + \left(\frac{1+z}{9}\right)^{-3.5\eta}\right]^{1/\eta}, \tag{6.22}$$

其中单位为 $M_\odot \cdot \mathrm{Gpc}^{-3} \cdot \mathrm{yr}^{-1}$，参数 $\eta = -10$。对于延迟时间，我们采用 log-normal 分布模型。在该模型中，延迟时间 τ 的分布为

$$P(\tau)\mathrm{d}\tau = \frac{1}{\sqrt{2\pi}\tau\sigma}\exp\left[-\frac{(\ln\tau - \ln t_{\mathrm{d}})^2}{2\sigma^2}\right]\mathrm{d}\tau, \tag{6.23}$$

其中，$t_d = 2.9\mathrm{Gyr}$，$\sigma = 0.2$。因此，双中子星并合总事件率可以通过如下积分来计算：

$$f(z(t_0)) = \int \mathrm{SFR}[z(t_0 - \tau)]P(\tau)\mathrm{d}\tau. \tag{6.24}$$

在本章中，我们同时考虑第二代和第三代引力波探测器，前者包括 LIGO (Livingston)、LIGO (Handford)、Virgo、KAGRA 及 LIGO-India 组成的探测器网络 LHVIK，后者包括 ET、CE 和一个放在澳大利亚的 CE-type 探测器。除此之外，我们还考虑第 2.5 代探测器网络，即 LHV A+ 和 LHVIK A+。对于每个引力波源，我们设定：当其信噪比大于 12，则认为该源可探测，否则我们定义为不可探测。

2. 电磁对应体

如前所述，本章中考虑两种电磁对应体，即短伽马暴及其光学余辉。关于双中子星并合的电磁辐射模型见图 6.8 所示。

1）短伽马暴

引力波事件 GW170817/GRB 170817A 的多波段观测支持高斯型的结构化喷流模型，其喷流轮廓可以表示为：当 $\iota \leqslant \iota_\mathrm{w}$，

$$E(\iota) = E_0 \exp\left(-\frac{\iota^2}{2\iota_\mathrm{c}^2}\right), \tag{6.25}$$

其中 $\iota_\mathrm{c} = 0.057^{+0.025}_{-0.023}$，$\lg E_0 = 52.73^{+1.3}_{-0.75}$，$\iota_\mathrm{w} = 0.62^{+0.65}_{-0.37}$。在计算中，我们假设所有的双中子星并合事件都包含这样的结构化喷流。为了将该能量轮廓转化为光度轮廓，我们假设伽马暴继续时间为 $T_{90} \sim 2\mathrm{s}$，并且能谱在该时间内是平均分布。因此，伽马暴的能流可以写为

$$F_\gamma = \frac{E_0 \eta_\gamma}{4\pi D_\mathrm{L}^2 T_{90}} \exp\left(-\frac{\iota^2}{2\iota_\mathrm{c}^2}\right), \tag{6.26}$$

其中 η_γ 是能量在 $1 \sim 10^4$ keV 波段的辐射效率，我们设其为 10%。

本章中，我们考虑几种高能射线望远镜：其一是 Fermi-GBM，其灵敏度为 $2 \times 10^{-7}\mathrm{erg} \cdot \mathrm{s}^{-1} \cdot \mathrm{cm}^{-2}$，敏感频段为 $50 \sim 300\mathrm{keV}$；其二是 GECAM，其灵敏度为 $1 \times 10^{-7}\mathrm{erg} \cdot \mathrm{s}^{-1} \cdot \mathrm{cm}^{-2}$，敏感频段为 $50 \sim 300\mathrm{keV}$；另外两个分别是 Swift-BAT 和 SVOM-ECLAIRS，其灵敏度为 $1.2 \times 10^{-8}\mathrm{erg} \cdot \mathrm{s}^{-1} \cdot \mathrm{cm}^{-2}$，敏感频段为 $15 \sim 150\mathrm{keV}$。最后，我们考虑 EP，其灵敏度为 $3 \times 10^{-9}\mathrm{erg} \cdot \mathrm{s}^{-1} \cdot \mathrm{cm}^{-2}$，敏感频段为 $0.5 \sim 4\mathrm{keV}$。另外一个因素是望远镜的视场大小。Fermi-GBM 的视场为全天的

3/4, GECAM 的视场是全天, Swift-BAT 的视场为全天的 1/9, SVOM-ECLAIRS 的视场约为全天的 1/5, 而 EP 的视场为全天的 1/11。

2）光学余辉

我们考虑标准的余辉模型, 其能谱决定于视向角 ι, 半张角 θ_j, 辐射总能 $E_j = (1 - \cos\theta_j)E_0$, 星系介质数密度 n_0, 磁场能量比重 $\epsilon_{\rm B}$, 加速电子的能量比重 $\epsilon_{\rm e}$, 激波加速的谱指数 p, 光度距离 d_L 和并合后的时间间隔 t_j。

这里, 我们采用简化记号 $Q \equiv 10^x Q_{,x}$。对于绝热喷流, 洛伦兹因子为

$$\gamma(t) = 8.9(1+z)^{3/8} E_{j,51}^{1/8} n_0^{-1/8} \theta_{j,-1}^{-1/4} t_{,d}^{-3/8}. \tag{6.27}$$

对于正轴观测者, 当 γ 低于 θ_j 时, 有一个喷流截断现象。在喷流截断时间 t_j, 余辉的光度曲线有个截断。对于公式 (6.27), 相应的截断时间为

$$t_j = 0.82(1+z) E_{j,51}^{1/3} n_0^{-1/3} \theta_{j,-1}^2 \text{ 天}. \tag{6.28}$$

在喷流截断时间, 有两种不同的能流: 其一是所谓的慢冷却情况 $(\nu_{\rm m} < \nu < \nu_{\rm c})$, 其能流为 $F_{\nu,j} \propto \nu^{-(p-1)/2}$, 其中 $p = 2.2$; 其二是快冷却情况 $(\nu_{\rm c} < \nu)$, 其能流为 $F_{\nu,j} \propto \nu^{-p/2}$。

对于正轴观测者, 光度曲线按照喷流截断时间被分成两个不同的幂律分布。我们将通量密度 $F_{\nu,0}(t)$ 在时间上的时间衰减指数表示为 α_1 和 α_2。当 $t < t_j$ 时, 快冷却的参数为 $\alpha_1 = -(2 - 3p)/4$, 而慢冷却的参数为 $\alpha_1 = -3(1-p)/4$。但是, 当 $t > t_j$ 时, 按照各向同性的火球模型, 正轴观测者只能观测到能流密度的一小部分。根据关系 $\gamma(t) \propto t^{-3/8}$, 我们有 $\alpha_2 = \alpha_1 + 3/4$。

对于光学余辉的探测, 我们考虑两个光学望远镜。其一是 LSST, 它在 r 波段探测的极限星等为 24.7 等; 其二是 WFST, 在 r 波段, 30s 曝光时间对应的极限星等为 22.8 等, 而 300s 曝光对应的极限星等则为 24.1 等。

3. 多波段探测

通过数值模拟, 我们研究引力波、伽马暴以及光学余辉被相应的探测器联合观测的事件率。结合当前的双中子星并合事件率, 我们得到了各种引力波探测器和各种高能探测器联合探测到的年事件率数值, 并将其列于表 6.1 中。根据相应的模拟结果, 我们得到如下结论。

（1）所有可以被引力波和高能探测器探测到的双中子星并合事件, 其光学余辉都足够亮, 因此可以被 LSST 或者 WFST 探测到。

（2）在第二代探测器时代, 联合探测是事件率是非常低的, 而且其红移大都分布在小于 0.2 的区域 (见图 6.9), 因此不适合于做暗能量探测。

表 6.1 多波段观测年事件率

	Swift-BAT	SVOM-ECLAIRS	GECAM	Fermi-GBM	EP
LHV	0.042~0.425	0.072~0.731	0.278~2.820	0.198~2.001	0.029~0.297
LHVIK	0.084~0.856	0.146~1.474	0.553~5.598	0.394~3.985	0.058~0.593
LHV A+	0.217~2.200	0.374~3.789	1.370~13.870	0.962~9.741	0.148~1.504
LHVIK A+	0.445~4.505	0.766~7.757	2.743~27.769	1.907~19.305	0.301~3.046
ET	17.0~172.0	29.2~296.1	80.6~815.6	49.9~504.9	10.7~108.5
CE	98.1~993.0	168.9~1710.0	342.1~3463.5	188.4~1907.4	58.1~587.9

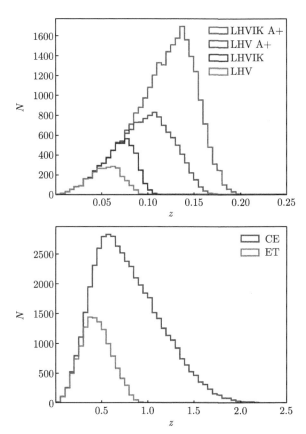

图 6.9 引力波探测与 GECAM 探测器联合探测的事件红移分布

（3）大视场的 GECAM 和 Fermi-GBM 比小视场的 EP 等更适合于联合观测。

（4）所有可以被联合探测到的事件，其视向角都是 $\iota \lesssim 20°$，即几乎正对着观测者。

（5）在第三代探测器时代，联合探测率可以大幅度提高，其每年的联合探测率可以达到数十至数千的量级，而且红移分布主要集中在 $0.5 \sim 2$ 的区间（见

图 6.9），因此可以有效探测暗能量状态方程及其演化行为。

（6）对联合探测来说，CE 比 ET 更合适，因为 CE 有更低的噪声曲线。

利用这些模拟的引力波事件，我们可以计算其对暗能量参数 (w_0, w_a) 的限制能力。这里，我们只考虑第三代引力波探测器的情况，即单个 ET，单个 CE，ET + CE 的探测器网络，以及 ET+CE+CE-type 组成的探测器网络。对于每一个模拟的引力波事件，我们假设其红移可以被电磁对应体完全确定，而光度距离的误差则根据引力波数据得到，相应的暗能量参数误差我们在表 6.2 中给出。可见，CE 可以比 ET 给出更严格的限制。在最理想的情况下，通过引力波的联合观测，有可能将 w_0 的误差限制到 0.01 的水平，而将 w_a 的误差限制到 0.1 的水平，这已经达到甚至超过下一代超新星等传统方法的探测极限。因此，引力波标准汽笛方法完全可以作为未来暗能量探测的主要手段之一。最后，我们需要指出的是，该方法也存在缺陷。引力波观测中，光度距离与波源的视向角之间存在很强的简并，在前面的计算中，我们不得不假设未来视向角可以被电磁波观测很好地确定。但是这种确定视向角的方法依赖于引力波事件的电磁辐射模型，对于视向角大于 5° 的波源，该方法存在一定的模型依赖性，因此给未来的观测带来一定的不确定性。如何更好地打破这种简并关系是目前研究的热点问题。

表 6.2　一年的联合观测预计可以得到的暗能量参数限制

		Swift-BAT	SVOM-ECLAIRS	GECAM	Fermi-GBM	EP
Δw_0	ET	0.129~0.412	0.099~0.314	0.057~0.181	0.070~0.222	0.160~0.510
	CE	0.034-0.107	0.026~0.082	0.016~0.051	0.020~0.065	0.043~0.136
	CEET	0.032~0.104	0.025~0.079	0.015~0.049	0.020~0.062	0.041~0.131
	CE2ET	0.028~0.090	0.022~0.069	0.013~0.042	0.017~0.054	0.036~0.114
Δw_a	ET	1.173~3.734	0.894~2.846	0.531~1.690	0.664~2.114	1.462~4.652
	CE	0.237~0.754	0.181~0.575	0.119~0.380	0.157~0.499	0.303~0.966
	CEET	0.228~0.727	0.174~0.554	0.115~0.366	0.151~0.481	0.293~0.931
	CE2ET	0.198~0.630	0.151~0.480	0.100~0.318	0.132~0.419	0.254~0.808

6.5.2　双黑洞并合引力波源作为暗汽笛

与双中子星并合事件不同，恒星质量双黑洞并合体的电磁对应体很难被观测到。为了测量红移，一个常用的方法便是利用引力波探测器阵列的空间分辨率搜寻双黑洞的宿主。利用这一方法得到的标准汽笛，由于不依赖电磁对应体，因此通常被人们称为"暗标准汽笛"。但是由于引力波探测器的空间分辨率比较低，因此通过引力波探测所确定的可能空间范围内往往有数千个的星系候选体，这给宿主星系的搜寻带来了很大的困难。在文章 [46] 中，我们建议通过对比星系样本和引力波探测来直接搜寻引力波源的宿主星系群，而非直接搜寻其宿主星系的方法。该方法有如下几个优点：①相比于星系，星系群代表了更大尺度的物理结构，引力波事件的宿主星系群更容易被寻找；②对于给定的星系样本，星系群的完备度要远远大于星系的完备度；③通过测量宿主星系群来测量波源的红移，可以部分克服星系本动速度对红移测量的影响，即搜寻星系群的方法可以克服星系在暗晕中维里运动对宇宙学参数测量造成的不利影响。基于以上优点，在本章中，我们将研究各种探测器阵列对于双黑洞并合事件宿主星系群的分辨能力，并讨论这一方法得到的暗标准汽笛在哈勃常数限制中的应用。本节内容主要参考文献 [46]。

1. 搜寻宿主星系群

在本章中，我们使用了 SDSS 星系群星表。在构建过程中，所有红移范围在 $0.01 \leqslant z \leqslant 0.20$ 且红移完备度 $f_{\text{edge}} > 0.7$ 的 SDSS DR7 星系均被包含在星表的星系群中。星表中星系的颜色和星等由标准 SDSS Petrosian 技术给出，并进行了星系消光修正。对于星表中的每一个星系群，其晕质量 M_h 由星系群的特征恒星质量 $M_{*,\text{halo}}$ 排序给出。其中 $M_{*,\text{halo}}$ 的定义为所有 r 波段绝对星等亮于 -19.5 等的子星系恒星质量之和。在本章中，我们选取了 $\log_{10}[M_{\text{halo}}/(M_\odot h^{-1})] > 12$ 的大质量星系群。与宿主星系搜寻的情况类似，为了保证星表的完备度，我们忽略了小质量暗晕成为宿主星系群的可能。根据暗晕的质量，我们还可以估算子星系的空间分布，其受到星系群宿主暗晕的维里半径 R_h 影响，R_h 则可由下式给出

$$R_h = \left(\frac{3M_{\text{halo}}}{4\pi \delta \bar{\rho}} \right)^{1/3}, \tag{6.29}$$

其中 $\bar{\rho}$ 为宇宙的平均密度，δ 的值为 180，表示我们将暗物质晕的范围定义为宇宙中密度超过 $180\bar{\rho}$ 的区域。此外，我们还需考虑两个因素对于星表完备度的影响。第一个因素是，巡天天区具有一定的几何形状，因此一些星系群的投影面积跨越了一个或者多个巡天边缘，其成员星系可能会落在巡天范围之外，从而导致不完备，这将影响探测引力波源宿主星系群的准确性。为了避免这一负面影响，我们选取了边界效应 $f_{\text{edge}} > 0.7$ 的星系群，可以将这些星系群视为全部落在巡天边缘内。第二个因素则来源于望远镜能力的限制。在高红移处，由于 SDSS 数据极限星等的限制，一部分星系和星系群可能会被星表遗落。通过对星系群数目的空间分布分析，我们发现该星表在 $z < 0.12$ 时是完备的。所以作为一种保守的考虑，在接下来的讨论中，我们只考虑 $z < 0.1$ 区域的低红移星系群。在这一区域，星系群的数密度为 2×10^{-3} Mpc^{-3}。

为了研究宿主星系群的搜寻能力，对于星表中的每一个星系群，我们均假设其中心 $(\alpha, \delta, \log(d_{\text{L}}))$ 处存在着一个双黑洞并合事件，并用不同的引力波探测阵列进行假想观测。对于这些假象的引力波事件，我们利用 Fisher 矩阵计算所有参数的误差及其协方差矩阵，并将其约化为三个参数 $(\alpha, \delta, \log(d_{\text{L}}))$ 的协方差矩阵。

最后，我们根据该协方差矩阵来计算每一个引力波的三维误差椭球（我们考虑了 99% 置信度的定位椭球），并对比星系群样本来数其中的星系群样本数目，作为该引力波事件的宿主星系群候选体。如果在误差椭球范围内只有一个星系群，则我们认为对于该事件，该方法可以完全确定其宿主。但是如果误差椭球内有多个星系群，则需要统计这些星系群来估算引力波源的红移分布。对于一个给定的探测器阵列，它的定位能力依赖于并合系统的参数，特别是黑洞的质量以及系统的轨道倾角 ι。对于模拟中的 SBBH 并合体质量，基于当前的引力波观测结果，我们考虑了两种特殊质量的双黑洞，即 $30M_\odot$ 以及 $10M_\odot$。对于轨道倾角，我们令其分布正比于 $\sin\iota$。对于探测器阵列，我们考虑了三个 2G/2.5G 阵列，即 LHV，LHVIK，LHVIKCA。注意，这里的 "C" 和 "A" 分别表示设想的放置于中国和澳大利亚的两个 8km 的引力波探测器。对于 3G 探测器，由于两个探测器组成的网络对于空间方位的定位较差，如 CEET 的定位能力远远差于 LHVIKCA，因此在这里我们只讨论 CE2ET 阵列。在图 6.10 中，我们展示了定位椭球体积的累积分布函数 (cumulative distribution function，CDF)。我们发现对于 2G 阵列 LHVIK，典型的定位体积为 $10^3 \sim 10^5 \mathrm{Mpc}^3$，而对于三代探测器阵列 CE2ET，该体积则大幅度减小到 $0.1 \sim 10 \mathrm{Mpc}^3$。

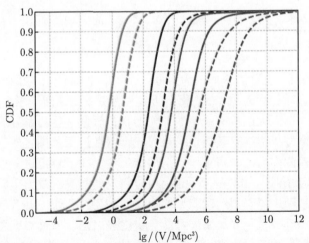

图 6.10 不同探测器阵列对于 $30M_\odot$ 的等质量双黑洞（实线）和 $10M_\odot$ 的等质量双黑洞（虚线）定位误差体积的累积概率分布。蓝线、红线、紫线、绿线分别代表 LHV，LHVIK，LHVIKCA，CE2ET 的情况

在图 6.11 中，我们用小提琴分布图画出了对于 LHV、LHVIK 和 LHVIKCA 阵列，$N_{\mathrm{in}} = 1$ 的双黑洞并合样本的信噪比 SNR 分布。每张小提琴图的左右两侧分别为 $30M_\odot$、$10M_\odot$ 的等质量双黑洞的结果。可以看到，$30M_\odot$ 双黑洞的信噪比

普遍大于 $10M_\odot$ SBBHs。在表 6.3 中，我们列出了各种情况下 ($N_{in} = 1$, $N_{in} \leqslant 2$, $N_{in} \leqslant 5$, $N_{in} \leqslant 10$) 的双黑洞并合事件各自的比例。

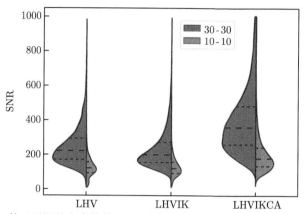

图 6.11　$N_{in} = 1$ 的双黑洞并合事件的 SNR 小提琴分布图。从左到右依次为 LHV、LHVIK 和 LHVIKCA 的结果。在每个小提琴图中，左侧部分代表 $30M_\odot$ 双黑洞的结果，右侧部位代表 $10M_\odot$ 双黑洞的结果，同一张图中两侧的面积正比于 $N_{in} = 1$ 的 SBBHs 数量。需要注意的是，由于 LHV 与 LHVIKCA 的数量相差巨大，出于显示效果考虑，不同小提琴图之间的面积与数量比值差异较大，因此不能相互比较

表 6.3　不同情况下 N_{in} 的分布比例以及对应的事件率

	N_{in}	1	$\leqslant 2$	$\leqslant 5$	$\leqslant 10$
LHV	$30M_\odot$	5.29%	8.23%	13.79%	20.05%
		(0.2~2.2yr^{-1})	(0.3~3.4yr^{-1})	(0.5~5.6yr^{-1})	(0.8~8.2yr^{-1})
	$10M_\odot$	1.60%	2.41%	3.83%	5.24%
		(0.06~0.6yr^{-1})	(0.09~1.0yr^{-1})	(0.2~1.6yr^{-1})	(0.2~2.1yr^{-1})
LHVIK	$30M_\odot$	17.00%	26.33%	44.41%	62.05%
		(0.7~6.9yr^{-1})	(1.0~10.7yr^{-1})	(1.7~18.1yr^{-1})	(2.4~25.3yr^{-1})
	$10M_\odot$	5.04%	7.24%	11.59%	17.62%
		(0.2~2.0yr^{-1})	(0.3~3.0yr^{-1})	(0.4~4.7yr^{-1})	(0.7~7.2yr^{-1})
LHVIKCA	$30M_\odot$	59.17%	77.89%	93.55%	98.16%
		(2.3~24.1yr^{-1})	(3.0~31.8yr^{-1})	(3.7~38.2yr^{-1})	(3.8~40.0yr^{-1})
	$10M_\odot$	30.75%	46.29%	69.86%	83.88%
		(1.2~12.5yr^{-1})	(1.8~18.9yr^{-1})	(2.7~28.5yr^{-1})	(3.3~34.2yr^{-1})
CE2ET	$30M_\odot$	99.01%	99.92%	99.99%	100%
		(3.9~40.4yr^{-1})	(3.9~40.8yr^{-1})	(3.9~40.8yr^{-1})	(3.9~40.8yr^{-1})
	$10M_\odot$	94.36%	99.06%	99.93%	99.99%
		(3.7~38.5yr^{-1})	(3.9~40.4yr^{-1})	(3.9~40.8yr^{-1})	(3.9~40.8yr^{-1})

2. 限制哈勃常数

为了计算对于哈勃常数的限制，我们从星表中随机挑选出了 100 个星系群，并在它们的中心位置 ($\alpha, \delta, d_L(z, H_0 = 70km \cdot s^{-1} \cdot Mpc^{-1})$) 处均放置了一个双黑

洞并合事件。对于每一个假想事件，我们都可以使用费雪矩阵分析得到其空间参数的误差椭球 $(\alpha, \delta, \log(d_L))$。随后，我们遍历了 99% 置信区间对应椭球内的所有星系群，并假设它们的权重因子均为 1。这样，利用贝叶斯方法，我们便能算出哈勃常数 H_0 的后验概率分布。在模拟中，我们发现对于 LHV 阵列，由于其 $\Delta d_L/d_L$ 值非常大，几乎所有的样本都因为误差椭球超界而被舍弃，因此，我们无法在 LHV 阵列的情况下得到哈勃常数的后验分布。出于这个原因，我们只讨论了 LHVIK、LHVIKCA 和 CE2ET 这三个探测器阵列的结果。

首先是 2G 阵列 LHVIK 的结果。在 100 个假想的引力波事件中，有 17 个 $30M_\odot$ 的 SBBHs 满足选择标准，只有 3 个 $10M_\odot$ 的 SBBHs 误差椭球不超界。在表 6.4 中，我们列出了这种观测对哈勃常数的限制能力。对于 LHVIKCA 阵列，有 44 个 $30M_\odot$ 的 SBBH 并合体满足选择条件并可用于哈勃常数限制。与 LHVIK 阵列的结果相比，哈勃常数的不确定度减小为原来的五分之一。由于两个 8km 探测器的贡献，LHVIKCA 阵列对于单个事件的定位能力得到了显著提升，这对哈勃常数的限制产生了两个影响。首先，引力波事件的红移不确定度大幅降低了。其次，满足选择条件的引力波事件数量增加了。因此，我们可以得出结论：如果 8 km 探测器的计划能在不久的将来实现，在 2G 引力波探测器时代，SBBH 暗标准汽笛在宇宙学中的作用将得到极大的提高。对于 3G 探测器阵列 CE2ET，正如预期的那样，我们发现 H_0 的精确度要远远优于 2G 探测器阵列。对于 $30M_\odot$ 的 SBBH 并合体，66 个事件可以被用于参数约束。在不同的星系群先验选择下，两种情况的结果都为 $H_0 = (70.000 \pm 0.008)\mathrm{km \cdot s^{-1} \cdot Mpc^{-1}}$。而对于 $10M_\odot$ SBBH 并合体，则有 65 个有效事件，结果为 $(70.000 \pm 0.008)\mathrm{km \cdot s^{-1} \cdot Mpc^{-1}}$。

表 6.4　不同探测器阵列对哈勃常数的限制结果。第三列为 100 个随机双黑洞并合样本中有效事件的比例。第四列为 $\Delta H_0/H_0$ 限制结果关于有效事件数 N 的函数。最后一列为五年的引力波观测得到的 $\Delta H_0/H_0$ 结果

探测器阵列	黑洞质量	$f_{\mathrm{effective}}$	有效事件数 N	五年的观测结果
LHVIK	$30M_\odot$	17%	$8.1\%/\sqrt{N}$	1.4%~4.4%
	$10M_\odot$	3%	NA	NA
LHVIKCA	$30M_\odot$	44%	$2.5\%/\sqrt{N}$	0.26%~0.85%
	$10M_\odot$	21%	$5.6\%/\sqrt{N}$	0.86%~2.74%
CE2ET	$30M_\odot$	66%	$0.09\%/\sqrt{N}$	0.008%~0.026%
	$10M_\odot$	65%	$0.21\%/\sqrt{N}$	0.018%~0.057%

6.5.3　超大质量双黑洞旋近的引力波源作为标准汽笛

星系形成模型认为，每个星系中心都存在一个超大质量双黑洞，而部分超大质量双黑洞是以旋进双星的形式存在的。按照广义相对论，该类系统可以辐射低频引力波信号，其主要的辐射频率可以在 $10^{-9} \sim 10^{-6}\mathrm{Hz}$ 范围。对于该类引力

波源，其辐射的引力波信号非常强，因此是当前脉冲星计时阵列引力波探测项目的首要科学目标。当前正在运行的计时阵列包括澳大利亚的 PPTA 项目，欧洲的 EPTA 项目，美国的 NANOGrav 项目，以及基于这三个项目的国际合作项目 IPTA。经过数十年的数据积累，最近这些探测项目相继汇报了最新的探测结果，均发现其数据中可能存在背景引力波的迹象。而随着数据的不断积累，以及更大型射电望远镜的加入，包括 FAST、SKA 等，有可能在近期最终证实或者证伪这些信号。特别是，到了 SKA 时代，除了引力波背景之外，孤立的超大质量双黑洞旋进系统可能成为探测的主要对象之一。对于单个的该类引力波事件，如果在探测期间能够发现比较明显的轨道旋进现象，则通过对引力波波形的分析，可以得到波源的光度距离信息。另外，超大质量双黑洞系统的往往伴随着丰富的多波段电磁辐射。事实上，当前人们发现的数十例疑似波源都是通过对电磁波的观测而得到的。未来随着引力波的探测，多波段的电磁波望远镜的后随观测将发现其电磁辐射并确定其宿主星系，因此预期可以得到其红移信息。因此，结合这类波源的引力波和电磁波观测，也可以作为标准汽笛来限制暗能量参数。在本节中，我们讨论该类波源对暗能量状态参数的限制能力。与前面的讨论不同，本节中我们假设暗能量的状态参数 $w \equiv p/\rho$ 是个常数，并设定其默认值是 $w = -1$，研究在 SKA 时代超大质量双黑洞旋进的标准汽笛对该参数的限制能力。本节内容主要参考文献 [47]。

1. 引力波波形

脉冲星计时阵列是通过射电望远镜以每两周至每月一次的频率连续观测一组毫秒脉冲星的到达时间。通过数年至数十年的数据积累，分析脉冲星到达时间的计时残差来研究其中可能存在的引力波信号。本节中，我们考虑孤立的超大质量双黑洞系统作为引力波源。假设某个波源在天空中的方位为 $\hat{\Omega}$，由其引起的脉冲星计时残差关于时间 t 的函数可以写为

$$s(t, \hat{\Omega}) = F^+(\hat{\Omega})\Delta A_+(t) + F^\times(\hat{\Omega})\Delta A_\times(t), \tag{6.30}$$

其中，$F^+(\hat{\Omega})$ 和 $F^\times(\hat{\Omega})$ 是计时阵列对引力波的响应函数，其表达式为

$$F^+(\hat{\Omega}) = \frac{1}{4(1-\cos\theta)}\left\{(1+\sin^2\delta)\cos^2\delta_{\rm p}\cos[2(\alpha-\alpha_{\rm p})]\right.$$
$$\left.-\sin 2\delta\sin 2\delta_{\rm p}\cos(\alpha-\alpha_{\rm p}) + \cos^2\delta(2-3\cos^2\delta_{\rm p})\right\},$$
$$F^\times(\hat{\Omega}) = \frac{1}{2(1-\cos\theta)}\left\{\cos\delta\sin 2\delta_{\rm p}\sin(\alpha-\alpha_{\rm p})\right.$$
$$\left.-\sin\delta\cos^2\delta_{\rm p}\sin[2(\alpha-\alpha_{\rm p})]\right\},$$

$$\tag{6.31}$$

这里，(α, δ) 和 $(\alpha_{\mathrm{p}}, \delta_{\mathrm{p}})$ 分别是引力波源和脉冲星在赤道坐标系中的赤经和赤纬，而 θ 为引力波源和脉冲星相对于观测者的张角。

公式 (6.30) 中，$\Delta A_{\{+, \times\}}(t) = A_{\{+, \times\}}(t) - A_{\{+, \times\}}(t_{\mathrm{p}})$，其中 $t_{\mathrm{p}} = t - d_{\mathrm{p}}(1 - \cos\theta)/c$ 是引力波通过脉冲星的时间，d_{p} 表示脉冲星的距离，而 $A_{\{+, \times\}}(t)$ 和 $A_{\{+, \times\}}(t_{\mathrm{p}})$ 分别代表地球项和脉冲星项的贡献。对于沿着准圆轨道运动的双黑洞系统，我们有如下关系：

$$A_+(t) = \frac{h_0(t)}{2\pi f(t)} \left\{ (1 + \cos^2 \iota) \cos 2\psi \sin[\phi(t) + \phi_0] + 2\cos\iota \sin 2\psi \cos[\phi(t) + \phi_0] \right\},$$
(6.32)

$$A_\times(t) = \frac{h_0(t)}{2\pi f(t)} \left\{ (1 + \cos^2 \iota) \sin 2\psi \sin[\phi(t) + \phi_0] - 2\cos\iota \cos 2\psi \cos[\phi(t) + \phi_0] \right\}.$$
(6.33)

其中，ι 为视向角，ψ 是引力波的极化角，ϕ_0 是初始相位，而 h_0 为引力波振幅，可以按照如下公式计算：

$$h_0 = 2\frac{(GM_{\mathrm{c}}^z)^{5/3}}{c^4} \frac{(\pi f)^{2/3}}{d_{\mathrm{L}}} = 2\frac{(GM_{\mathrm{c}})^{5/3}}{c^4} \frac{(\pi f_{\mathrm{r}})^{2/3}}{d_{\mathrm{c}}},$$
(6.34)

其中，d_{L} 和 d_{c} 分别代表波源的光度距离和共动距离，$M_{\mathrm{c}} = M_{\bullet,1}^{3/5} M_{\bullet,2}^{3/5} (M_{\bullet,1} + M_{\bullet,2})^{-1/5}$ 表示双星的啁啾质量。双星的质量分别用 $M_{\bullet,1}$ 和 $M_{\bullet,2}$ 来表示，并定义 $M_{\bullet,2} \leqslant M_{\bullet,1}$。在四极辐射近似中，引力波的相位和频率由如下关系给出：

$$f(t) = \left[f_0^{-8/3} - \frac{256}{5}\pi^{8/3} \left(\frac{GM_{\mathrm{c}}^z}{c^3} \right)^{5/3} t \right]^{-3/8},$$
(6.35)

$$\phi(t) = \frac{1}{16} \left(\frac{GM_{\mathrm{c}}^z}{c^3} \right)^{-5/3} \left\{ (\pi f_0)^{-5/3} - [\pi f(t)]^{-5/3} \right\}.$$
(6.36)

本节中，我们研究在 SKA 时代理想的脉冲星计时阵列作为引力波探测器。该阵列包括 1026 颗脉冲星，其在天球上的分布见图 6.12。我们同时考虑较小的计时阵列，即从中随机抽取 200 个或 500 个毫秒脉冲星组成的计时阵列。对于每一个给定的引力波源，我们仍然采用 Fisher 矩阵的方法计算其信噪比和参数误差。本章中，只考虑信噪比大于 10 的波源作为有效波源来限制暗能量参数。对于每一个有效波源，我们都假设其红移可以被电磁对应体观测严格给出。下面我们分别讨论两类波源作为标准汽笛，研究其可能给出的暗能量参数限制能力。

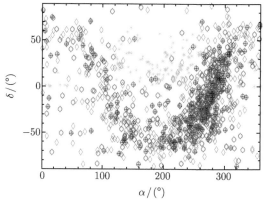

图 6.12 红色表示 1026 个毫秒脉冲星的空间分布，而蓝色和黑色分别表示从中随机抽取的 200 个和 500 个脉冲星的分布。绿色表示 154 个超大质量双黑洞候选体的空间分布

2. 超大质量双黑洞作为标准汽笛：疑似波源

双黑洞旋进系统能够作为引力波源，主要是因为可以通过引力波波形来测量其光度距离。因此，一个波源是否可以作为标准汽笛来使用，除了需要有足够大的信噪比之外，还需要给出比较小的光度距离误差。在实际测量中，光度距离参数与多个波源参数都有很强的简并性，包括波源的啁啾质量、质量比、空间分布及视向角等。特别是，如果引力波源的旋进效应在探测时不明显，则引力波波形表现为一个简单的三角函数，因此从相位中无法确定波源的质量，这导致从引力波的振幅无法解析出独立的光度距离信息。因此，该类源即使具有很大的信噪比，仍然不能作为标准汽笛使用。通过对大量不同参数波源的计算，我们发现如下规律。能够作为标准汽笛的超大质量双黑洞旋进系统必须同时满足下面几个条件：①双星的总质量比较大，一般需要接近 $10^{10}M_\odot$；②双星的质量比较大，一般需要接近 $q \sim 1$；③辐射的引力波频率为 10^{-8}Hz 左右；④波源的视向角在 $90°$ 左右，即侧立的双星系统。因此，只有很小一部分超大质量双黑洞系统可以作为标准汽笛来使用，这极大地限制了该类波源对宇宙学参数的限制能力。

为了定量计算，我们先考虑文献中给出的一组疑似超大质量双黑洞系统作为引力波源，研究其对暗能量参数的限制。该样本包含 154 和疑似波源，其总质量和轨道周期都已经在文献中给出，详见文章 [47]，其在天球上的空间分布见图 6.12。但是波源的质量比、视向角、极化角、初始相位等信息尚无法通过电磁波观测给出。因此，在我们的研究中，考虑两种质量比的情况，即 $q = 1$ 和 $q = 0.1$。而对视向角分布，我们假设所有波源都有 $\iota = 90°$。不同情况下，我们分别计算了暗能量参数 w 的限制能力，其结果列在表 6.5 中。由表我们发现，可用的引力波源数目 N_{s} 和参数误差 Δw 由如下几个因素决定：①脉冲星数目 N_{P}；②单颗脉冲星的噪声水平 σ_t；③双星的质量比 q。在最悲观的情况下，$N_{\mathrm{P}} = 200$，σ_t=100ns，

$q = 0.1$，我们发现，只有 2 个引力波源可以作为标准汽笛，它们给出的暗能量限制为 $\Delta w = 0.63$。而在最乐观的情况下，$N_P = 1026$，$\sigma_t = 20\text{ns}$，$q = 1$，我们发现，有 65 个引力波源可以作为标准汽笛，它们给出的暗能量限制为 $\Delta w = 0.036$。

表 6.5　　考虑已有的疑似超大质量双黑洞事例得到的对暗能量状态参数的限制

Δt	σ_t	N_P	$\sigma \ln M_c^z$	$q = 1$		$q = 0.1$	
/周	/ns			N_s	Δw	N_s	Δw
2	100	200	—	11	0.17	2	0.63
2	100	500	—	14	0.12	2	0.44
2	100	1026	—	16	0.096	5	0.26
2	100	1026	0.5	16	0.096	5	0.26
2	100	1026	0.3	16	0.096	5	0.26
1	100	1026	0.3	21	0.079	12	0.16
2	50	1026	0.3	27	0.065	15	0.12
1	50	1026	0.3	34	0.055	16	0.097
1	20	1026	0.3	65	0.036	30	0.056

3. 超大质量双黑洞作为标准汽笛：模拟波源

由于前面讨论的候选体中可能有很多最终都会被证实是假的，因此上述估计有一定的缺陷。为了更精确地理解超大质量双黑洞引力波源对暗能量的限制能力，我们通过星系并合模型来模拟超大质量双黑洞样本。在如下参数空间 $z \in (0, 4)$，$f_0 \in (10^{-9}\,\text{Hz}, 10^{-7}\,\text{Hz})$，$M_{\bullet\bullet} \in (10^7 M_\odot, 10^{11} M_\odot)$，$q \in (0.01, 1)$ 中，我们随机生成双黑洞样本。对于每一个波源的空间方位、视向角、极化角，我们设其为空间均匀随机分布。如果某个波源的信噪比和距离测量精度同时达到一定的阈值，我们将其视为一个标准汽笛。在图 6.13 中，我们画出了所有波源和标准汽笛波源在参数空间中的分布情况。该分布显示，确实只有满足上述四个条件的波源才有可能作为标准汽笛来使用，而且这些波源的红移分布非常宽，在 $z \in (0, 4)$ 区间内几乎是均匀分布。可见，波源的红移并不是影响其效应的决定性因素。

对于该样本，通过类似的计算可以研究其对暗能量参数的限制能力，结果列在表 6.6 中。我们发现，如果考虑 200 个脉冲星组成的计时阵列，该方法对暗能量的限制能力是比较弱的，即参数限制为 $\Delta w \sim (0.3, 0.5)$，主要原因是可用的波源非常少，只有几个到几十个的量级。但是，如果考虑较大的计时阵列，假设其包含 1026 颗脉冲星，则可用波源的数据将提高到数百到数千的量级，提高了两个量级左右，而对暗能量的参数限制也将达到 $\Delta w \sim (0.02, 0.1)$ 的水平。特别是，如果能够通过电磁方法对双星的啁啾质量给出一个约束，例如 $\sigma \ln M_c^z = 0.5$ 或者 0.3，则标准汽笛数将大大提高，达到数万至数十万的量级，而暗能量限制则可以达到 $\Delta w \sim (0.002, 0.1)$ 的水平。该结果表明，超大质量双黑洞旋进系统作为标准汽笛的方法的潜力是非常大的，但是其具体效果决定于两方面因素：其一为脉冲星计时阵列的质量，特别是脉冲星的数目和单颗脉冲星计时残差的噪声水平；其二为电磁对应体观测的水平，通过电磁对应体观测对其红移和质量的测量能力。

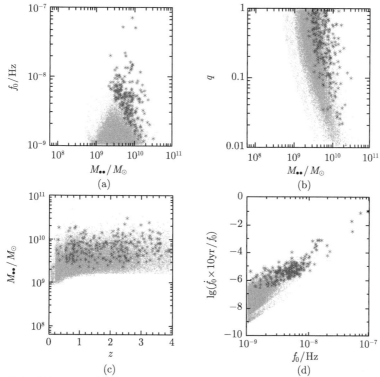

图 6.13 超大质量双黑洞系统在参数空间中的分布。其中在每幅图中，灰色的点表示模拟样本中信噪比大于 10 的超大双黑洞样本分布，红色星号表示可以作为标准汽笛的引力波系统的分布，而蓝色星号则表示已知的疑似超大质量双黑洞系统在参数空间中的分布

表 6.6　考虑模拟超大质量双黑洞事例得到的对暗能量状态参数的限制

Δt /周	σ_t /ns	N_{P}	$\sigma \ln M_{\mathrm{c}}^z$	$\rho > 10$		$\rho > 50$	
				N_{s}	Δw	N_{s}	Δw
2	100	200	—	45	0.32	9	0.45
2	100	500	—	121	0.18	28	0.26
2	100	1026	—	211	0.13	65	0.18
1	100	1026	—	362	0.090	113	0.13
2	50	1026	—	606	0.063	202	0.093
1	50	1026	—	1020	0.045	394	0.063
1	20	1026	—	3102	0.020	1578	0.025
2	100	1026	0.5	33848	0.026	957	0.12
2	100	1026	0.3	33848	0.017	957	0.085
1	100	1026	0.3	66707	0.0089	2183	0.043
2	50	1026	0.3	128574	0.0048	4891	0.021
1	50	1026	0.3	242352	0.0026	10356	0.011

6.6   引力波标准汽笛的其他应用

引力波标准汽笛方法除了可以限制标准宇宙学模型的基本参数，如哈勃常数和暗能量参数外，还可以用来限制各种非标准的宇宙学模型，保罗修改引力模型，各向异性暗能量模型等，本章中通过距离来简要介绍标准汽笛方法在宇宙学中的其他应用。

6.6.1   区分暗能量和修改引力

为了解释宇宙晚期的加速膨胀，目前存在两种机制，一种是认为存在暗能量，如前文所述，其关键在于测量暗能量的状态方程及其演化行为；另一种则认为广义相对论在大尺度上需要修正，即所谓的修改引力模型。如何区分两种观点则是目前宇宙学研究的焦点之一，而宇宙中的弱引力透镜观测则是目前区分两类模型的主流方法之一。在文章 [22] 中，作者发现如果考虑弱引力透镜对引力波放大效应，将其作为一个观测量而非噪声，则该效应携带着关于宇宙密度场的信息。由于 ET 等三代地基引力波探测器或者 BBO 等空间探测器预计可以测量到大量的双中子星并合事例并精确得到其距离信息，而通过这些中子星分布可以追踪不同红移处宇宙密度的分布，因此未来的引力波观测有可能通过该效应的测量重构透镜功率谱。由于暗能量模型和修改引力模型对宇宙不同红移处密度场分布的预言不同，因此文章 [48] 进一步认为，利用弱引力透镜效应可以区分这两种加速膨胀的解释机制。

6.6.2   限制暗能量的各向异性

最近通过 SNIa 测量不同空间方位的宇宙加速膨胀速率发现，暗能量可能不是均匀各向同性分布，而是存在偶极结构。如果该分布被最终证实，将对标准宇宙学模型提出极大挑战。而引力波标准汽笛也分布在宇宙空间的不同方位和不同红移处，因此和超新星类似，也同样可以用来限制宇宙暗能量可能存在的各向异性。在文章 [49,50] 中，作者分析了未来的三代引力波探测器 ET，空间引力波探测器 LISA、BBO 和 DECIGO 等的观测，利用这些波源作为标准汽笛对暗能量各向异性的限制能力，并发现引力波源不但提供了新的途径来限制模型参数，而且与超新星数据相比，其探测能力也极大提高。

6.6.3   限制宇宙中的中微子质量

与通常的模型参数限制不同，宇宙学观测数据一般都依赖于多个模型参数，因此必须考虑多参数的联合限制。在这种情况下，各种模型参数之间的耦合往往是非常强的。而不同种类的宇宙学观测数据，它们对模型参数的依赖行为不同，因此综合考虑各种观测数据有利于打破参数之间的耦合，从而提高所有参数的限制精度。如前所述，引力波标准汽笛提供了新的途径来研究宇宙学，这些观测数据对宇宙学模型参数的依赖跟其他观测数据一般是不同的，因此考虑引力波数据也可以对其他模型参数进行限制。例如，在最近的文章 [51] 中作者发现，如果考虑 ET 可观测到的 1000 个引力波源，结合通常的 CMB 数据、BAO 数据和超新星数据等，可以将宇宙中三代中微子总质量的限制提高约 10%。

6.6.4　检验宇宙距离对偶关系

在宇宙学中，距离有多种定义方法，除了前面提到的光度距离 d_L，角半径距离（angular diameter distance）d_A 是另外一类经常使用的定义。在标准宇宙学模型中，这两种定义之间存在着距离对偶关系 $D_L D_A^{-1}(1+z)^{-2}=1$。该对偶关系的成立只依赖以下两个条件：①光子在宇宙中走零测地线并且满足真空中的测地线偏离方程；②光子数目在宇宙传播过程中守恒。因此，通过检验该对偶关系可以对上述两条基本假设做出严格检验。只要能够在同一红移区间内，独立测量得到角半径距离和光度距离与红移的对应关系，就可以用来检验距离对偶关系。前者可以通过 BAO、强引力透镜事件或者星系成团性等观测来实现，而后者则可以通过 SNIa 或者引力波观测来得到。在文章 [52] 中，作者结合引力波模拟数据和强引力透镜数据来限制距离对偶关系，发现考虑 ET 的引力波观测数据，对对偶关系的检验能力可以达到与传统光学方法同样的精度。

6.7　结　　论

LIGO、Virgo 和 KAGRA 引力波探测器发现的一系列引力波爆发事件，特别是双中子星并合产生的 GW170817，开启了引力波天文学的新时代。对于地基和空间的激光干涉仪引力波探测器，以及脉冲星计时阵列，最重要的波源是致密双星的旋进或并合，而这些引力波暴大都发生在宇宙学尺度，因此通过这些波源及其电磁对应体观测提供了研究宇宙学的新途径。本章中，我们介绍了致密双星并合的引力波源作为"标准汽笛"来研究宇宙膨胀历史的基本原理，即需要独立测量波源的距离和红移信息。我们详细介绍了目前文献中提到的两种测量距离的方法和六种测量波源红移的方法，并比较了其优缺点。针对各类地基的引力波探测器和空间引力波探测器，我们介绍了利用引力波源对宇宙学参数和宇宙学模型，特别是哈勃常数和宇宙暗能量状态参数的限制能力。研究发现，以 AdvLIGO 为代表的第二代地基引力波探测器可以用来限制哈勃常数，并有可能与目前的光学方法的探测精度达到同一量级；而第三代引力波探测器、空间引力波探测器以及 SKA 时代的脉冲星计时阵列，则预期可以精确限制暗能量，这些结果显示了引力波源作为宇宙探测的巨大潜力。

作 者 简 介

赵文，男，分别于 2002 年 7 月与 2006 年 12 月在中国科学技术大学天文系获得学士和博士学位。之后分别于英国 Cardiff University and Wales Institute of Mathematical & Computational Sciences, 韩国 Korea Astronomy & Space Science Institute, 丹麦 Niels Bohr Institute and Copenhagen University 从事博士后研究。2012 年至今在中国科学技术大学天文系任教授。曾获得国家自然科学基金委优秀青年基金，中国科学院百人计划资助，终期考核为"优秀"。主要研究方向为宇宙学和引力波，包括引力波的理论和探测，宇宙微波背景辐射，宇宙加速膨胀与暗能量，暴涨宇宙学，引力理论与引力检验等。目前已发表论文 100 余篇，被引用 2000 余次。

参 考 文 献

[1] Bondi H, van der Burg M, Metzner A. Proceedings of the royal society of London. Series A. Mathematical and Physical Sciences, 1962, 269: 21-52.

[2] Weisberg J M, Nice D J, Taylor J H. ApJ, 2010, 722: 1030-1034.

[3] LIGO Scientic Collaboration and Virgo Collaboration. PRL, 2016, 116: 061102.

[4] LIGO Scientic Collaboration and Virgo Collaboration. PRL, 2017, 119: 161101.

[5] Schutz B F. Nature (London), 1986, 323: 310-311.

[6] LIGO Scientific and Virgo Collaboration. Nature (London), 2017, 551: 85-88.

[7] Punturo M, Abernathy M, Acernese F. Class. Quantum Grav., 2010, 27: 194002.

[8] Abbott B P, Abbott R, Abbott T D. Class. Quantum Grav., 2017, 34: 044001.

[9] Klein A, Barausse E, Sesana A, et al. PRD, 2016, 93: 024003.

[10] Goncharov B, Shannon R M, Reardon D J, et al. ApJL, 2021, 917(2): L19.

[11] Chen S, Caballero R N, Guo Y J, et al. MNRAS, 2021, 508(4): 4970-4993.

[12] Arzoumanian Z, Baker P T, Blumer H, et al. ApJL, 2020, 905: L34.

[13] Zhao W, Zhang X, Liu X J, et al. Progress in Astronomy, 2017, 35: 316-344 (赵文, 张星, 刘小金, 等. 天文学进展, 2017, 35, 316-344).

[14] LIGO Scientic Collaboration, Virgo Collaboration. PRL, 2017, 118: 221101.

[15] Zhao W, Wen L. PRD, 2018, 97: 064031.

[16] Zhao W, van Den Broeck C, Baskaran D, et al. PRD, 2011, 83: 023005.

[17] Fan X, Messenger C, Heng I S. ApJ, 2014, 795: 43-55.

[18] Fan X, Messenger C, Heng I S. PRL, 2017, 119: 181102.

[19] Liao K, Fan X L, Ding X H, et al. Nature Communications, 2017, 8: 1148.

[20] Nakar E. Phys. Rep., 2007, 442: 166-236.

[21] LIGO Scientific Collaboration, Virgo Collaboration, Fermi GBM, INTEGRAL, Ice-Cube Collaboration, AstroSat Cadmium Zinc Telluride Imager Team, IPN Collaboration. ApJL, 2017, 848: L12-L70.

[22] Cutler C, Holz D E. PRD, 2009, 80: 104009.

[23] Tamanini N, Caprini C, Barausse E, et al. JCAP, 2016, 1604: 04.

[24] MacLeod C L, Hogan C J. PRD, 2008, 77: 043512.

[25] Petiteau A, Babak S, Sesana A. ApJ, 2011, 732: 82-92.

[26] Del Pozzo W. Journal of Physics: Conference Sirens, 2014, 484: 012030.

[27] Ding X, Biesiada M, Zheng X, et al. JCAP, 2019, 04: 033.

[28] Hinderer T, Lackey B D, Lang R N, et al. PRD, 2010, 81: 123016.

[29] Messenger C, Read J. PRL, 2012, 108: 091101.

[30] Del Pozzo W, Li T G F, Messenger C. PRD, 2017, 95: 043502.

[31] Wang B, Zhu Z Y, Li A, et al. ApJS, 2020, 250: 6.

[32] Messenger C, Takami K, Gossan S, et al. PRX, 2014, 4: 041004.

[33] Kiziltan B, Kottas A, Thorsett S E. The neutron star mass distribution. arXiv:1011.4291, 2010.

[34] Taylor S R, Gair J R, Mandel I. RPD, 2012, 85: 023535.

[35] Taylor S R, Gair J R. RPD, 2012, 86: 023502.

[36] Seto N, Kawamura S, Nakamura T. PRL, 2001, 87: 221103.

[37] Nishizawa A, Yagi K, Taruya A, et al. PRD, 2012, 85: 044047.

[38] Chen Y Y, Fishbach M, Holz D E. Nature, 2018, 562(7728): 545-547.

[39] Sathyaprakash B S, Schutz B, van Den Broeck C. Class. Quantum Grav., 2010, 27: 215006.

[40] Cai R G, Yang T. PRD, 2017, 95: 044024.

[41] Arun K G, Iyer B R, Sathyaprakash B S, et al. PRD, 2007, 76: 104016.

[42] Van Den Broeck C, Trias M, Sathyaprakash B S, et al. PRD, 2010, 81: 124031.

[43] Amaro-Seoane P, Audley H, Babak S. Laser interferometer space antenna. arXiv: 1702.00786, 2017.

[44] Cornish N, Robson T. Class. Quant. Grav., 2019, 36(10): 105011.

[45] Yu J, Song H, Ai S, et al. ApJ, 2021, 916:54.

[46] Yu J M, Wang Y, Zhao W, et al. MNRAS, 2020, 498: 1786.

[47] Yan C S, Zhao W, Lu Y J. ApJ, 2020, 889: 79.

[48] Camera S, Nishizawa A. PRL, 2013, 110: 151103.

[49] Cai R G, Liu T B, Liu X W, et al. Phys. Rev. D, 2018, 97(10): 103005.

[50] Lin H N, Li J, Li X. Eur. Phys. J C, 2018, 78(5): 356.

[51] Wang L F, Zhang X N, Zhang J F, et al. Phys. Lett. B, 2018, 782: 87-93.

[52] Yang T, Holanda R F L, Hu B. Astropart. Phys., 2019, 108: 57-62.

[53] Cai R G, Tamanini N, Yang T. JCAP 2017, 2017: 031.

《21 世纪理论物理及其交叉学科前沿丛书》

已出版书目

(按出版时间排序)